Ehrhard Flato | Silke Reinbold-Scheible

Personalentwicklung

Ehrhard Flato | Silke Reinbold-Scheible

Personalentwicklung

Mitarbeiter qualifizieren, motivieren und fördern – Toolbox für die Praxis

Bibliografische Information der Deutschen Bibliothek
Die Deutsche Bibliothek verzeichnet diese Publikation in der Deutschen Nationalbibliografie.
Detaillierte bibliografische Daten sind im Internet über http://dnb.ddb.de abrufbar.

ISBN 3-636-03057-4

Ein Unternehmen von Süddeutscher Verlag | Mediengruppe.
www.mi-fachverlag.de

Redaktion: Tanya A. Wegberg, Neuruppin
Lektorat: Michael Schickerling, Landsberg am Lech
Umschlaggestaltung: Jarzina Kommunikations-Design, Köln
Satz: Jürgen Echter, Landsberg am Lech
Druck: Himmer Augsburg
Printed in Germany

Inhalt

Vorwort

Die stetig voranschreitende demografische Entwicklung wird auch die Personalpolitik revolutionieren. Wir sind davon überzeugt, dass die Personalentwicklung dadurch einen höheren Stellenwert einnehmen wird. Die vorhersehbaren Engpässe auf dem Arbeitsmarkt für qualifizierte Fachkräfte ab 2010 werden Unternehmen, Verwaltungen und Organisationen zum radikalen Umdenken zwingen. Unternehmen, die heute schon die demografische Entwicklung als strategischen Faktor begreifen, werden im globalen Wettbewerb der Zukunft erhebliche Vorteile haben.

Es ist unser Anliegen, Ihnen zu zeigen, wie Personalentwicklung praxisorientiert und zukunftsweisend gestaltet werden kann. Wir möchten insbesondere dazu beitragen, dass mittelständische Betriebe erkennen, wie stark ihre Existenz auch von der Verfügbarkeit gut qualifizierter Fach- und Führungskräfte in den nächsten Jahrzehnten abhängen wird. Dieses Buch soll Diskussionen anstoßen, Impulse geben und die Verantwortlichen ermutigen, rechtzeitig und nachhaltig Personalentwicklung zu gestalten.

Die Bedeutung einer bedarfsgerechten Personalentwicklung für den Erfolg eines Unternehmens ist Inhalt dieses Buches. Die Existenz und Wettbewerbsfähigkeit hängen davon ab, ob Unternehmen, Verwaltungen und Betriebe des öffentlichen Dienstes ihre personellen Ressourcen und damit ihre Erfolgspotenziale richtig erkennen und weiterentwickeln. Auch wenn wir gegenwärtig noch über die Zahl von 4,5 Millionen offiziell gemeldeten Arbeitslosen klagen: Spätestens nach 2010 wird fachlich gut ausgebildetes Personal knapp und ist – wenn überhaupt – nur noch zu einem hohen Preis auf dem Arbeitsmarkt erhältlich. Das ist die klare Botschaft an Controller und Kostenkommissare in Betrieben und Behörden!

Trotz anders lautender Beteuerungen hat eine professionelle Personalentwicklung in Unternehmen und Behörden deutlich an Stellenwert verloren: Große Konzerne haben ihre Bildungsbudgets und die Zahl neu eingestellter Mitarbeiter reduziert, kleine und mittelständische Betriebe haben ihre Personalentwicklungsaktivitäten teilweise sogar ganz eingestellt. Notwendige Reformen im öffentlichen Dienst scheitern oder erzielen nur unbefriedigende Ergebnisse, weil die Mittel fehlen, Mitarbeiter und Führungskräfte auf dem Weg der Veränderung zu begleiten und professionell auf ihre neuen Aufgaben vorzubereiten. Wenn wir aber die fortschreitende Globalisierung der Märkte, die an Dynamik nicht nachlassenden Veränderungsprozesse und die absehbare demografische Entwicklung erfolgreich meistern wollen, ist eine systematische und zielgerichtete Personalentwicklung unverzichtbar.

Das Buch ist aus der Praxis für die Praxis geschrieben und enthält Antworten auf aktuelle Herausforderungen. Auf theoretischen Ballast haben wir verzichtet. Alle beschriebenen Personalentwicklungsinstrumente können Sie direkt anwenden. Sowohl die klassischen als auch die neuen, innovativen Instrumente, wie beispielsweise die von den Autoren entwickelte PREGO-Methode, tragen zum Erfolg von Unternehmen bei. Anhand von Praxisbeispielen zeigen wir, welche Personalentwicklungsinstrumente für welche Einsatzmöglichkeiten besonders gut geeignet sind und wie Organisations- und Personalentwicklungsprojekte gestaltet werden können.

Um nicht nur über innovative Möglichkeiten der Personalentwicklung zu berichten, sondern neue und für den Leser Nutzen bringende Wege der Kommunikation aufzuzeigen, bieten die Autoren die eingerahmten Passagen im Buch, zum Beispiel Checklisten, Formulare oder Eignungsprofile, unter www.pe-toolbox.de zum Download an. Unter dieser Internetadresse finden Sie auch eine Kommunikationsplattform für Fragen zur praktischen Gestaltung Ihrer Personalentwicklungsarbeit. Spätestens nach 14 Tagen folgt die Rückmeldung.

Der Beitrag von Roland Doeppner »Kompetenzen – Wettbewerbsvorteil durch Mitarbeiter« ist als Kapitel 7 Teil des Buches. Durch seine internationale Tätigkeit bei einem deutschen Chemiekonzern kennt er die Personalentwicklung besonders unter interkulturellen Aspekten. Er hat Kompetenzmodelle bei Firmen weltweit eingeführt und steht uns jetzt freiberuflich als Trainer und Organisationsberater zur Verfügung. Sein Engagement hat unsere Arbeit wertvoller gemacht. Dafür danken wir Roland Doeppner.

Das Kapitel 6 enthält interessante Beispiele von Organisations- und Personalentwicklungsprojekten aus der Praxis, die nachvollziehbar aufzeigen, wie bestimmte Aufgabenstellungen erfolgswirksam umgesetzt werden können. Sie geben dem Leser Orientierung, um vergleichbare Projekte zu gestalten. Ein Teil der Projektberichte wurde von Trainern und Organisationsberatern geschrieben, die für uns tätig sind. Wir erweitern damit die Kompetenzvielfalt dieses Buches und die sich daraus ergebenden Anwendungsmöglichkeiten. Vielen Dank an unsere Co-Autoren.

In ihrer Master Thesis hat Sabine Sladeczek wichtige Erkenntnisse zum Einsatz der PREGO-Methode gewonnen. Mit der Evaluierung verschiedener Personalentwicklungsinstrumente leistete sie einen wichtigen Beitrag zu diesem Buch – auch dafür herzlichen Dank.

Wir danken auch all unseren Kunden, die unsere Arbeit aktiv unterstützt und uns das Vertrauen geschenkt haben, neue, innovative Wege der Personalentwicklung gemeinsam zu gestalten.

1

Grundlagen der Personalentwicklung

Wir möchten mit einer Metapher in das Thema Personalentwicklung einsteigen. Stellen Sie sich vor, Sie leiten eine Bergsteigerexpedition zum Himalaja und sind verantwortlich für die Erreichung des Zieles. Welche Anforderungen stellen Sie an Ihre Crew?

- Die Mannschaft muss leistungsfähig sein.
- Alle Mitglieder der Expedition müssen hoch motiviert und leistungsbereit sein.
- Die Mannschaft muss über die beste Bergsteigerausrüstung verfügen.
- Alle Mitglieder müssen ausreichend geschult sein, um mit der hochmodernen Ausrüstung auch richtig umgehen zu können.

Diese Metapher lenkt unsere Gedanken auf die zentralen Aufgaben der Personalentwicklung und gibt die Richtung des Agierens und Gestaltens vor. Mitarbeiter und Führungskräfte müssen gemäß ihren Stärken eingesetzt werden (nicht alle, die den Himalaja besteigen möchten, sind dazu auch körperlich und konstitutionell in der Lage) und den veränderten Anforderungen entsprechend weiter qualifiziert werden. Personalentwicklung kann in Verbindung mit dem Personalmarketing bereits bei der Auswahl von externen und internen Bewerbern mitwirken. Es gilt, für die jeweilige Aufgabe auch die richtige Mannschaft zu finden.

Leistungsfähigkeit ist in der Tat eine wichtige Voraussetzung für eine solche Herkulesaufgabe, aber sie genügt nicht. Das Team muss seine Stärken und Schwächen kennen, auf ein gemeinsames Ziel eingeschworen und jederzeit bereit sein, Wissen, Können und Erfahrung vorbehaltlos einzusetzen. Kurzum, es muss bis zum Äußersten motiviert sein. Das ist die zweite Aufgabe der Personalentwicklung: Teams entwickeln, sie leistungsfähig und bereit machen. Die Motivation jedes Einzelnen und des gesamten Teams ist unverzichtbar, wenn ein hoch gestecktes Ziel erreicht werden soll.

Die Ausrüstung der Crew auf ihrem Weg zum Himalaja ist – auf unser Thema übertragen – eine Toolbox, die sich aus Instrumenten der Personalentwicklung zusammensetzt. Genau wie der Expeditionsleiter wissen muss, welche Ausrüstung am besten für seine Zwecke geeignet ist, muss eine Führungskraft im Betrieb ihre Werkzeuge und Instrumente kennen. Wir zeigen Ihnen auf, bei welchen Aufgaben- oder Problemstellungen im Betrieb welche Instrumente zu verwenden sind.

Als Mitglied der Expedition ist es beruhigend zu wissen, dass der Expeditionsleiter gute Vorbereitungen getroffen hat und die Mannschaft über die bestmögliche Ausrüstung verfügt. Aber was nützt diese, wenn die Mannschaft nicht daran geschult worden ist? Zum Erfolg gehört die

Professionalität, und die ist nur durch intensives Training zu erreichen. Es sind Ernstfälle zu proben, damit die Crew sich auch unter Normalbedingungen sicher in der Bergregion bewegen kann. Bestimmte Kompetenzen und Arbeitstechniken müssen regelrecht trainiert werden – auch im betrieblichen Alltag. Eine gute Führungskraft, ein exzellenter Projektleiter oder ein Spitzenverkäufer werden nicht geboren. Sie werden durch gezieltes Training an ihre Aufgaben herangeführt und perfektioniert. Hier ist die Personalentwicklung unverzichtbar.

Personalentwicklung ist ein wichtiger Erfolgsfaktor Ihres Unternehmens, das wissen all diejenigen, die bisher systematische Weiterbildung und Qualifikation betrieben haben – und sie wird durch die demografische Entwicklung nach 2010 noch wichtiger werden.

1.1 Voraussetzungen und Nutzen

Personalentwicklung darf nicht isoliert betrachtet werden. Sie ist einzubetten in die Strategie und auszurichten an den Visionen und Werten des Unternehmens. Sie ist deshalb niemals Selbstzweck, sondern immer dienendes und unterstützendes Instrument der Unternehmensführung. Allerdings müssen bei jeder Personalentwicklungsmaßnahme – wie immer sie gestaltet sein mag – auch die eigentlichen Nutznießer, nämlich Mitarbeiter und Führungskräfte, einen persönlichen Vorteil oder eine persönliche Weiterentwicklung darin sehen. Bleibt dies bei der Planung und Konzeption von Personalentwicklungsmaßnahmen außen vor, leiden Motivation und Engagement. Ein einseitiger Blick durch die Unternehmensbrille berücksichtigt das oft nicht. Erfolgreiche Personalentwicklung muss sich am Win-win-Prinzip ausrichten.

Wir befragten Personalentwickler aus über 50 unterschiedlich großen Unternehmen verschiedener Branchen nach der Bedeutung, die Personalentwicklung für ihr Unternehmen hat:

- 57 Prozent antworteten sehr wichtig,
- 39 Prozent antworteten wichtig,
- 4 Prozent antworteten relativ unwichtig.

Personalentwicklung hat nicht nur das Ziel, dass alle Mitarbeiter und Führungskräfte ihre gegenwärtigen Funktionen optimal ausüben; sie ist auch ein vorausschauendes und Zukunft gestaltendes Element. Wir müssen uns bewusst sein, dass aufgrund der demografischen Entwicklung in Deutschland spätestens ab 2010, wahrscheinlich schon ab 2008, bei qualifizierten Mitarbeitern und den meisten Akademikerberufen ein akuter Fachkräftemangel auftreten wird.

Deshalb gilt es, bereits jetzt vorzubeugen und die fachlichen Qualifikationen aller Beschäftigten systematisch zu verbessern, damit sie Veränderungen innerlich akzeptieren und mitgestalten können. Das heißt konkret, bereits heute die besonderen Fähigkeiten und Potenziale der Mitarbeiter zu erkennen, weiterzuentwickeln und für das Unternehmen nutzbar und abrufbar zu machen. Wer jetzt konsequent aufbaut und weiterentwickelt, Chancen vergibt und Perspektiven aufzeigt, spart im nächsten Jahrzehnt erhebliche Kosten und begegnet erfolgreich möglichen Abwanderungstendenzen der Bestleister oder High Potentials.

Halten wir als Zwischenergebnis fest: Personalentwicklung muss systematisch geplant, individuell oder zielgruppenspezifisch durchgeführt und ihre Ergebnisse müssen kontrolliert werden. Sie ist gegenwarts- und zukunftsorientiert und muss die Interessen der Mitarbeiter und Führungskräfte einbeziehen.

Erfolgreiche Personalentwicklung – und hier haben viele Arbeitgeber, private wie öffentliche, gravierende Fehler gemacht – darf nicht ausschließlich darauf gerichtet sein, Schwächen und Defizite (fachliche, methodische und im Bereich der Sozialkompetenzen) zu beseitigen, sondern muss sich vielmehr auf die besonderen Stärken und Fähigkeiten konzentrieren. Hier können gewünschte Effekte am schnellsten und erfolgreichsten erzielt werden. Professionalität und damit spürbarer Unternehmenserfolg bei gleichzeitig hoher Mitarbeiterzufriedenheit sind am besten zu erreichen, wenn die besonderen Fähigkeiten und Potenziale der Mitarbeiter, die auch im Bereich der Sozialkompetenzen liegen können, erkannt, analysiert und gefördert werden.

Damit wird etwas ganz Selbstverständliches bewirkt, das in vielen Personalentwicklungskonzepten jedoch nicht wirklich umgesetzt wurde: der Einklang zwischen dem Eignungsprofil des Mitarbeiters und dem Anforderungsprofil der Stelle.

Wenn wir im Folgenden die Instrumente der klassischen und neuen innovativen Personalentwicklung sowie deren Anwendungsmöglichkeiten aufzeigen, gibt es kein Richtig oder Falsch und kein Entweder-oder, sondern nur ein Sowohl-als-auch. Es wäre unverantwortlich, hier dogmatisch zu verfahren.

Effektive, gegenwarts- und zukunftsorientierte Personalentwicklung muss sich ihre Werkzeuge aus einer Toolbox holen. Sie müssen den unterschiedlichen betrieblichen Situationen und Anforderungen gerecht werden und individuell wie kollektiv anwendbar sein. Wir werden eine Reihe solcher Anforderungen in Verbindung mit möglichen Lösungsalternativen erörtern. Sie sollen Anregungen geben und die Notwendigkeit einer zielgerichteten Personalentwicklung in einem sich stetig verändernden Umfeld verdeutlichen. Die Anwender müssen ihre Toolbox genau kennen und sicher damit umgehen können, damit sie auch mit unbekannten und neuen betrieblichen Schwierigkeiten sicher zurechtkommen. Dieses Buch wird ihnen dabei eine Hilfe sein.

Räumen wir nun noch mit dem verbreiteten Vorurteil auf, Personalentwicklung sei Aufgabe einer speziellen Fachabteilung und diese trage die Verantwortung für ihre erfolgreiche Umsetzung. Personalentwicklung, das heißt die Förderung von Mitarbeitern, der richtige Einsatz ihrer Fähigkeiten, ihre Vorbereitung auf Veränderungsprozesse und Einbindung in die laufenden Prozesse, ist eindeutig Aufgabe der Führungsriege!

Mitarbeiter leisten ihren Beitrag, indem sie Personalentwicklung zulassen, eine positive Einstellung dazu gewinnen und sich im Qualifizierungsprozess aktiv engagieren. Außerdem müssen sie für einen hohen Umsetzungsgrad im Berufsalltag sorgen.

Immer wieder begegnet man der so genannten »Schauen-wir-mal«-Philosophie. Mitarbeiter müssen jedoch verstehen, dass Zukunft gestalten heißt: Auch ich werde aktiv, wenn es um meine berufliche oder persönliche Entwicklung geht, und ich muss auf meine besonderen Fähigkeiten und Potenziale aufmerksam machen. Ich trage für meinen beruflichen Werdegang ebenso viel Verantwortung wie meine Vorgesetzten. Diese Einstellung zu vermitteln, ist auch eine wichtige Aufgabe der Personalentwicklung.

Personalentwicklung muss sich für Unternehmen und Verwaltungen bezahlt machen – der Output muss also höher sein als der Input. Sie muss Leistungsanreize schaffen und Leistung ermöglichen. Deshalb sollte jedes Personalentwicklungskonzept auf vier Grundprinzipien beruhen:

- **Systematik statt Improvisation:** Personalentwicklung darf nicht erst einsetzen, wenn das Kind in den Brunnen gefallen ist. Sie muss langfristig geplant, vorausschauend gestaltet, zielgruppenspezifisch ausgerichtet und systematisch sowie ganzheitlich durchgeführt werden. Die Planung beruht dabei auf einer sicheren Bildungsbedarfsanalyse.
- **Leistung statt Dienstzugehörigkeit:** Bei Beförderungen und Karriereplanungen zählen die erkannten Potenziale und erbrachten Leistungen, nicht die Jahre der Dienstzugehörigkeit.
- **Leistung statt einmal erworbener Qualifikation:** Dieses Prinzip beschreibt sich selbst, stellt aber insbesondere im öffentlichen Dienst ein großes Problem dar. Dort bleibt allzu oft unberücksichtigt, dass eine einmal erworbene Qualifikation, zum Beispiel ein Hochschulabschluss,

kein Indiz für jahrzehntelange Leistung, Innovation und Engagement ist.

- **Personalentwicklung ist vorwiegend Lernen am Arbeitsplatz:** Interne und externe Seminare sind unverzichtbare Bestandteile der Personalentwicklung. Der eigentliche Lernprozess vollzieht sich jedoch durch die Arbeit selbst. Die Personalentwicklung muss die optimalen Rahmenbedingungen und Voraussetzungen für diesen Lernprozess schaffen.

Personalentwicklung lässt sich von anderen Personalführungsinstrumenten nicht ohne weiteres trennen. So können zum Beispiel Coaching und das institutionalisierte Mitarbeitergespräch sowohl Führungs- als auch Personalentwicklungsinstrument sein. Personalbeschaffungs- und -auswahlverfahren haben durchaus auch Schnittstellenfunktion zur Personalentwicklung (siehe Kapitel 4: Die PREGO-Methode).

Da wir ausschließlich von pragmatischen Ansätzen der Personalentwicklung ausgehen, die auch einen hohen Umsetzungsgrad erwarten lassen, wäre ein solcher Versuch der Abgrenzung rein theoretisch. Für den Erfolg von Unternehmen, Behörden und Verwaltungen ist wichtig, dass die benötigten Instrumente vorhanden sind und effizient angewandt werden. Was jetzt und in der Zukunft zählt, ist der Erfolg und sonst nichts.

Aus unserer praktischen Erfahrung als Trainer und Organisationsberater wissen wir: Viele gut qualifizierte Mitarbeiter oder als High Potentials gehandelte Führungskräfte sind innerlich bereits auf dem Sprung, nur ihre Arbeitgeber wissen es noch nicht. Sie warten auf ein Anspringen der Konjunktur, ein Ende der Personalfreisetzungen oder einfach auf die richtige Stellenausschreibung. Dieser Personenkreis weiß ganz genau, dass die demografische Entwicklung in wenigen Jahren ihre Chancen auf dem Arbeitsmarkt verbessert. Sie sind bereit zu gehen, wenn sich ihre beruflichen Perspektiven oder gegenwärtigen Arbeitsbedingungen nicht in wenigen Monaten/Jahren nachhaltig verbessern.

Haben Sie einmal nachgerechnet, was es kostet, wenn der falsche Kandidat Abteilungsleiter wird und 30 Jahre dort verbleibt? Die Gehaltssumme kann man hochrechnen: Ein Bruttojahreseinkommen von beispielsweise 70.000 Euro summiert sich auf 2.100.000 Euro. Haben Sie einmal analysiert, wie hoch der immaterielle Schaden ist, den dieser Vorgesetzte gegenüber seinem sozialen Umfeld im Betrieb oder, viel schlimmer noch, gegenüber den Kunden anrichtet? Haben Sie sich Gedanken gemacht, was es für einen Mitarbeiter bedeutet, wenn seine Potenziale und Fähigkeiten nicht erkannt und gefördert werden? Wie tief sinkt in ein bis zwei Jahrzehnten seine Arbeitszufriedenheit? Haben Sie darüber hinaus bedacht, welcher Schaden im Team entsteht, wenn das Virus der

Unzufriedenheit andere infiziert? Haben Sie einmal eingeschätzt, welche Auswirkungen ungeklärte Konflikte in Ihrem Betrieb haben? Kennen Sie die Ursachen hoher Fehlzeiten? Wissen Sie, wo es im zwischenmenschlichen Bereich in Ihrer Organisation klemmt? Kennen Sie die daraus resultierenden Folgen – besser gesagt: Dauerkosten?

Wir können nicht versprechen, alle Probleme auf einmal und für immer zu lösen. Als kritisch reflektierender Leser wissen Sie aber, dass manche beklagenswerten Situationen in Ihrem Arbeitsumfeld zu beseitigen sind. Ferner werden Sie jetzt schon erkannt haben, dass mit mehr Mitarbeiterzufriedenheit und der richtigen Ressourcennutzung Arbeit mehr Spaß macht und für den Arbeitgeber damit einen höheren wirtschaftlichen Nutzen erbringt. Personalentwicklung hat den aktuellen und künftigen Qualifizierungsbedarf zu decken, das ist nach wie vor ihre primäre Aufgabe. Allzu oft wird allerdings vergessen, dass Personalentwicklung in Verbindung mit Steuerungsinstrumenten der Unternehmen und einer guten Personalführung eine hohe Mitarbeiterzufriedenheit erzeugen kann.

Die Unzufriedenheit von Mitarbeitern führt zu immer größeren Problemen, je länger sie im Unternehmen anhält. Eine lange Betriebszugehörigkeit wirkt dann eher kontraproduktiv. Viele Bereiche des öffentlichen Dienstes geben dafür anschauliche Beispiele. Das menschliche Kapital verliert an Wert – eigentlich sollte es aber durch Weiterbildung und Qualifizierung wachsen. Die folgende Rechnung geht in aller Regel auf:

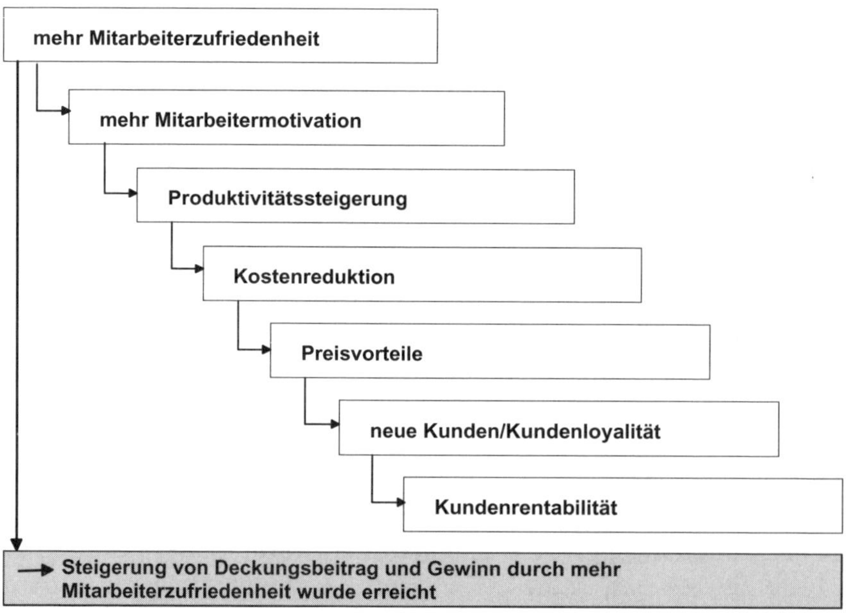

Abbildung 1: Steigerung von Deckungsbeitrag und Gewinn durch mehr Mitarbeiterzufriedenheit

Laut Untersuchungen des Gallup-Instituts ist die Mitarbeiterzufriedenheit in deutschen Unternehmen im internationalen Vergleich westlicher Industrienationen auf den letzten Rängen angesiedelt. In solchen Zeiten findet die Personalentwicklung mit ihren reichhaltigen Anwendungstools ein fruchtbares Betätigungsfeld.

1.2 Herausforderung der demografischen Entwicklung

Eine neue Herausforderung für die Personalentwicklung ergibt sich aus der demografischen Entwicklung. Der Club of Rome hat bereits in den siebziger Jahren auf das Demografieproblem und dessen Auswirkungen in den reichen Ländern Europas aufmerksam gemacht. Diese »Stimme des Propheten« wurde mehr oder weniger 30 Jahre lang ignoriert. Die bereits geschaffenen Fakten durch den signifikanten Geburtenrückgang können jedoch nicht mehr rückgängig gemacht werden. Lediglich ein Gegensteuern ist graduell noch möglich.

In Deutschland sind die Zahlen am gravierendsten und auch beängstigend. Österreich, die Schweiz und andere europäische Länder weisen ähnliche, aber nicht so starke Tendenzen auf. Die Daten, die wir am Beispiel Deutschland aufzeigen, sind unumkehrbar. Die Zahl der Geburten hat sich im Vergleich zu den Babyboom-Jahrgängen 1950 bis 1964 nach 2000 fast halbiert, und das trotz einer immer noch hohen Nettozuwanderungsrate von über 200.000 Menschen pro Jahr in den letzten 30 Jahren.

Gleichzeitig dürfen wir in den nächsten Jahrzehnten mit einer weiteren Steigerung der Lebenserwartung von Männern und Frauen rechnen. Das ist ein Zangenangriff auf unser Wirtschafts-, Gesellschafts- und Sozialsystem. Spätestens nach 2020 wird unser aktuelles Problem mit 5 Millionen Arbeitslosen nicht mehr dasselbe sein. In der Öffentlichkeit und in den Medien wächst das Bewusstsein für diese sozialpolitischen Herausforderungen. Die Erfolgsautoren Meinhard Miegl *(Die deformierte Gesellschaft,* 2002*)* und Frank Schirrmacher *(Das Methusalem-Komplott,* 2004*)* haben schonungslos offengelegt, wohin die Reise in unserem Lande geht.

Ab 2008 wird sich die Generation der Babyboomer sukzessive ins Rentnerdasein verabschieden. Durch die hohen Geburtendefizite wird sich in diesem Zeitraum von rund 20 Jahren die Zahl der Auszubildenden, Abiturienten und Absolventen von Hoch- und Fachhochschulen signifikant reduzieren.

Selbst wenn wir davon ausgehen, dass der Arbeitsplatzabbau durch Verlagerung ins Ausland oder durch Produktivitätssteigerungen weitergehen wird (wenn auch nicht mehr so drastisch wie in den letzten zehn Jahren), wird ab 2010 bei den qualifizierten Arbeitskräften eine größer werdende Lücke klaffen. Der Wettbewerb der Unternehmen wird nicht nur über innovative Produkte und Dienstleistungen sowie über das Preis-Leistungs-Verhältnis entschieden, sondern in immer stärkerem Maße über die Verfügbarkeit qualifizierter Mitarbeiter und Führungskräfte. Der Wettbewerb um die schrumpfende Zahl von Talenten hat in bestimmten Branchen, zum Beispiel im Anlagen- und Maschinenbau, bereits begonnen und wird sich auf andere Wirtschaftszweige ausdehnen.

Vorrangiges Ziel von Unternehmen, Kommunen, staatlichen und öffentlichen Einrichtungen muss es daher sein, Fach- und Führungskräfte zu finden – intern wie extern –, sie zu binden und gezielt und systematisch weiterzuentwickeln. Diese Entwicklungen stellen für die Personalentwicklung eine Herausforderung dar. Ihr Stellenwert wird sich erhöhen, ihre Aufgaben und Schwerpunkte werden sich verändern. Einige Fakten verdeutlichen die Situation, auf die wir in nur wenigen Jahren zusteuern:

- Die deutsche Bevölkerung (West und Ost) hat in den letzten 30 Jahren über 5 Millionen Menschen verloren. Gegenwärtig wandern noch mehr Deutsche ins Ausland ab, als Deutsche wieder zurückkehren. Dieser Negativsaldo konzentriert sich überwiegend auf Personen, die über ein hohes Bildungsniveau verfügen.
- Ohne Zuwanderung hätten wir aktuell etwa 70 Millionen Menschen (im Vergleich zu der tatsächlichen Bevölkerung von 82,4 Millionen). Das heißt: jeder siebte Einwohner ist in den letzten 40 Jahren zugewandert.
- Die Zahl der Jugendlichen sinkt von jetzt 17,7 auf unter 10 Millionen im Jahr 2050. Die Zahl der 80-Jährigen wird sich bis dahin verdreifacht haben. Es erscheint trotz familienpolitischer Bemühungen des Staates und flexibler Arbeitszeitmodelle von Unternehmen und öffentlichem Dienst unrealistisch, dass sich die gegenwärtige Geburtenrate von 1,4 Kindern pro Frau auf einen bevölkerungserhaltenden Wert von 2,1 erhöhen wird.

	1900	**2000**	**2050 (Prognose)**
Lebenserwartung	40 Jahre	77 Jahre	83 Jahre
Altersscheitelpunkt	23 Jahre	40 Jahre	50 Jahre

Experten prognostizieren, dass sich im Jahre 2020 die Arbeitslosigkeit mehr als halbiert hat und die Arbeitslosen zum überwiegenden Teil über eine unzureichende Qualifikation verfügen. Arbeitswillige und ausreichend qualifizierte Mitarbeiter hingegen finden wir nicht mehr in den Arbeitslosenstatistiken. Das Demografieproblem wird maßgeblich von zwei Fakten bestimmt:

- der Entwicklung der Geburtenrate und
- der Entwicklung der Alterung unserer Bevölkerung.

Beides beeinflusst die Erwerbsquote. Die Bevölkerung befindet sich im Zangengriff. Die Geburten- und Zuwanderungsrate sind die wichtigsten Einflussgrößen für die Bevölkerungsentwicklung. Deshalb wird sich die Bevölkerung in Europa, den USA und Asien auch weiterhin unterschiedlich entwickeln. Dazu Beispiele aus vier Ländern:

Land	Bevölkerung 2004	Bevölkerungsprognose 2050	Fertilitätsrate	Wachstum der Bevölkerung/Jahr
USA	293,6 Mio.	419,9 Mio.	2,0	0,6 %
Frankreich	60,0 Mio.	64,0 Mio.	1,9	0,4 %
Schweden	9,0 Mio.	10,6 Mio.	1,7	0,1 %
Deutschland	82,4 Mio.	72,0 Mio.	1,3	–0,2 %

Quelle: Deutsche Stiftung Weltbevölkerung, veröffentlicht in Welt am Sonntag *Nr. 18 vom 17.4.2005*

Diese sehr unterschiedlichen Werte werden in den kommenden Jahren zweifellos gravierende Auswirkungen auf die wirtschaftliche Entwicklung, die Einkommensentwicklung, die Infrastruktur und die Sozialsysteme in diesen Ländern haben.

Nicht nur bei der Bevölkerungsentwicklung gibt es innerhalb der westlichen Industrienationen ein differenziertes Bild, sondern auch bei der Erwerbsquote, die maßgeblichen Einfluss auf die Einkommensentwicklung hat. Im Vergleich zu anderen Ländern findet der Berufseintritt bei uns zu spät und der Berufsaustritt durch die verschiedenen Maßnahmen zur Frühverrentung zu früh statt. In Deutschland arbeiten nur knapp 22 Prozent der 60- bis 64-Jährigen, in den USA aber 47 Prozent, in Schweden 52 Prozent und in der Schweiz sogar 65 Prozent.

Das Phänomen der alternden Gesellschaft ist in fast allen Staaten erkennbar – auch in China. Nur die Geburtenrate und die Erwerbsquoten weichen stark voneinander ab. Deutschland wird deshalb in den nächsten Jahrzehnten mit den stärksten ökonomischen und sozialen Problemen zu kämpfen haben.

Die Überalterung unserer Gesellschaft, eine Teilursache unseres Demografieproblems, führt dazu, dass sich die Anteile der Erwerbstätigen und der Nichterwerbstätigen weiter verschieben. Dieser Prozess ist unaufhaltsam, auch wenn das Renteneintrittsalter auf 67 Jahre hochgesetzt wird.

Die Alterspyramide steht Kopf

Betrachten wir das Phänomen der Überalterung nur einmal quantitativ, so ergeben sich folgende Zahlen (siehe hierzu auch Abbildung 2): Vor 100 Jahren kamen auf einen über 75-Jährigen noch 79 jüngere Personen, heute sind es nur noch 12,4. Die Prognosen sagen voraus, dass im Jahre 2040 einem über 75-Jährigen nur noch 6,2 Personen gegenüberstehen, die jünger als 75 Jahre sind; im Jahre 2050 werden es voraussichtlich nur noch 5,5 Personen sein.

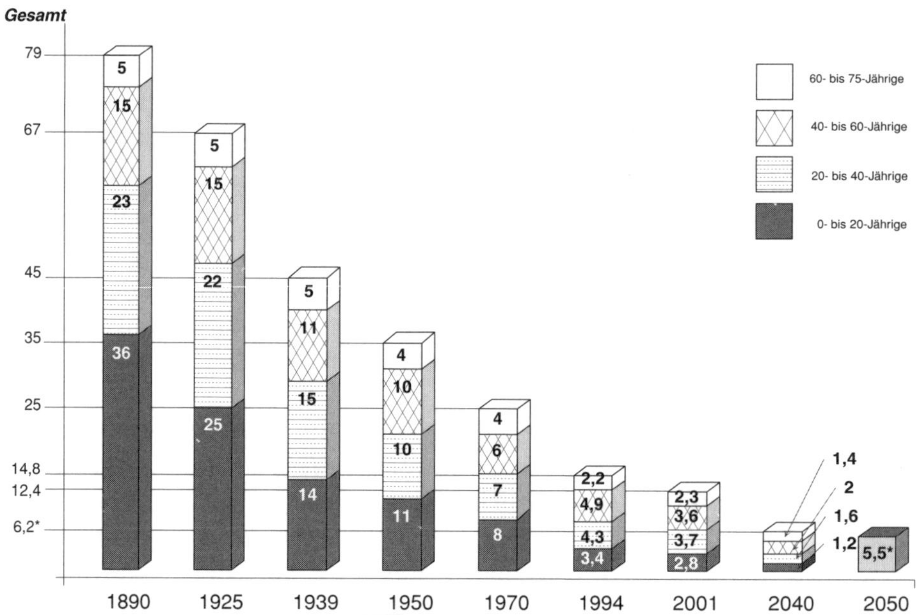

Abbildung 2:
Quelle: Statistisches Jahrbuch 2002
** Schätzung aufgrund der 9. koordinierten Bevölkerungsvorausberechnung*

Von 1970 bis 1990 (Wiedervereinigung) lag in Deutschland die Zahl der Sterbefälle um 1,8 Millionen über der Zahl der Geburten. Bezogen auf die deutsche Bevölkerung betrug das Geburtendefizit sogar 3,2 Millionen Menschen – 3 Millionen Menschen im Westen und 0,2 Millionen in Ostdeutschland (Abbildung 3).

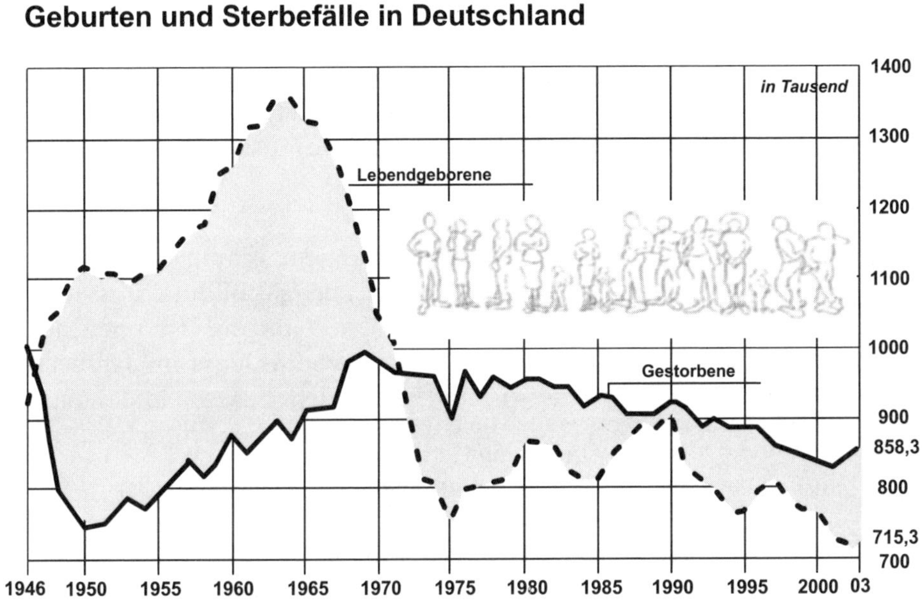

Abbildung 3: Geburten und Sterbefälle in Deutschland
Quelle: Statistisches Bundesamt, Wiesbaden

Zum Erhalt der Bevölkerungszahl ist eine Geburtenrate von 2,1 Kinder pro Frau notwendig. Oberhalb einer Fertilitätsrate von 2,1 wächst die Bevölkerung langfristig, darunter schrumpft sie. In Deutschland haben wir gegenwärtig eine Geburtenrate von 1,4 Kinder pro Frau, in den neuen Bundesländern beträgt sie sogar nur 1,2. Wenn die Fertilität der Ausländerinnen nicht bedeutend höher wäre als die der deutschen Frauen, läge sie noch darunter. In Deutschland leben gegenwärtig etwa 3,4 Millionen gemeldete Ausländerinnen; ihr Anteil an der weiblichen Bevölkerung von 42,1 Millionen liegt bei 7,92 Prozent. Sie sind jedoch verantwortlich für 16,6 Prozent der Geburten eines Jahres. Ihre durchschnittliche Fertilität beträgt 1,9 Kinder pro Frau.

Damit schrumpft unsere Bevölkerung in den nächsten Jahrzehnten dramatisch. Selbst eine relativ hohe Zuwanderungsrate von 200.000 Menschen und eine höhere Lebenserwartung der Bevölkerung können diesen Schrumpfungsprozess nicht kompensieren. Auch wenn es gelänge (was höchst unwahrscheinlich ist), die Fertilitätsrate auf über 2 Kinder zu erhöhen, könnte das Geburtendefizit zwischen 1964 und 2005 nicht ausgeglichen werden und die Bevölkerung schmölze dennoch.

Es gibt berechtigte Vermutungen, dass selbst eine Fertilität von 1,4 Kinder pro Frau zukünftig nicht aufrechterhalten werden kann. Diese Annahme resultiert aus der Erkenntnis, dass der Anteil der lebenslang kinderlos bleibenden Frauen – und auch Männer – jährlich noch um 2 Prozent steigt.

Selbst wenn die Geburtenrate konstant bleiben sollte, reduziert sich die Zahl der neugeborenen Kinder von 767.000 im Jahr 2000 auf 570.000 in 2020. Im Jahr 2030 wird die Zahl der Geburten voraussichtlich knapp über 500.000 liegen.

Weitere Fakten zum Geburtenrückgang

Seit 30 Jahren ziehen drei Erwachsene nur noch zwei Kinder groß:

- 100 Angehörige der Elterngeneration haben 65 Kinder, 42 Enkel und 27 Urenkel.
- 25 Prozent der 40-jährigen Frauen haben kein Kind.
- 25 Prozent der 40-jährigen Frauen haben ein Kind.
- 40 Prozent der Akademikerinnen sind kinderlos.
- 50 Prozent der Frauen in urbanen Ballungsgebieten sind kinderlos.

Die Bevölkerung Deutschlands wird sich trotz hoher Zuwanderungsrate bis 2050 um mindestens 12 Millionen reduzieren. Bei einem Stopp der Zuwanderung betrüge der Bevölkerungsrückgang sogar 23 Millionen Menschen.

Bedeutung der Zuwanderung für die Bevölkerungsentwicklung

Deutschland braucht eine gesellschaftlich verkraftbare Zuwanderung, sonst fällt der Bevölkerungsrückgang bis 2050 noch dramatischer aus (Abbildung 4). Die meisten Zuwanderungsszenarien gehen von zwei Annahmen bei einer Fertilität von 1,4 Kindern pro Frau aus:

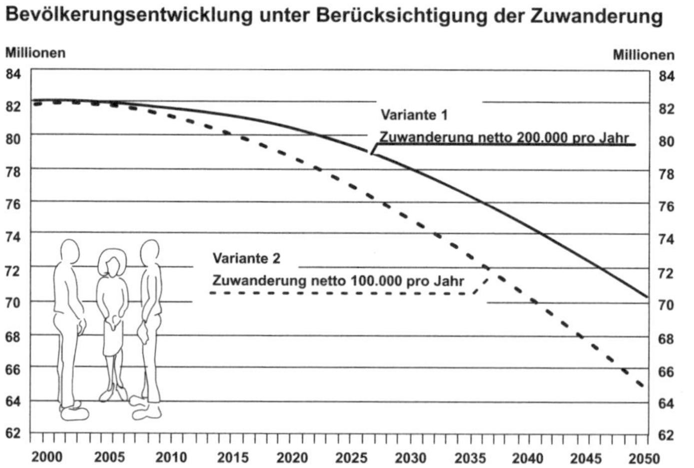

Abbildung 4:
Quelle: 9. Koordinierte Bevölkerungsvorausberechnung des Statistischen Bundesamtes vom Juli 2000

- **Alternative 1:** Nettozuwanderung von zirka 200.000 Menschen pro Jahr.
- **Alternative 2:** Nettozuwanderung von zirka 100.000 Menschen pro Jahr.

Das Szenario 1 geht von der Positivannahme aus, dass jährlich eine Nettozuwanderung von 200.000 Menschen nach Deutschland möglich ist. Trotzdem würde die Bevölkerung im Jahr 2050 auf fast 70 Mio. Menschen sinken.

Das Szenario 2 geht von der vorsichtigen und skeptischen Betrachtung aus und unterstellt nur eine Nettozuwanderung von jährlich 100.000 Menschen nach Deutschland. Die Bevölkerung würde im Jahr 2050 auf zirka 65 Millionen sinken.

Bei beiden Alternativen wurde unterstellt, dass ein Teil der Zuwanderer im Laufe der Jahre eingebürgert wird. Bei Szenario 1 läge der Anteil der ausländischen Bevölkerung im Jahr 2050 bei 26,6 Prozent und bei Szenario 2 bei 20,5 Prozent.

Die Wanderungsdaten, die auf Effektivzahlen beruhen, lassen die Prognose zu, dass die Nettozuwanderung voraussichtlich zwischen Szenario 1 und 2 liegen wird. Diese Prognose basiert laut Professor Hermann Adrian von der Universität Mainz auf folgenden Fakten:

- Die Nettozuwanderung von Ausländern ist von 1995 bis 2000 drastisch zurückgegangen: von 225.260 Menschen im Jahr 1995 auf 86.455 Menschen im Jahr 2000.
- Die Zuwanderung der Aussiedler hat sich von 217.898 Menschen im Jahr 1995 auf 95.615 Menschen reduziert.
- Seit 1995 wandern mehr Deutsche ins Ausland ab, als Deutsche aus dem Ausland zurückkehren. Im Jahr 2000 lag der Negativsaldo bei fast 15.000 Menschen. Besorgnis erregend ist, dass in zunehmendem Maße hoch qualifizierte Arbeitskräfte das Land verlassen.
- Die Nettozuwanderung lag im Jahr 2000 nur noch bei 167.120 Menschen. Sollte der Zustrom der Aussiedler versiegen – und die zahlenmäßige Entwicklung spricht gegenwärtig dafür –, wird die Nettozuwanderung deutlich unter 200.000 Menschen sinken und wir nähern uns damit dem Szenario 2.

Fazit

Wir können und dürfen nicht davon ausgehen, dass wir ausreichend qualifizierte Fachkräfte aus den süd- oder osteuropäischen Staaten gewinnen können. Auch in diesen Ländern gibt es ein demografisches Problem, wenngleich nicht so gravierend wie bei uns. Ihre Wachstumsraten liegen deutlich über denen Deutschlands. Deshalb werden immer weniger qualifizierte Fachkräfte ihre Heimatländer auf Dauer verlassen.

Um unsere wirtschaftlichen Strukturen nur halbwegs zu erhalten und die Sozialsysteme vor der totalen Implosion bewahren zu können, brauchen wir eine Zuwanderung von mindestens 200.000 Menschen jährlich. Diese werden allerdings aus den ärmeren Regionen dieser Welt kommen und zum großen Teil über eine niedrige Qualifikation verfügen.

Die Lebensarbeitszeit muss erhöht werden, damit die Sozialsysteme nicht kollabieren, die Arbeitskosten durch höhere Sozialbeiträge nicht explodieren oder das Rentenniveau nicht deutlich sinkt. Wir können es uns nicht mehr erlauben, im internationalen Vergleich diejenige Nation zu sein, die ihre älteren Arbeitskräfte am frühesten in Rente schickt.

Trotz des Gebotes, die Geburtenrate zu steigern, ist der Frauenanteil an der Beschäftigungsquote zu erhöhen. Flexiblere Arbeitszeiten, ein höheres Angebot an qualifizierten Teilzeitarbeitsplätzen und eine kinderfreundliche Infrastruktur der Kommunen lassen Familie und Beruf besser miteinander vereinbaren.

Die Herausforderung in Unternehmen, Behörden, Verwaltungen und Organisationen ist also klar: Wir müssen mit vorhandenen Qualifikationen anders umgehen. Fachkräfte können auf Dauer nicht nur 35 Stunden die Woche arbeiten, und ebenso wenig können wir es uns erlauben, sie mit 55 oder 60 Jahren in den Ruhestand zu schicken. Wir werden ihre Lebensarbeitszeit verlängern müssen – dies bedingt auch andere Arbeitszeitmodelle als bisher. Eine solche Entwicklung ist zwingend erforderlich, um den Zusammenbruch unserer Sozialsysteme zu verhindern und weil diese Fachkräfte ganz einfach unverzichtbar sind, um in dem sich weiter globalisierenden Markt bestehen zu können.

Die Personalentwicklung wird sich mit dem Phänomen alternder Belegschaften auseinander setzen müssen. Sie muss deshalb sicherstellen, dass ein effektiver Wissenstransfer zwischen den Generationen stattfindet. Die Lösungen von gestern werden keine Antworten mehr auf die Fragen von morgen sein. Wir zeigen im letzten Kapitel dieses Buches konkrete Handlungsmöglichkeiten auf, wo die Schwerpunkte in der Personalentwicklungsarbeit liegen werden. Die Zukunft des nächsten halben Jahrhunderts fest im Blick, können wir für die kommenden zehn Jahre ein sicheres Fazit ziehen, aus dem Maßnahmen abgeleitet werden können, um den Substanzerhalt von privaten und öffentlich-rechtlichen Unternehmen zu sichern:

- Die Zahl der Auszubildenden, Abiturienten und Absolventen von Hoch- und Fachhochschulen sinkt ab 2010 zusehends.

- Unter der Voraussetzung, dass unsere Wirtschaftsstrukturen weitgehend erhalten bleiben, entsteht in vielen Branchen ein akuter Mangel an Fach- und Führungskräften.
- Wer heute nicht ausbildet, wird künftig nicht mehr die Qualifikationen am Markt bekommen, die benötigt werden.
- Wer heute nicht in seine Mitarbeiter investiert, sie qualifiziert und betreut, wird die »Guten« im Wettbewerb um die Talente der Zukunft verlieren.
- Wer heute die Potenziale und besonderen Fähigkeiten seiner Mitarbeiter nicht erkennt, gezielt fördert und einsetzt, wird diese Qualifikationen nicht mehr in ausreichendem Maße auf dem Arbeitsmarkt finden.
- Unternehmen und Organisationen müssen jetzt beginnen, Konzepte zu entwickeln, wie die Qualifizierung von Mitarbeitern über 50 gestaltet und der Wissenstransfer innerhalb der Arbeitsorganisation sichergestellt werden kann.
- Das Problem der Integration von Zuwanderern muss auch unter dem Aspekt der Personalentwicklung angepackt werden. Hier müssen Bund, Länder, Kommunen, die Bundesagentur für Arbeit und die Unternehmen Hand in Hand arbeiten. Isolierte Lösungen wären schädlich und zu kostenintensiv.

1.3 Personalentwicklung und Organisationsentwicklung

Die Organisationsform ist ein Ordnungsrahmen, eine strukturelle Basis zur Aufgabenerfüllung eines Unternehmens oder einer Behörde. Sie muss den arbeitenden Menschen Klarheit und Transparenz in den Zuständigkeiten, Kompetenzen und Abläufen bieten. Sie ist der Rahmen, innerhalb dessen sie ihre Arbeit verrichten.

Unternehmen müssen jedoch in ihren Strukturen und prozessualen Abläufen auch so gestaltet sein, dass sie flexibles Handeln zulassen. Ferner zwingen innere oder äußere Anlässe dazu, Strukturen und Abläufe zu verändern. Diese Veränderungen nennen wir Organisationsentwicklung. Sie ist immer ein längerfristig angelegter Entwicklungs- und Veränderungsprozess, der die gesamte Organisation und die in ihr tätigen Menschen umfasst.

Anlässe für eine Organisationsentwicklung sind zum Beispiel:

- Druck von außen durch Globalisierung, veränderte Marktbedingungen, eine bevorstehende Fusion etc.

- Probleme innerhalb der Organisation durch Qualitätsmängel, Fluktuation, Kundenverlust, hohe Fehlzeiten, schlechte Ergebnisse bei Mitarbeiterbefragungen etc.
- Änderungsabsichten der Unternehmensleitung wie Neuorientierung der Geschäftspolitik, Definition neuer Kernkompetenzen, strategische Planung, Reorganisation, neue Führungsgrundsätze etc.

Wir können aufgrund unserer Erfahrungen in diesem Bereich nur davor warnen, Organisationsentwicklungsprozesse zu starten oder durchzuführen, ohne die Personalentwicklung mit ihren Maßnahmen einzubeziehen. Neue Strukturen, Abläufe oder gar eine strategische Neuausrichtung können nicht dauerhaft und erfolgswirksam umgesetzt werden, wenn Mitarbeiter, Führungskräfte, Betriebs- oder Personalräte nicht aktiv in den Veränderungsprozess eingebunden werden. Sie sollten rechtzeitig über die Ziele und Gründe informiert werden. Zu klären ist, wie die Betroffenen in den Veränderungsprozess zu integrieren und für ihre neuen Aufgaben zu qualifizieren sind. Das ist einfach, logisch und selbstverständlich.

Die Praxis sieht aber ganz anders aus. Veränderungskonzepte werden am grünen Tisch entwickelt, als geheime Kommandosache betrachtet und dann im Frontalangriff umgesetzt. Müssen wir uns dann wundern, wenn Angst statt Offenheit entsteht und die Betroffenen ihre produktive Energie dazu verwenden, zu beweisen, dass es nicht geht, anstatt ihre Energie gestalterisch einzusetzen? Statistiken belegen, dass mehr als die Hälfte der Veränderungsprozesse scheitern oder längst nicht den Erfolg gebracht haben, den sie hätten bringen können.

Ein signifikantes Beispiel dafür ist die Einführung teilautonomer Gruppenarbeit in manchen Betrieben. Die betroffenen Menschen erfuhren erst von der neuen Arbeitsform, als die Gerüchteküche bereits überkochte. Dann wurde den Mitarbeitern in Kurzworkshops vermittelt, wie es funktionieren soll und welche Änderungen sich in ihrer Rolle und Funktion ergeben. Es gab vielfach keine konzeptionelle Einbindung, keine zielgruppenspezifische Qualifikation und keine kompetente Prozessbegleitung. Und dann wundern sich die Entscheider, wenn anstelle der Produktivität das Konfliktpotenzial steigt. Vorschnell wird die Parole ausgegeben: Gruppenarbeit ist für unseren Betrieb nicht geeignet. Viele Produktivitätspotenziale bleiben unerschlossen. Von der Arbeitszufriedenheit nach einem gescheiterten Veränderungsprojekt wollen wir gar nicht reden.

Die Tendenzen der letzten Jahre bestätigen eindeutig: die Aufgaben in Unternehmen und Verwaltungen werden komplexer, die Projekte umfangreicher, und sie müssen teilweise auf internationaler Basis gemanagt werden. Diese Tatsachen sind bei der Strukturierung von Organisationen unbedingt zu berücksichtigen. Die Organisation muss ausreichend Freiraum geben für interdisziplinäre Projekt- und Teamarbeit, und die Unternehmensleitungen müssen mit Hilfe der Organisationsentwicklung die Rahmenbedingungen schaffen, die es ermöglichen, ganzheitliche Aufgaben flexibel, schnell und unbürokratisch und mit einer hohen Wirksamkeit zu erledigen. Generell sollten beim Neugestalten von Organisationsstrukturen den Mitarbeitern verstärkt ganzheitliche Aufgaben zugewiesen werden, da dies die Überschaubarkeit der Ziele garantiert.

Für die Zuordnung komplexer Aufgaben an Teams spricht die Tatsache, dass eine strukturierte Teamarbeit die Qualität von Problemlösungen steigern und mehr Spielräume bieten kann. Das motiviert die Mitarbeiter zusätzlich. Wichtig ist außerdem, dass die Betroffenen regelmäßig mit Informationsmaterial über Marktentwicklung, Umsätze und Kundenzufriedenheit versorgt werden, damit sich die Mitarbeiter selbst ständig kontrollieren und gegebenenfalls korrektive Maßnahmen ergreifen können. Hieraus definieren sich bereits erste Qualifizierungsziele an die Personalentwicklung, wie zum Beispiel das Sicherstellen einer hohen Teamfähigkeit und Problemlösekompetenz oder das Schaffen von methodischem Wissen, um Projekte erfolgreich managen zu können.

Fazit

- Personalentwicklung muss ganzheitlich, systematisch und konsequent die Meilensteine der Organisationsentwicklung begleiten, und das von Anfang an.
- Personalentwicklung muss eine fachkompetente, bedarfsorientierte Prozessbegleitung sicherstellen.
- Unabhängig von der Zuständigkeits- und Kompetenzfrage müssen Organisations- und Personalentwicklung synchron zusammenarbeiten.
- Die strategischen Vorgaben der Unternehmensführung sind Orientierungsrahmen für die festzulegenden und umzusetzenden Qualifizierungsziele.

1.4 Rahmenbedingungen

Eine Treppe wird bekanntermaßen von oben nach unten gefegt. Fangen wir also an der Spitze des Unternehmens an: dort ist das strategisch ausgerichtete Personalentwicklungskonzept zu verankern. Denn ist in den oberen Reihen nicht gründlich gekehrt, haben die oberen Führungskräfte keine positive Grundeinstellung gegenüber den aktuellen Personalentwicklungsthemen und zeigen keine Vorbildfunktion, indem sie die Personalentwicklungsmaßnahmen aktiv promoten und selbst auch daran teilnehmen. Dann rieselt viel Staub auf die unteren Ebenen, und die Wirkung einer guten Sache verpufft schnell. Deshalb hier einige wenige Forderungen, die das Fundament einer erfolgreichen Personalentwicklung bilden:

- Personalentwicklung muss als Element der Strategie und der Steuerung eines Unternehmens gesehen werden.
- Personalentwicklung muss über ein ausreichendes Budget und genügend Kompetenzen verfügen.
- Personal- und Organisationsentwicklung müssen Hand in Hand arbeiten und dürfen keine divergierenden Ziele verfolgen.
- Personalentwicklung muss in der Aufgabenerfüllung stärker agierend als reagierend wirken.
- Personalentwicklung darf weder den Charakter von »nice to have« noch von Incentives haben.
- Personalentwicklung hat immer auch eine Schnittstellenfunktion zu anderen Bereichen, wie zum Beispiel Personalmarketing, Personalführung, Strategie- und Unternehmensentwicklung.

Personalentwicklung kann ihre eigentlichen Aufgaben nicht erfüllen, wenn die Budgets zusammengestrichen werden und sie im Unternehmen ein Nischendasein fristen muss. Personalentwicklung kann nur von Mitarbeitern eingesetzt werden, die über ein ausreichendes Zeitbudget, eine gute Qualifikation und idealerweise eine hohe Akzeptanz bei der Geschäftsleitung verfügen. Nur damit können bedarfsgerechte Konzepte erstellt und erfolgreich und flächendeckend im gesamten Unternehmen oder einer Behörde umgesetzt werden. Alle anderen Bemühungen kosten mehr, als sie nützen, und es ist wenig hilfreich, im Unternehmen verschiedene Baustellen zu errichten und nicht eine davon richtig abzuschließen.

Wir wollen hier nicht detailliert auf die Einbindung der Personalentwicklung in die Organisationsstruktur eines Unternehmens oder einer Verwaltung eingehen. Für größere Unternehmen ist die Frage ohnehin gelöst, was allerdings – wie wir aus eigenem Erleben wissen – nicht bedeutet, dass überall Professionalität und ein hohes Maß an Fachkompetenz anzutreffen sind. Kleine und mittelständische Unternehmen (KMU) können sich in aller Regel keine eigene Abteilung für Personalentwicklung leisten. Hier ist die Aufgabe meist in die Personalabteilung integriert oder bei der Geschäftsführung angesiedelt.

Es sollte in jedem Fall eine feste Zuständigkeit mit ausreichend ausgestatteten Kompetenzen definiert sein. Wichtig ist, dass Personalentwicklung in der Organisation fest verankert ist und zukunftsgestaltend arbeiten kann. Kleine und mittelständische Betriebe haben in puncto Personalentwicklung stärkere Defizite. Häufig findet sich hier noch die Einstellung des Managements, dass es in der Vergangenheit doch auch immer ohne ging – »und zur Not können wir dann immer noch einen Mitarbeiter zum Seminar schicken«. Allerdings wird diese Rechnung in den nächsten Jahrzehnten nicht mehr aufgehen.

Die Existenz vieler KMU wird auch davon abhängen, wie sie ihre Mitarbeiter bislang betreut, gefördert und qualifiziert und damit Arbeitszufriedenheit sowie Betriebsbindung erreicht haben. Und nochmals zur Erinnerung: Spätestens ab 2010 wird es ernst, der Arbeitsmarkt stellt nicht mehr in ausreichendem Maße qualifiziertes Personal zur Verfügung.

Die Notwendigkeit einer hohen Mitarbeiterzufriedenheit ist keine neue Erkenntnis. Soft Facts tragen genauso zum wirtschaftlichen Erfolg oder der Effizienz eines Betriebes bei wie Hard Facts. Das Problem liegt in der Messbarkeit. Hard Facts lassen sich relativ einfach und präzise messen, bei den Soft Facts wird es schon schwieriger. Dennoch, dauerhafter unternehmerischer Erfolg wird nur mit einer ausgewogenen Kombination aus beiden zu erzielen sein. Die Personalentwicklung kann mit ihren Instrumenten einen wichtigen Beitrag dazu leisten. Sie ist aber nicht der alleinige Garant für eine gute Mitarbeiterzufriedenheit. Dazu sind noch andere Faktoren notwendig:

- eine Unternehmenskultur, die auf kommunizierten und akzeptierten Werten beruht; ein Management, das sich diesen Werten verpflichtet fühlt und sie als Vorbild lebt;
- eine Führungskultur, die auf menschlicher Wertschätzung und Toleranz basiert, die jedem Einzelnen weitgehende gestalterische Freiheiten gibt;
- in der Zusammenarbeit in und zwischen Teams gibt es akzeptierte Spielregeln, die u.a. Ehrlichkeit, Fairness und Hilfsbereitschaft beinhalten;
- eine Feedback-Kultur, die in der Zusammenarbeit zwischen Vorgesetzten und Mitarbeitern von Offenheit und gegenseitiger Wertschätzung getragen wird;
- eine Unternehmenskommunikation, die die Mitarbeiter rechtzeitig über Veränderungen informiert und sie anschließend in die Veränderungsprozesse einbezieht;
- ein Vergütungssystem, das individuelle Leistungsanreize bietet und Mitarbeiter am Unternehmenserfolg beteiligt, sowie

- soziale Leistungen, die den Mitarbeitern eine zusätzliche Altersvorsorge bieten und sie gegen Berufs- und Erwerbsunfähigkeit absichern.

Nehmen Sie diese Faktoren ernst, denn »Wir haben ein gutes Betriebsklima« ist leicht gesagt. Die Frage ist: Was verbirgt sich dahinter? Wie komme ich mit meinem sozialen betrieblichen Umfeld aus, wie gehen wir in der Kommunikation miteinander um? Gibt es häufig Meinungsverschiedenheiten, wird das Klima in der Regel als schlecht bezeichnet, wird wenig oder gar nicht diskutiert? Ist diese Haltung richtig und für das Unternehmen wertschöpfend?

Ein Mitarbeiter könnte leicht versucht sein zu sagen: »Ich habe zu Hause bereits genug Diskussionen, da bin ich froh, wenn wenigstens im Betrieb die Dinge ohne laufen.« Dies macht deutlich, wie wichtig es ist, mit den Mitarbeitern gemeinsame Werte zu besprechen und eine positiv geprägte »Streitkultur« zu definieren. Eine der Spielregeln könnte dann beispielsweise lauten: Wir sprechen im Betrieb stets unterschiedliche Meinungen zu einer Sache an und diskutieren darüber wohlwollend und mit gegenseitiger persönlicher Wertschätzung. Erst diese (betrieblich erwünschte) sachliche Auseinandersetzung bringt die Beteiligten in ihrer Arbeit weiter, denn es werden gemeinsame kreative Lösungen gefunden und dann auch umgesetzt. Man nimmt sich einer Sache an und erklärt sie gemeinsam zur eigenen Angelegenheit.

Dies wiederum ist für den persönlichen Kontakt und das Erfolgsempfinden von Mitarbeitern wichtig, denn man hat nun eine gemeinsame Aufgabe. Stellen Sie sich vor, das passiert in allen Bereichen Ihres Unternehmens – welch offene und motivierende Unternehmenskultur würde entstehen! Nur das ist wertschöpfend, nur das bringt auch den gewünschten unternehmerischen Erfolg und nur so kann man in Projekten weiterkommen. Als positive Begleiterscheinung wird sich die Haltung der Mitarbeiter von passiver Arbeitszufriedenheit in eine aktive, konstruktive und das Betriebsklima mitgestaltende Einstellung verändern.

Denken wir nicht vordergründig an die großen Projekte der Personal- und Organisationsentwicklung, sondern an die alltäglichen Situationen. Oft sind es die vermeintlich kleinen Dinge, die entscheidend unser Wohlbefinden, unsere Arbeitszufriedenheit und Motivation prägen. Zu wenig Rückmeldung, wie der andere meine Arbeit einschätzt, zu wenig Lob, Nichteinhaltung organisatorischer Absprachen und daraus entstehende Konflikte sind dagegen oft wesentliche Gründe für Demotivation am Arbeitsplatz. In schwierigen Situationen, Krisenzeiten oder in Phasen geforderter Höchstleistung dienen Teamzusammenhalt und ein gutes Arbeitsklima meist als Motivationsquelle. Gut harmonisierende Arbeitsgruppen bringen erstaunliche Leistungen zustande. Gerade hierfür müssen die Instrumente der Personalentwicklung vorhanden sein und professionell genutzt werden.

Und genau so funktioniert erfolgreiche Personalentwicklung. Wir könnten diese Kettenreaktion in den alltäglichen Arbeitssituationen unendlich fortsetzen. Dann würden wir Ihnen aufzeigen, dass neben dem positiven Betriebsklima als Nächstes auch gleich die persönliche Zufriedenheit mit der eigenen Karriere innerhalb des Unternehmens verbessert werden kann. Das sind weitere wichtige Aspekte, die einen Mitarbeiter zum Bleiben oder zum Gehen bewegen.

Karriereplanung ist ein großes Feld der Personalentwicklung, denn für einen Mitarbeiter ist es unbestritten sehr wichtig zu wissen, wo er innerhalb der Organisation mit seinen Fähigkeiten und Kenntnissen steht. Es gibt verschiedene Personalentwicklungsinstrumente, die dazu einiges leisten können. Zum Beispiel die von uns entwickelte PREGO-Methode, die dazu dient, Potenziale zu erkennen und zu fördern. Das können aber auch ein klassisches Assessment-Center oder ein institutionalisiertes Mitarbeitergespräch leisten, wenn die Notwendigkeit im Betrieb erkannt wurde und das Instrument angemessen und unter Berücksichtigung der oben genannten Rahmenbedingungen für eine erfolgreiche Personalentwicklung eingesetzt wird.

1.5 Ziele

Jede Änderung der Strategie oder der Ziele eines Unternehmens kann Personalentwicklungsaktivitäten auslösen. Das können herausragende Aufgabenstellungen sein wie beispielsweise Unternehmensfusionen, tief greifende Reengineering-Prozesse oder die Umgestaltung großer Bundesbehörden, aber auch personalpolitische Maßnahmen wie das Senken des Krankenstandes, die Neubesetzung einer Stelle von außen oder eine innerbetriebliche Versetzung. Bevor wir nun in den praktischen Anwendungsteil einsteigen, fassen wir die wichtigsten Ziele einer gegenwarts- und zukunftsorientierten Personalentwicklung zusammen:

- Gehaltsfindung und anforderungsgerechte Anpassung der fachlichen Kenntnisse und Fertigkeiten;
- Verbesserung der Sozialkompetenzen sowie des methodischen Know-hows auf allen Ebenen einer Organisation;
- Erkennen und Fördern der vorhandenen Mitarbeiterpotenziale, Binden qualifizierter Mitarbeiter und Führungskräfte an das Unternehmen;

- gezielte Förderung des eigenen Nachwuchses auf der Ebene der Mitarbeiter (Facharbeiter und Sachbearbeiter) und der Führungskräfte;
- Verbesserung der Qualität (Prozesse und Produkte/Dienstleistungen), der Arbeitsergebnisse und der Kundenzufriedenheit;
- Steigerung der Arbeitszufriedenheit, der Motivation und des Engagements aller Mitarbeiter und Führungskräfte;
- Unterstützung und Begleitung von Organisationsentwicklungen und Change-Prozessen zum Erreichen der fixierten Zeit- und Ergebnisziele
- Verbesserung der Führung und Zusammenarbeit.

1.6 Aufgaben und Verantwortung

Personalentwicklung ist eine Dienstleistungsfunktion innerhalb eines Unternehmens oder einer Behörde. Sie erbringt ihre Leistungen für die Organisation, deren Mitarbeiter und Führungskräfte. Personalentwicklung hat sich in ihrer Aufgabenstellung an den strategischen Zielen der Organisation zu orientieren, wobei sie gleichzeitig bemüht sein muss, die persönlichen Interessen der Mitarbeiter, Führungskräfte und Potenzialkandidaten (Mitarbeiter mit besonderen Fähigkeiten) zu berücksichtigen.

Damit hat sie eine Ausgleichsfunktion bei Interessenkonflikten zwischen Unternehmen und Mitarbeitern. Sie wirkt in ihren Aktivitäten nach innen und außen, kann selbst ausführendes oder nur organisierendes und beratendes Element sein. Personalentwicklung benötigt eine sinnvolle organisatorische Einbettung in die Gesamtorganisation.

An dieser Stelle werden wir nicht alle praktizierbaren Organisationsmodelle diskutieren. Diese Frage stellt sich sowieso nur für die größeren Unternehmen und Verwaltungen. Wir wissen aus unserer langjährigen Arbeit mit vielen mittelständischen Betrieben, dass in den wenigsten Fällen die Personalentwicklung ein eigenständiges Kästchen im Organigramm darstellt oder ein hauptberuflicher Mitarbeiter sie gestaltet. Diese Tatsachen müssen wir einfach akzeptieren, auch wenn andere Lösungen wünschenswert wären.

Deshalb betrachten wir unter diesen Voraussetzungen die notwendige organisatorische Einbettung der Personalentwicklung. Ihre Funktion ist in kleinen und mittelständischen Betrieben sowie kleineren Behörden in aller Regel dem Personalwesen zugeordnet. Die Aufgaben der Personalentwicklung, und dazu zählt in vielen Fällen auch die Betreuung der Auszubildenden und Praktikanten, werden als Zusatzaufgaben wahrgenommen. Das heißt im Umkehrschluss allerdings nicht, dass sie unbedeutend oder in ihrer Wirkung eingeschränkt sind.

Wie also ist in den Fällen zu verfahren, in denen bislang Personalentwicklung nicht als Stabsstelle der Geschäftsleitung oder eigenständige Abteilung organisatorisch aufgehängt ist?

- Die Personalentwicklung ist als strategische Aufgabe zu definieren; sie hat zumindest als Funktion einen Platz im Organigramm.
- Die Aufgaben der Personalentwicklung sind bestimmten Mitarbeitern zugeordnet. Ziele und Kernaufgaben sind definiert, ebenso das Anforderungsprofil für die handelnden Personen.
- Personalentwicklung verursacht Kosten, interne wie externe. Das Budget erlaubt Handlungsmöglichkeiten und muss orientiert an der jährlichen Aufgabenstellung auch verantwortet werden.
- Personalentwicklung ist in die Regelkommunikation der Organisation eingebunden. Sie muss situativ direkten Zugang zur Geschäfts- oder Behördenleitung haben.
- Personalentwicklung plant und gestaltet alle Personalentwicklungsmaßnahmen, unabhängig davon, ob sie intern oder extern durchgeführt werden.
- Personalentwicklung ist von Anfang an in alle Organisationsentwicklungsprozesse mit einbezogen und übernimmt dabei die notwendigen Qualifizierungen oder Prozessbegleitungen.
- Es wird für eine qualifizierte Schulung der Mitarbeiter im Bereich Personalentwicklung gesorgt, damit die dafür notwendigen und bedarfsorientiert ausgerichteten Personalentwicklungsinstrumente professionell angewandt werden können.

1.6.1 Aufgabenbereiche

Unabhängig davon, ob Personalentwicklung in einer kleineren, mittleren oder größeren Organisation stattfindet, sind bestimmte Aufgaben identisch. Allerdings unterscheiden sie sich in ihrem Umfang und in ihrer zielgruppenspezifischen Differenziertheit. Hier ein zusammenfassender Überblick:

- Beratung der Geschäftsführung, der Führungskräfte und der Mitarbeiter in allen Fragen der Personal- und Organisationsentwicklung
- Planung und Koordination aller Personalentwicklungsmaßnahmen
- Erstellung von Bildungsbedarfsanalysen
- Budgetplanung und Controlling
- Sicherstellen, dass alle Personalentwicklungsinstrumente zielgruppenspezifisch, individuell, effizient und erfolgswirksam eingesetzt werden

- Konzeption von Bildungs-, Förder- und Coaching-Maßnahmen; Festlegung der Qualifizierungsziele, Abstimmung der Inhalte sowie des methodischen Vorgehens
- Beratung und Mitgestaltung in Fragen des Personalmarketings und des internen wie externen Personal-Recruitings; Beratung, Konzeption und Mitgestaltung von Auswahlverfahren
- Auswahl und Betreuung von Auszubildenden und Praktikanten gemeinsam mit dem Fachbetreuer sowie Definition des zukünftigen Bedarfs
- Erstellung des jährlichen Bildungs- beziehungsweise Seminarangebots einschließlich Information und Beratung der Interessenten
- Einkauf externer Qualifizierungsleistungen – dazu zählen die Trainer- und Referentenauswahl unter Beachtung qualitativer und ökonomischer Gesichtspunkte
- Sichtung und Auswahl externer Lehrgangs- und Seminarangebote einschließlich der internen Beratung und organisatorischen Abwicklung der Anmeldungen sowie des nachgeschalteten Erfolgs-Controllings
- Qualifizierung interner Fachreferenten, Coaches, Mentoren, Paten und Prozessbegleiter
- Klärung und Abwicklung aller organisatorischen Fragen, die im Zusammenhang mit der Durchführung von Personalentwicklungsmaßnahmen stehen, zum Beispiel Auswahl geeigneter Räumlichkeiten im eigenen Hause, Checken der technischen Ausstattung von Räumlichkeiten, Auswahl von Hotels und Tagungsstätten
- Konzeption neuer, innovativer Personalentwicklungsmaßnahmen und -instrumente sowie deren Erprobung und Evaluierung

1.6.2 Rolle und Verantwortung der Führungskräfte

Eigentlich sollten Führungskräfte ebenso wie ihre Mitarbeiter eine aktive Rolle spielen und Mitverantwortung bei allen Förder- und Entwicklungsmaßnahmen der Personalentwicklung tragen. Dies trifft nicht durchgängig und überwiegend zu. Dazu einige Kostproben aus unseren Erfahrungen der jüngsten Vergangenheit:

- Leistungsschwache, unmotivierte Mitarbeiter werden über Beurteilungssysteme und andere Instrumente weggelobt. Damit hat man das Problem verschoben, aber nicht gelöst.

- Leistungsstarke Mitarbeiter erfahren nicht die notwendige Förderung in ihrer Abteilung, weil man sie nicht verlieren möchte – »man weiß ja nicht, wer danach kommt«.
- Mitarbeiter werden nicht über Sinn, Zweck und Notwendigkeit einer Personalentwicklungsmaßnahme informiert. Es findet weder ein Vor- noch ein Nachgespräch zwischen Vorgesetztem und Mitarbeiter statt.
- Ein Seminarbesuch wird negativ und demotivierend verkauft (»Weil Sie nicht richtig führen können, haben wir Sie für ein Führungsseminar vorgesehen«).
- Am Lerntransfer zeigt der Vorgesetzte kein Interesse. Hier ein Originalzitat: »Vergessen Sie mal den theoretischen Kram, bei uns sieht die Praxis ganz anders aus.« Ideen, Engagement und Motivation werden im Keim erstickt, Geld wurde verbrannt.
- Mitarbeiter- und Fördergespräche, ob institutionalisiert beziehungsweise strukturiert oder nicht, finden nicht statt. Der Mitarbeiter muss sich selbst um seine Weiterentwicklung kümmern.

Aus solchen Negativbeispielen lassen sich Rolle und Verantwortung der Vorgesetzten bei der Personalentwicklung herleiten. Alle Experten sind sich über die Wichtigkeit der Führungskräfte bei der Qualifizierung ihrer Mitarbeiter einig. Thesenartig stellen wir hier deren Rolle und Verantwortung für die Personalentwicklung ihrer Mitarbeiter dar:

- Personalentwicklung ist eine nicht delegierbare Führungsaufgabe jedes Vorgesetzten. Sie muss aktiv und im Dialog mit dem Mitarbeiter wahrgenommen werden.
- Die Ermittlung des individuellen Personalentwicklungsbedarfs kann nur unter Einbindung der Führungskräfte geschehen.
- Die Führungskräfte müssen die Instrumente der Personalentwicklung kennen und anwenden können.
- Das Erkennen und Fördern von besonderen Fähigkeiten, Eignungen und Stärken der Mitarbeiter ist Bestandteil der Führungsaufgabe.
- Führungskräfte tragen Sorge dafür, dass ihre Mitarbeiter eignungsgerecht eingesetzt werden. Es gilt das Prinzip »fördern durch fordern«, d.h. systematischer und zielgerichteter Ausbau der Stärken und Reduzierung erkannter Schwächen oder Qualifizierungsdefizite.
- Vorgesetzte begleiten ihre Mitarbeiter während des Qualifizierungsprozesses. Sie informieren sie über Möglichkeiten und Notwendigkeiten von Personalentwicklungsmaßnahmen, halten Kontakt während des eigentlichen Bildungsprozesses, insbesondere wenn er sich über

einen längeren Zeitraum erstreckt (zum Beispiel Lehrgänge), und sichern den Lerntransfer.

- Führungskräfte können bei Qualifizierungsmaßnahmen selbst die Rolle des Coachs, Trainers oder Mentors einnehmen. Die Einarbeitung neuer Mitarbeiter, die Führungskräfte- und Nachwuchsentwicklung oder die Gestaltung von Change-Prozessen sind typische Beispiele dafür.
- Auch »gestandene Führungskräfte« sind offen für Qualifizierungsmaßnahmen und persönliche Veränderungen. Sie sind in dieser Hinsicht Vorbild.
- Führungskräfte pflegen mit ihren Mitarbeitern eine ehrliche Feedback-Kultur. Sie stehen offen zu ihren Schwächen und arbeiten an deren Reduzierung.

1.7 Ermittlung des Personalentwicklungsbedarfs

Die strategische Unternehmensplanung ist Basis für jegliche Form der qualitativen und quantitativen Personalplanung. Die qualitative Personalplanung beschäftigt sich mit den Qualifikationen der Mitarbeiter (Fertigkeiten und Kenntnisse, Sozialkompetenzen und methodisches Wissen) und fragt danach, wie viele dieser Qualifikationen im Unternehmen benötigt werden, um bestimmte Aufgaben zu erfüllen. Dazu ist es hilfreich, Anforderungsprofile der Stellen beziehungsweise Eignungsprofile der Mitarbeiter zu erstellen (siehe Kapitel 2).

Dabei stützt sich die qualitative auf die Ergebnisse der quantitativen Personalplanung. Sie gleicht dann die Anforderungen des Unternehmens bezüglich der im Planungszeitraum benötigten mit den vorhandenen Qualifikationen ab. Daraus ermittelt sich der in der Planungsperiode zu deckende Personalentwicklungsbedarf. Er wird aus allen möglichen Informationsquellen gespeist, die es in einer Organisation gibt. Die wichtigsten sind in Abbildung 5 dargestellt. Sie sind ebenfalls Instrumente unserer Toolbox zur Personalentwicklung in Kapitel 2 und werden dort genauer erläutert.

Abbildung 5: Ermittlung des Personalentwicklungsbedarfs

- Das **klassische Mitarbeitergespräch** wird situativ zwischen Vorgesetzten und Mitarbeitern geführt. Anlass können Lob und Anerkennung aufgrund erreichter Ziele sein oder aber – was häufiger der Fall ist – Kritik am Leistungsvermögen, der inneren Einstellung oder am Sozialverhalten des Mitarbeiters. Ebenso können sowohl Vorgesetzter als auch Mitarbeiter Förder- und Entwicklungsvorschläge unterbreiten und vereinbaren.
- Das **institutionalisierte Jahresmitarbeitergespräch**, auch Beurteilungs-, Zielvereinbarungs- oder Fördergespräch genannt, ist fester Bestandteil der Zusammenarbeit zwischen Führungskraft und Mitarbeiter. Es wird ohne aktuellen Anlass terminiert; dabei steht insbesondere der aktuelle und mittelfristige Qualifizierungsbedarf des Mitarbeiters im Fokus.
- **Coaching:** Stellt der interne oder externe Coach fest, dass bestimmte Kenntnisse, Fertigkeiten, Sozialkompetenzen oder methodisches Wissen nicht durch ihn vermittelt werden können, diese der zu coachende Mitarbeiter aber für seine gegenwärtige und zukünftige Tätigkeit benötigt, so werden diese Informationen nach vorheriger Absprache zwischen Coach und Mitarbeiter an die Personalentwicklungsabteilung gemeldet.

- **Förder- und Entwicklungsprogramme** für bestimmte Zielgruppen oder Einzelpersonen liefern kontinuierliche Aussagen über einen weiter gehenden Entwicklungsbedarf.
- **Maßnahmen zur Potenzialerkennung und -förderung** wie zum Beispiel die PREGO-Methode ermöglichen detaillierte und fundierte Aussagen über den künftig notwendigen Qualifizierungsbedarf.
- Organisations- oder bereichsspezifisch gestaltete **Mitarbeiterbefragungen** können auch Fragestellungen zum persönlichen Qualifizierungsbedarf enthalten und in der Zusammenfassung Daten für den aus Mitarbeitersicht zu deckenden Personalentwicklungsbedarf liefern.
- **Vorgesetzten- oder 360-Grad-Feedback-Beurteilung:** Aus der Analyse dieser Beurteilungsverfahren und den anschließenden Feedback- oder Coaching-Gesprächen ergeben sich Orientierungshilfen für den individuellen Bildungsbedarf.
- **Assessment-Center und sonstige Test- und Prüfverfahren** liefern nicht nur eine personalpolitische Entscheidungsgrundlage, ob eine Stellenbesetzung mit bestimmten Kandidaten sinnvoll ist oder nicht. Die detaillierten Gutachten enthalten auch bei einer Positivempfehlung in aller Regel Hinweise auf Stärken und Schwächen bezüglich ihrer Kompetenzen. Daraus kann qualifiziert der zu deckende Personalentwicklungsbedarf abgeleitet werden. Andere Testverfahren, die beispielsweise durchgeführt werden, um bei internen Stellenbesetzungen ganz bestimmte Kenntnisse zu prüfen, zum Beispiel fachliche Anforderungen an die zu besetzende Stelle, logisch-analytisches Denkvermögen oder sprachliche Ausdrucksfähigkeit und Fremdsprachenkenntnisse, sind eine weitere Informationsquelle für die Planung des Personalentwicklungsbedarfs.
- **Seminarbewertungen:** Trainings, Seminare oder sonstige Qualifizierungsmaßnahmen werden üblicherweise mit einem Teilnehmer-Feedback abgeschlossen. Dazu zählt in aller Regel auch eine schriftliche Teilnehmerbefragung. Wir gehen in Kapitel 5 ausführlich darauf ein. Eine Rubrik der Teilnehmerbewertung sollte dem weiteren gewünschten Personalentwicklungsbedarf vorbehalten sein. Durch die systematische Auswertung der Feedback-Bögen können Informationen über den gewünschten und notwendigen Personalentwicklungsbedarf gewonnen werden.
- Bereits in der Vorphase oder während der **Planung von Organisations- und Change-Prozessen** ist das Thema der Personalentwicklung anzusprechen. In aller Regel ergibt sich aus solchen Prozessen sogar ein erheblicher Personalentwicklungsbedarf. Es ist rechtzeitig vor der Umsetzungsphase zu planen, welche Zielgruppen in den Qualifizie-

rungsprozess einzubeziehen sind und welche Qualifikationen erworben werden müssen. Unterbleibt diese Planung, ist der Projekterfolg akut gefährdet. Bedenken Sie, dass diese Personalentwicklungsaktivitäten kostenmäßig geplant und budgetiert werden müssen. Größere Organisationsentwicklungsprojekte brauchen einen ausreichenden Planungszeitraum, um die notwendigen organisatorischen Voraussetzungen zu schaffen und interne oder externe Personalkapazitäten bereitzustellen.

- Die **Bildungskonferenz** ist sehr häufig in Verwaltungen, Behörden oder im öffentlichen Dienst anzutreffen. In den Fachbereichen oder Ämtern sind so genannte Bildungsbeauftragte implementiert. Diese Aufgabe nehmen sie neben ihrer eigentlichen Fach- oder Führungsaufgabe wahr. Sie sind kommunikativ eng mit der Fachstelle für Personalentwicklung verzahnt. Ihre Aufgabe ist es, die Mitarbeiter in ihrem Zuständigkeitsbereich in allen Fragen der Personalentwicklung zu betreuen. Aus den Betreuungsgesprächen ergeben sich Zielvorstellungen für den zu deckenden Bildungsbedarf. In viertel-, halb- oder jährlichen Bildungskonferenzen werden zwischen den Bildungsbeauftragten und der zuständigen Fachstelle für Personalentwicklung alle relevanten Fragen der Personalentwicklung diskutiert, Lösungsvorschläge erarbeitet und so die Basis für den individuell oder kollektiv zu deckenden Personalentwicklungsbedarf einer Planungsperiode geschaffen.

2

Toolbox zur Personalentwicklung

Um Personalentwicklung zum Nutzen der Organisation, der Mitarbeiter und der Führungskräfte erfolgreich zu gestalten, bedarf es in der Praxis oftmals der Kombination verschiedener Instrumente aus der eigens dafür zusammengestellten Toolbox. Es gibt kein aktuelles Lehr- oder Fachbuch über Personalentwicklung, das nicht die Instrumente der Personalentwicklung beschreibt. Das geschieht aus den individuellen Blickwinkeln, Sichtweisen und Erfahrungswerten der Autoren recht unterschiedlich und mehr oder weniger knapp, prägnant oder ausführlich und detailliert.

Wir wollen uns alleine an der praktischen Durchführbarkeit, dem erzielbaren Nutzen für Unternehmen und Behörden sowie ihrer Mitarbeiter und damit am erreichbaren Erfolg orientieren. Wir wissen, dass bei kleinen und mittelständischen Betrieben und teilweise auch im öffentlichen Dienst Personalentwicklungsinstrumente nicht allen Entscheidungsträgern bekannt sind oder deren Einführung gescheitert ist. Daher beschränken wir uns auf das personell und finanziell Machbare, zeigen dabei aber auch innovative Wege der Personalentwicklung auf, die geeignet sind, sowohl in Großunternehmen als auch in kleinen und mittelständischen Betrieben und im öffentlichen Dienst eingesetzt zu werden und den Herausforderungen an die Personalentwicklung in den nächsten Jahrzehnten gerecht zu werden.

Nachfolgend beschreiben wir die Instrumente, die sich in unserer Toolbox befinden. Wir zeigen Möglichkeiten der Implementierung auf, benennen die Einsatzfelder und geben Beispiele für die Anwendung der Implementierung. Alle diese Instrumente haben wir als Trainer und Organisationsberater erfolgswirksam für unsere Auftraggeber umgesetzt, oder wir haben dazu beigetragen, dass die Rahmenbedingungen für eine Implementierung geschaffen wurden.

Die beschriebenen Personalentwicklungsinstrumente werden durch Praxistipps, Erfahrungswerte und Anwendungsbeispiele (siehe auch Kapitel 4 und 6) ergänzt und geben Ihnen als Leser dadurch eine klare Orientierung, um diese in Ihrem betrieblichen Umfeld zeitnah zu implementieren. Sie können dieses Buch dazu nutzen, Ihre eigene Toolbox zu erstellen, zu ergänzen oder zu optimieren.

Falls Sie bereits Personalentwicklung in Ihrem Unternehmen betreiben, befinden sich einige der beschriebenen Personalentwicklungsinstrumente sicher bereits in Ihrer Toolbox. In der Praxis gestalten sich die Dinge jedoch stets anders als im Lehrbuch. Die klassischen Instrumente haben wir aufgrund unserer Erfahrungen hinsichtlich der notwendigen Rahmenbedingungen deshalb neu auf praktische Anwendbarkeit hin überprüft und sprechen für sie einige Empfehlungen aus. Die neuen und innovativen Instrumente werden ebenfalls gemäß diesen Gesichtspunkten betrachtet und auch hier finden Sie Empfehlungen und Anregungen hinsichtlich der Einsatzfelder und notwendigen Rahmenbedingungen.

Bevor wir die einzelnen Instrumente unserer Toolbox im weiteren Verlauf des Kapitels 2 im Detail vorstellen, wollen wir Ihnen zunächst eine Übersicht zu deren Einsatzmöglichkeiten bei betrieblichen Anforderungen und Problemen geben. In Kapitel 4 werden wir uns näher mit den speziellen Problemen im Betrieb befassen und Lösungsmöglichkeiten mithilfe der Personalentwicklungsinstrumente anbieten.

Ordnen wir nun zunächst typische Anforderungen und spezielle Problemstellungen im Betrieb den folgenden zehn Personalentwicklungsinstrumenten – ausgewählt aus unserer Toolbox – beispielhaft zu:

1. fachliche Schulungen;
2. Seminare und Trainings;
3. Coaching, Supervision, Mediation;
4. Teamentwicklung und Projektmanagement;
5. Nachwuchsförderung und Traineeprogramm;
6. Anforderungs- und Eignungsprofil;
7. Mitarbeitergespräch (institutionalisiertes Jahresmitarbeitergespräch, Zielvereinbarung, Mitarbeiterbeurteilung, Vorgesetztenbeurteilung, Teamgespräch);
8. Test- und Auswahlverfahren;
9. computergestütztes Lernen und E-Learning;
10. PREGO-Methode.

Vergleichen Sie hierzu bitte die Tabellen der Abbildung 6.

Als Fazit dieser Zuordnung können wir zusammenfassend sagen, dass gerade individuelle Personalentwicklungsmaßnahmen am erfolgreichsten immer der jeweilige Vorgesetzte durchführt – und nicht nur die Fachabteilung Personalentwicklung. Ausgangspunkt ist fast immer das klassische Mitarbeitergespräch, das in bestimmten Situationen auch als Teamgespräch, als institutionalisiertes Jahresgespräch, als Vorgesetztenbeurteilung, Mitarbeiterbeurteilung oder Zielvereinbarungsgespräch durchgeführt werden kann.

Wie die Praxisbeispiele und die Matrix der Anwendungsmöglichkeiten der Toolbox gezeigt haben, ist das situativ zwischen Vorgesetztem und Mitarbeiter geführte Gespräch ein wichtiges Personalführungs- und Personalentwicklungsinstrument. Führungskräfte steuern damit maßgeblich den gesamten Personalentwicklungsprozess, und somit ist das zwischen Vorgesetztem und Mitarbeiter geführte Gespräch Dreh- und Angelpunkt aller Qualifizierungsmaßnahmen.

Problemstellung im Betrieb / PE-Maßnahme	1	2	3	4	5	6	7	8	9	10
1. Veränderungen im Unternehmen durch Einflüsse von außen										
Wandel der Märkte Konflikte durch unterschiedliche Bezahlung, Fachkräftemangel	1			4				8		
Internationalisierung Sprachbarrieren, mangelnde Reisebereitschaft, Neustrukturierung der Belegschaft	1						7	8	9	
Veränderung des unternehmerischen Grundgedankens Vermittlung neuer Werte und der Grundzüge marktwirtschaftlicher Aspekte; Änderung der Stellenprofile		2				6				
Fusion Festgefahrene Strukturen, Umdenken bei Führungskräften und Entwicklung einer neuen Unternehmenskultur, Personalabbau, Identifizierung von Potenzialkandidaten		2	3			6		8		10
Leistungsgefälle innerhalb eines Unternehmens Zusammenarbeit ist schwierig, Motivationsverlust bei den Mitarbeitern		2	3	4			7			
2. Veränderungen im beruflichen und persönlichen Umfeld des Mitarbeiters										
Vereinbarkeit von Familie und Beruf Beispiel 1: Qualifikationsdefizit nach Elternzeit	1						7		9	
Beispiel 2: Familiäre Schwierigkeiten bedingt durch Überstunden							7			
Persönliche Probleme des Mitarbeiters Demotivation	1		3	4			7			
Streit und Mobbing Beispiel 1: Aus Streit auf persönlicher Ebene entsteht betriebliches Problem mit der Aufgabenverteilung			3	4			7			
Beispiel 2: Akzeptanzprobleme eines neuen Vorgesetzten		2	3	4			7			
Unterschiedliche Bildungsstände in einem Team Unausgewogene Arbeitsverteilung und aufkeimende Konflikte						6	7	8		10
Schwierigkeiten mit der eigenen Arbeit Beispiel 1: Fehlerhafte Arbeitsergebnisse und Abgabetermine werden nicht eingehalten, bei tatsächlich normaler Arbeitsbelastung	1						7			
Beispiel 2: Ineffektive Besprechung mangels oberflächlicher Vorbereitung		2	3							

PE-Maßnahme **Problemstellung im Betrieb**	1	2	3	4	5	6	7	8	9	10
3. Veränderungen des Personalbestandes										
Fluktuation Nur die guten Mitarbeiter kündigen, da sie schnell Angebote anderer Unternehmen erhalten		2					7	8		10
Schließung eines Geschäftsfeldes Selektion der Mitarbeiter, die zu integrieren bzw. zu entlassen sind, Integration der Mitarbeiter, Neuorganisation der Teams				4		6		8		
Personalbedarf/Bedarf an Nachwuchskräften Probleme, an gute Mitarbeiter heranzukommen und diese langfristig zu binden					5			8		10
Überbeschäftigung Beispiel 1: Auswahlverfahren bei Personalreduzierungen						6		8		
Beispiel 2: Reaktion auf Gerüchte um Personalabbau							7			
Integration eines kompletten Teams Ein Team soll hinsichtlich Arbeitsmethodik und Führungskultur schnellstmöglich in die Abteilung integriert werden		2		4			7			
Zusammenlegung von Abteilungen Neuorganisation der Geschäftsfelder und Bündelung der Kräfte, Beschluss einer Neustruktur in der Abteilung durch den neuen Abteilungsleiter und neue Aufgabenverteilung	1	2				6	7	8		
4. Veränderungen der Anforderungen an die Mitarbeiter										
Beispiele für Themenfelder Beispiel 1: Mangelnde Führungserfahrung		2	3				7			10
Beispiel 2: Erhöhtes Arbeitsaufkommen; Unzufriedenheit des Mitarbeiters durch Zeitdruck bei der Arbeit und Routine		2	3				7			
Vorbereitung auf eine Führungsposition Mitarbeiter soll vor und nach der Beförderung für seine neue Aufgabe qualifiziert werden	1	2	3			6	7			
Start eines neuen Projektes Freistellung eines langjährigen Mitarbeiters zur Übernahme der Projektleitung		2		4			7			
Identifizierung von geeigneten Mitarbeitern Beispiel 1: Identifizierung von High Potentials zur weiteren Förderung					5		7	8		10
Beispiel 2: Identifizierung von geeigneten Mitarbeitern für eine zu besetzende Stelle als Führungskraft			3				7	8		10

PE-Maßnahme / Problemstellung im Betrieb	1	2	3	4	5	6	7	8	9	10
5. Veränderung der innerbetrieblichen Anforderungen										
Verbesserung des Informationsflusses Kein durchgängig guter Informationsfluss		2		4			7			
Mangelhafte Einarbeitung eines neuen Mitarbeiters Beispiel 1: Unzureichende Einarbeitung			3				7		9	
Beispiel 2: Mitarbeiter möchte die Einarbeitung eines Auszubildenden nicht übernehmen							7			
Verschlechterung des Betriebsklimas Beispiel 1: Fehlende Motivation im Team				4			7			
Beispiel 2: Unzufriedenheit mit dem Verhalten des Vorgesetzten				4			7			
Beispiel 3: Problem des Mitarbeiters, die Person des Vorgesetzten anzuerkennen und Auswirkung auf den Umgang miteinander und auf das Verhalten des ganzen Teams				4			7			

Abbildung 6: Problemstellungen und PE-Maßnahmen

Führungskräfte neigen jedoch dazu, nicht alle notwendigen Personalentwicklungsmaßnahmen für ihre Mitarbeiter zu nutzen, sondern beschränken sich allzu oft nur auf das klassische Mitarbeitergespräch. Ohne konkrete Vereinbarungen über die durchzuführenden Personalentwicklungsmaßnahmen und ein nachgeschaltetes Erfolgs-Controlling versanden jedoch die Vereinbarungen des Mitarbeitergespräches in der Praxis. Einzelne aus der Toolbox herausgegriffene Personalentwicklungsinstrumente sind daher in der jeweiligen Situation sinnvoll einzusetzen.

In Kapitel 4 erläutern wir Ihnen ausgewählte Anwendungsbeispiele aus der oben aufgeführten Matrix. Hier werden unsere Beispiele für Sie als Leser nachvollziehbar. Damit Sie Ihre eigene Toolbox der Personalentwicklungsinstrumente erstellen können, erläutern wir Ihnen in einer etwas ausführlicheren Form die für Sie praktisch anwendbaren Instrumente im Anschluss sowie im Kapitel 3.

2.1 Fachliche Schulungen

Wir fangen ganz bewusst mit diesem Instrument der Personalentwicklung an, auch wenn es sich nicht so modern anhört wie Coaching, Teambildung oder E-Learning. Der überwiegende Qualifizierungsbedarf eines Unternehmens bezieht sich aber auf die rein fachlichen Schulungen. In der IT-Branche liegt ihr Anteil bei mindestens 80 Prozent der gesamten Personalentwicklungsaktivitäten, in anderen Branchen wird er auf 50 bis 60 Prozent geschätzt. Die technischen Innovationen in allen Unternehmensbereichen, die verstärkte Vernetzung der Kommunikationstechnologie und neuartige Produkte und Dienstleistungen haben diesen enormen Qualifizierungsbedarf ausgelöst.

Wenn Mitarbeiter zur Ausübung ihrer gegenwärtigen oder zur Wahrnehmung ihrer zukünftigen Tätigkeit keine ausreichenden fachlichen Kompetenzen besitzen, werden sie in der Regel in Schulungen weitergebildet. Diese sind überwiegend fachlicher Natur und werden als Lehrgänge oder Kurse durchgeführt. Die Schulungen können in Vollzeit intern durch eigene oder externe Experten sowie berufsbegleitend während oder nach der Arbeitszeit stattfinden.

Die fachliche Qualifizierung, zum Beispiel zum Meister oder Techniker, kann auch in der Form geschehen, dass die betreffenden Mitarbeiter freigestellt sind oder eine Zusage zur Wiedereinstellung nach Ende der Ausbildung erhalten. Je nach Lehrgang oder Schulung werden die Kosten ganz oder teilweise vom Arbeitgeber getragen. Da zunehmend auch die Mitarbeiter ihren Beitrag zur Qualifizierung leisten müssen, trägt inzwischen häufiger der Betrieb die Kosten, während der Mitarbeiter seine Zeit unentgeltlich einbringt.

Die Schulungsinhalte, egal auf welche Weise sie vermittelt werden sollen, sind zwischen dem Bereich für Personalentwicklung, dem Fachvorgesetzten und dem betreffenden Mitarbeiter abzusprechen. Gleichzeitig ist zu klären, wie der Lerntransfer sichergestellt werden kann. Dieser Part erscheint zwar selbstverständlich, doch wird er im betrieblichen Alltag immer wieder vernachlässigt. Das schmälert nicht nur das Lernergebnis und damit den Umsetzungsgrad des Erlernten, sondern auch die Motivation und das Engagement des betroffenen Mitarbeiters.

Als eindeutiger Trend ist erkennbar, dass die Schulungen so nah wie möglich am Arbeitsplatz des Mitarbeiters abgehalten oder sogar in den Arbeitsprozess integriert werden. Der Vorteil liegt auf der Hand: Umsetzungsgrad und Praxisbezug steigen.

Wenn wir einen Blick in die Zukunft werfen und den an die Personalentwicklung gestellten neuen Herausforderungen die richtigen Antworten und Lösungen gegenüberstellen wollen, wird sich dieser Trend noch verstärken. Mitarbeiter mit bestimmten fachlichen Qualifizierungen werden selbst als Wissensvermittler und Problemlöser agieren. Auf diese Weise wird auch das etwas nebulöse Bild der lernenden Organisation in seinen Konturen klarer.

Dort, wo teilautonome Gruppenarbeit professionell verankert wurde, ist die interne, gruppenspezifische gegenseitige fachliche und methodische

Weiterqualifizierung innerhalb der Teams fest etabliert und ein wichtiger Erfolgsfaktor dieser teamorientierten Form der Arbeitsorganisationen (siehe auch Kapitel 6). Die Fach- und Disziplinarvorgesetzten werden selbst zu einem wichtigen Träger der Vermittlung von Fachkompetenzen.

Viele Betriebe haben hervorragend ausgestattete Lehrwerkstätten. Diese fachlichen und personellen Kapazitäten können bei richtiger organisatorischer Planung auch für die Schulung der gewerblichen Mitarbeiter genutzt werden. Das spart Zeit und Kosten und erhöht die Effizienz.

Die fachliche Qualifizierung durch situationsgerechte Schulungen wird unterstützt und ergänzt durch computergestütztes Lernen oder E-Learning (siehe Kapitel 2.10). Dieses Lehrmedium eröffnet die Möglichkeit, komplett neue Tätigkeitsfelder zu erlernen, und zwar durch eine weitgehende Selbststeuerung des Mitarbeiters. Im Rahmen seiner bisherigen Lernerfahrungen, seiner fachlichen Kenntnisse und seiner individuellen zeitlichen Beanspruchung bestimmt er sein Lerntempo selbst. Lerngruppen können sich zum Erfahrungsaustausch treffen und sich gegenseitig unterstützen.

Sowohl die klassischen als auch die neuen Wege der Qualifizierung sind unverzichtbar. In der Praxis wird es in vielen Fällen auf einen Mix hinauslaufen. Die Anforderungen, die betriebsspezifischen Gegebenheiten und die arbeitenden Menschen entscheiden über das Was und Wie der fachlichen Schulung.

2.2 Seminare und Trainings

Seminare und Trainings werden im alltäglichen Sprachgebrauch der Personalentwicklung synonym verwendet. Es gibt keine exakte Definition, die beide Personalentwicklungsinstrumente voneinander abgrenzt. Dieser Punkt ist für unsere stärker an der praktischen Umsetzung orientierte Personalentwicklung auch nicht von entscheidender Bedeutung. Dem allgemeinen Grundverständnis folgend, ist allerdings davon auszugehen, dass bei Seminaren die klassische Wissensvermittlung stärker im Vordergrund steht als bei Trainings. Hingegen wird das Erlernen neuer Verhaltenskompetenzen in Trainings stärker betont. Und weil diese Abgrenzung vor allem Praktikern nicht so bewusst ist und wir keine sprachliche Verwirrung schaffen wollen, verwenden wir Seminare und Trainings nachfolgend synonym.

Ebenso lässt sich keine messerscharfe Trennung zu den vorher beschriebenen fachlichen Schulungen vornehmen. Eine mögliche Abgrenzung ist jedoch dadurch zu schaffen, dass im Vergleich zu den rein fachlichen Schulungen, Seminare und Trainings meist komprimierte, mehrtägige

Qualifizierungen sind und stärker das Vermitteln von Schlüsselqualifikationen und Sozialkompetenzen im Fokus haben. Dazu zählen unter anderem Problemlösungskompetenz, Entscheidungsfähigkeit, Teamfähigkeit, Kreativität und Führungskompetenz.

2.2.1 Externe Seminare

Manchmal sind die betrieblichen Bildungsanforderungen so speziell ausgerichtet und auf Einzelpersonen beschränkt, dass es sich vom zeitlichen und finanziellen Aufwand nicht lohnt, eine solche Personalentwicklungsmaßnahme in eigener Regie durchzuführen. Anbieter von Seminaren und Trainings gibt es zahlreich, und durch das Internet sind die Transparenz und damit die Entscheidungsfindung für einen geeigneten externen Seminarbesuch besser geworden.

Es gibt gute Gründe, vereinzelt Mitarbeiter zu externen Seminar- und Trainingsanbietern zu senden. Der Erfahrungsaustausch mit Teilnehmern aus anderen Organisationen und Branchen erweitert den Erfahrungshorizont, und bei sensiblen Themen wie beispielsweise der Persönlichkeitsentwicklung möchten Mitarbeiter unbeobachtet und unbefangen Dinge offenlegen können, die sie womöglich bei internen Veranstaltungen zurückhalten würden. Hier gilt es, die Vor- und Nachteile aus Mitarbeiter- und Arbeitgebersicht abzuwägen.

Beim Entsenden von Mitarbeitern zu externen Bildungsveranstaltungen sollten Sie bewusst die Kosten prüfen. Denn bei mindestens vier Mitarbeitern mit identischem Personalentwicklungsziel lohnt sich meistens schon die interne Variante, auch wenn sie von einem externen Trainer in einer Tagungsstätte außerhalb des Unternehmens durchgeführt wird.

Bitte lassen Sie sich nicht dazu verleiten, den wohlklingenden Versprechen irgendwelcher Motivationsgurus auf den Leim zu gehen. In den letzten Jahren haben sich auf dem Markt der Seminaranbieter zahlreiche Lichtgestalten getummelt. Viele sind als unseriös entlarvt worden, manche tragen ihre Tarnung heute noch. Bei neuen, Ihnen unbekannten Seminaranbietern sollten Sie deshalb Erkundigungen und Referenzen einholen. Es geht um Geld, das sinnvoll investiert werden muss. Und wenn Sie einmal mit enttäuschten Seminarbesuchern gesprochen haben, wissen Sie, wie schwierig es ist, sie für neue Qualifizierungen zu begeistern.

Ein externer Seminarbesuch kann auch als Entscheidungshilfe dienen, geeignete externe Berater oder Trainer kennen zu lernen, um sie dann mit der Durchführung eigener einheitsspezifischer Maßnahmen zu beauftragen.

2.2.2 Interne Seminare

Hier führen Sie Regie. Die Ermittlung des Personalentwicklungsbedarfs ist abgeschlossen. Die Ziele sind mit den in Frage kommenden Personen vereinbart. Jetzt können entweder einheitliche Personalentwicklungsmaßnahmen geplant werden, oder Sie bieten einen offenen Bildungskatalog an, zu dem sich die Teilnehmer selbst anmelden können oder von ihren Vorgesetzten aufgrund von Personalentwicklungs- und Fördergesprächen oder anderen Maßnahmen vorgeschlagen werden.

Wenn die Personalentwicklungsergebnisse darauf abzielen, die Zusammenarbeit zu verbessern, Konflikte im Team oder zwischen Teams zu lösen sowie Change-Prozesse oder die Veränderung der Arbeitsorganisation, zum Beispiel die Einführung von Gruppen- oder Teamarbeit, zu unterstützen, sollte man immer einheitliche Maßnahmen anstreben, die dann intern durchgeführt werden. Selbstverständlich ist es möglich, dafür auch Tagungsstätten außerhalb des Betriebes zu nutzen. Damit kann zum Beispiel konkret an den eigenen Problemen gearbeitet, eine gemeinsam von allen getragene Kultur des Miteinanders geschaffen, Commitment vereinbart oder eine ausreichende Problemlösungskompetenz im Umgang mit Konflikten erworben werden.

Die einheitlichen Personalentwicklungsmaßnahmen und die Seminare aus dem offenen Bildungskatalog können also entweder im eigenen Unternehmen oder außerhalb in geeigneten Tagungsstätten durchgeführt werden. Beides hat seine Vorteile:

Vorteile der Durchführung von Seminaren und Trainings im eigenen Hause	
im eigenen Hause	**in Hotels oder Tagungsstätten**
geringere Kosten, da Reisekosten der Teilnehmer und Hotelkosten entfallen	besseres, offeneres Arbeitsklima, denn die Offenheit im Umgang miteinander kann durch die eigenen vier Wände eingeschränkt sein
Reise- und Anfahrtszeit für die Teilnehmer entfällt	Verbesserung der innerbetrieblichen Vernetzung und der zwischenmenschlichen Zusammenarbeit, nicht zuletzt durch die Abendgestaltung, wenn die Teilnehmer im Hotel übernachten
geringerer organisatorischer Aufwand bei der Planung	wenig Störungen
	bessere technische Möglichkeiten oder mehr Raum für die Gestaltung von Trainingssequenzen in der freien Natur

2.2.3 Seminarplanung

Bei diesem Thema geht es auch um Fragen des Lerntransfers und des Erfolgs-Controllings. Wir werden jedoch, da dies auch eine Anforderung an andere Personalentwicklungsinstrumente ist, zusammenfassend im Kapitel 5 darauf eingehen. Ein wichtiger, mit entscheidender Punkt für den Seminar- oder Trainingserfolg ist die zielgruppenspezifische Ausrichtung der Seminare anhand der festgelegten Seminarziele, -inhalte und der angewandten Methodik.

Wie läuft es in der Realität ab? Der Bildungsbedarfsplan ist erstellt, das Budget ist zu kalkulieren und muss von der Geschäftsführung oder dem Magistrat einer Kommune genehmigt werden. Bereits bei der Erstellung des Bedarfsplans sind die Anzahl der durchzuführenden Seminare, die Dauer der Veranstaltungen und die minimale oder maximale Teilnehmerzahl festzulegen.

Sofern das Unternehmen mit einem festen Trainerstamm langjährig und erfolgreich zusammenarbeitet und keine neuen Themenfelder abzudecken sind, erübrigt sich die Frage der Trainerrekrutierung. Im anderen Fall müssen geeignete Personen für diese Aufgaben gewonnen werden. Das schließt nicht aus, dass für bestimmte Seminare auch interne Trainer eingesetzt werden können. In den häufigsten Fällen erfolgt jedoch die Trainerrekrutierung auf dem externen Markt. Und hier liegen Risiko und Chance dicht beieinander.

Verlassen Sie sich nicht auf die schönen, bunten, auf Hochglanzpapier gedruckten Firmenbroschüren oder einen werbewirksamen Internet-Auftritt. Nehmen Sie sich Zeit für Briefing-Gespräche, lassen Sie sich aufgrund der definierten Seminarziele einen Konzeptvorschlag machen, stellen Sie Fragen zur methodischen Vorgehensweise, prüfen Sie den Lebenslauf, checken Sie die Qualifikationen (in dieser Branche tummeln sich nicht nur Profis, sondern auch gescheiterte Existenzen oder Scharlatane). Holen Sie Referenzen ein und prüfen Sie auch die Glaubwürdigkeit der Versprechen.

Um auf Nummer sicher zu gehen, führen Sie das Briefing-Gespräch nicht nur mit dem Inhaber oder Geschäftsführer eines Trainingsinstitutes. Legen Sie Wert darauf, die für den Einsatz vorgesehenen Trainer persönlich kennen zu lernen. Es gibt Institute, in denen die erste Wahl präsentiert wird und die zweite Wahl zum Einsatz kommt. Überlassen Sie nichts dem Zufall bei der Auswahl der Trainer, achten Sie auch auf Details. Bei größeren Personalentwicklungsprojekten, bei denen neue Trainer eingesetzt werden sollen, vereinbaren Sie zuerst ein bis zwei Pilotveranstaltungen. Deren Verlauf gibt Ihnen Möglichkeiten zur Reflexion und damit zur Verbesserung des Erfolgs oder zum Ausstieg.

Nachdem das Budget steht, die geeigneten internen oder externen Trainer gefunden sind und die Grobplanung steht, geht es ans Detail: das Seminarkonzept.

2.2.4 Seminarkonzept

Das Konzept ist der Orientierungsrahmen für die durchzuführenden Seminare. Es sollte wegen seiner Klarheit und Transparenz, aber auch wegen der Verbindlichkeit der Umsetzung wie folgt aufgebaut sein:

- Thema der Veranstaltung,
- zu qualifizierende Zielgruppe,
- Seminartermin,
- Seminarzeiten,
- Seminarziele,
- Seminarthemen,
- Methodik.

Die **Seminarziele** leiten sich aus den definierten Zielen des verabschiedeten Personalentwicklungsplans ab und basieren auf den strategischen Zielsetzungen des Unternehmens. Sie werden ergänzt durch die aus Förderprogrammen, Coachings oder Förder- und Entwicklungsgesprächen vereinbarten Personalentwicklungsziele. Die Seminarziele beschreiben kurz und knapp den Zustand, der durch den Besuch dieses Seminars erreicht werden soll. Maximal vier Trainingsziele sollten bei einem mehrtägigen Seminar beschrieben werden. Die Teilnehmer sowie die Vorgesetzten müssen wissen, was durch die Maßnahme erreicht werden soll.

Die **Seminarthemen** geben einen verständlichen Überblick über die zu behandelnden Themenfelder. Sie dienen dem Trainer als Orientierung. Wer das Seminargeschehen aus eigenem Erleben kennt, weiß, dass jede akribische Detaillierung und minutiöse Zeitplanung schon im Voraus zum Scheitern verurteilt ist. Sie gibt den Teilnehmern und dem Trainer zu wenig Freiraum, gestalterisch zu handeln, situativ eine andere oder neue Methodik anzuwenden oder eine Diskussion zu vertiefen.

Die **Methodik** ist das belebende und dynamisierende Element in jedem Seminar. Bildungsexperten wissen es längst: von der richtigen Methodenwahl hängt der Seminarerfolg entscheidend ab. Der erfahrene Trainer kennt seinen Werkzeugkoffer, er weiß, wie er sensibilisieren kann, welche Methoden für welche Zielgruppen am besten geeignet sind und durch welche Methode Lernerkenntnisse dauerhaft verankert werden können. Ein Seminar muss von der Methodik abwechslungsreich gestaltet sein, es muss einen dynamisierenden Prozess anstoßen und Freude am Lernen vermitteln. Mit der Methodik kann der Trainer die Teilnehmeraktivität steuern, sie einbinden durch Gruppenarbeiten, Praxissimulation, Bearbeitung von Praxisfällen, zielgruppenspezifisch ausgerichtete Kommunikationsübungen und so weiter. Wer selbst einmal erlebt hat, wie sich Seminarteilnehmer, die sich ohnehin fast alle kannten, in einer mühsamen Vorstellungs- und Partnerrunde von 8.30 Uhr bis zur Mittagspause durchquälen mussten, der weiß, wie wichtig die richtige Methodenwahl und der richtige Methodenmix sind.

Gruppendynamische Indoor- und Outdoor-Übungen sind als Methode, insbesondere bei Teambildungs-, Führungs- und persönlichkeitsbildenden Seminaren, ein wichtiger Erfolgsfaktor. Deshalb geben wir Ihnen ausführlich konkrete Beispiele für deren Anwendung. Indoor- und Outdoor-Übungen dienen vor allem der Teamentwicklung innerhalb der Gruppe sowie der Beobachtung der Eigenschaften und des Teamverhaltens einzelner Teilnehmer. In der Gruppe werden verschiedene Aufgaben gelöst. Dabei gilt es, sich in vorgegebene Rollen hineinzuversetzen. Werden die Aufgaben erfolgreich gelöst, entsteht in der Regel große Motivation im Team. Die Beobachter können sich ein Bild machen, wer sich zum Beispiel in der Übung eher zurückhaltend verhält, wer das Ruder zielstrebig in die Hand nimmt, wer sich durchsetzt oder wer andere in die Problemlösung integriert.

Der Nutzen von Outdoor-Übungen besteht beispielsweise darin, dass ganzheitliches Lernen mit Spaß an den Aktivitäten selbst kombiniert wird. Der Lerneffekt kann durch das veränderte Umfeld vertieft werden und schafft einen hohen Erinnerungswert.

Anhand der gruppendynamischen Indoor- und Outdoor-Übungen kann ermittelt werden, wie gut das Zusammenspiel des Teams funktioniert. Wichtig ist dabei die Reflexion seitens der Trainer und innerhalb der Gruppe jeweils nach einer Übung. So kann eruiert werden, ob alle Teilnehmer an der Problemlösung aktiv beteiligt sind, ob sich manche hervortun oder eher zurückhalten.

Darüber hinaus wird untersucht, ob sich alle Teilnehmer schon zu Beginn der Übung über die Vorgehensweise einig sind. Die Dauer der einzelnen Phasen, wie Entscheidungsfindung, Planung und Ausführung, wird festgehalten. So wird deutlich, welche Situationen gut oder weniger gut gemeistert wurden, wo die Stärken und Schwächen der Gruppe und des Einzelnen in dieser Übung lagen.

Des Weiteren wird untersucht, ob Diskussionen fair ablaufen und ob sie eher auf rationaler oder auf persönlicher Ebene geführt werden. Nach einer Übung stellt sich heraus, ob die Motivation und Erfolgsorientierung des Einzelnen gesteigert werden konnte. Positiv ist, wenn die Teilnehmer die Erfahrungen aus den verschiedenen Übungen als Lernerfahrung für sich werten und ihr Verhalten dementsprechend ändern.

Ferner wird besprochen, was die Teilnehmer bei einer wiederholten Durchführung der Übung bei sich selbst verändern würden. Eine anschließende Diskussionsrunde soll Aufschluss über diese Kriterien geben.

Mögliche Fragen zum Bewerten von Outdoor-Übungen (Reflexion und Praxistransfer) können sein:

- Wie gut hat die Übung im Team funktioniert?
- Wurde jeder Vorschlag angehört und ausreichend berücksichtigt?
- Wo gab es Schwierigkeiten im Prozess?
- Gab es anerkannte Rollen und spiegeln diese das Alltagsverhalten wider?
- Was nimmt man als Lernerfahrung aus der Übung für sich mit?
- Was hat sich jetzt nach der Übung für den Einzelnen (Werte, Einstellungen, Wahrnehmung und Verhalten) verändert?

2.3 Coaching

Bei einem Sportcoach wissen wir alle in etwa, was er tut und welches seine Aufgaben sind. Er soll entweder einen Einzelsportler oder eine Mannschaft zu Spitzenleistungen befähigen. Und es ist bekannt, dass solche Leistungen ohne einen guten Coach nicht erbracht werden. Der Coach oder Trainer muss sein Handwerk verstehen, das heißt, er muss über gute fachliche und methodische Fähigkeiten verfügen und durch seine soziale Kompetenz in der Lage sein, zu seinem Sportler oder seiner Mannschaft ein absolut persönliches Vertrauensverhältnis aufzubauen.

An dieser Stelle bauen wir die Brücke zum Thema Personalentwicklung. Viele Aufgaben des Sportcoachs lassen sich auf die betriebliche Arbeit übertragen. Es gibt nur einen nennenswerten Unterschied: Unsere Coachs arbeiten eher im Stillen und stehen nicht im Rampenlicht der Öffentlichkeit.

Die Leitung von Projekten, die Übernahme von Führungsaufgaben, die Umstrukturierung von Organisationseinheiten und vieles mehr stellen an den betroffenen Mitarbeiter im Unternehmen hohe Anforderungen. Die Vorbereitung auf neue Aufgaben ist oft mangelhaft, was rasch zu einem

Gefühl von Überforderung, Unklarheit, Unsicherheit und Orientierungslosigkeit führt und Auswirkungen auf den Erfolg der Arbeit hat.

In schwierigen Situationen wird es oft immer noch als wichtig empfunden, »das Gesicht zu wahren«. Das Eingeständnis von Schwierigkeiten oder Unzulänglichkeiten wird meistens nicht als Stärke, sondern als Schwäche angesehen und kann Ängste auslösen. Hilfe wird dann nicht als Unterstützung für Prozess und Entwicklung beansprucht, sondern als Notlösung in einer ausweglosen Situation. Das sollte jedoch nicht so sein. Besser ist es, Coaching schon im Vorfeld begleitend in verschiedenen Situationen einzusetzen.

Coaching ist die Unterstützung von Mitarbeitern durch qualifizierte interne oder externe Berater. Hauptbestandteil ist das Gespräch. In einer Kombination aus individueller, auf die Bedürfnisse des Mitarbeiters abgestimmter, unterstützender Problembewältigung und persönlicher Beratung hilft der Coach als unabhängiger Feedback-Geber. Grundziel des Coachings ist die Hilfe zur Selbsthilfe bei fach- und personenbezogenen Problemen.

Im Mittelpunkt der Beratung stehen die Klärung und Bewältigung der Anforderungen an die Berufsrolle des Mitarbeiters, was vorwiegend berufliche, aber auch private Anliegen umfassen kann. Das Coaching fördert die Selbstwahrnehmung des Gecoachten, das heißt, die so genannte Betriebsblindheit wird abgebaut und neue Aspekte werden erkannt. Dadurch entstehen vorher nicht wahrgenommene Handlungsmöglichkeiten.

Der Coach braucht für seine Arbeit fundiertes Wissen und eine »Schnittfeldqualifikation«. Dies bedeutet, dass verschiedene Fähigkeiten aus den Bereichen Gesprächsführung, Psychologie, Problem- und Konfliktlösung, wirtschaftliche Grundlagen, Führung und Management vorhanden sein sollten.

Die Einsatzmöglichkeiten des Coachings sind durch die sich immer stärker dynamisierenden Veränderungsprozesse in Unternehmen und Verwaltungen vielfältiger und notwendiger geworden. Ganz bestimmte Problemsituationen lassen sich auch nicht mit Trainings lösen, weil diese zu wenig die spezielle Situation berücksichtigen können. Oftmals müssen aufgrund besonderer Personalsituationen Führungskräfte innerhalb kürzester Zeit in ihren Aufgabenbereich eingearbeitet werden oder persönliche Kompetenzen aufbauen, die sie vorher nicht hatten. Hier kann und darf man nicht warten, bis dieser Führungskraft ein geeignetes Seminar angeboten wird. Problemsituationen, zum Beispiel Konflikte mit einem Schlüsselkunden, sind nicht einplanbar. Sie treten zum unpassendsten Moment auf. Schnelle Hilfe ist notwendig.

Der Coach hat also nicht nur eine qualifizierende, sondern auch eine helfende, unterstützende und begleitende Funktion. Er muss da sein, wenn er gebraucht wird, sich aber auch durch sein Tun entbehrlich machen. Es darf niemals ein Abhängigkeitsverhältnis zwischen Coach und zu coachendem Mitarbeiter entstehen. Deshalb ist auch zu Beginn des Coaching-Prozesses die Auftragsklärung so wichtig. Das Ende des Prozesses muss zumindest im Groben definiert, der Zeitpunkt des Durchtrennens der Nabelschnur absehbar sein. Coaching ist eine Art Beratung und Hilfe auf Zeit. Der Coach löst nicht die Probleme des zu Coachenden oder übernimmt Teile seiner Führungsposition, sondern leistet unter Berücksichtigung von betrieblichen Realsituationen Hilfe zur Selbsthilfe.

In der Funktion des Coachs können sowohl interne als auch externe Berater eingesetzt werden. Wir möchten generell nicht den Einsatz des externen oder internen Coachs präferieren. Die Aufgabenstellung und seine Qualifikation sind ausschlaggebend dafür, ob eine interne oder externe Lösung gefunden wird. Für das Einarbeiten neuer Mitarbeiter oder Führungskräfte oder das Erlernen von fachlichen Qualifikationen werden größtenteils interne Coachs eingesetzt. Wenn es dagegen um die Verbesserung der Führungsfähigkeit bereits gestandener Führungskräfte, die Lösung einer knallharten Konfliktsituation oder um die Life-Balance-Krise einer Führungskraft geht, scheint uns wegen der Sensibilität des Themas der externe Coach die bessere Lösung zu sein.

Berücksichtigen Sie auch Anforderungen an die zeitliche Verfügbarkeit des Coachs. Kann das Coaching-Gespräch außerhalb des Unternehmens stattfinden, oder muss eine wöchentliche stundenweise Begleitung durch den Coach erfolgen? Ebenso ist die Frage zu klären, ob die Aufgabe es erfordert, dass der Coach möglichst zeitnah vor Ort verfügbar ist, oder kann Hilfe und Unterstützung auch über eine Hotline sichergestellt werden? Bitte bedenken Sie: Bei fast keiner Personalentwicklungsmaßnahme kann so viel Porzellan zerschlagen werden wie beim Einsatz eines ungeeigneten Coachs. Es wird nicht nur Geld in den Sand gesetzt, sondern auch Vertrauen zerstört.

Typische Einsatzfelder

Diese Aufzählung typischer Einsatzfelder gibt einen groben Überblick über die Einsatzmöglichkeiten, erhebt jedoch keinen Anspruch auf Vollständigkeit:

- **Veränderung des Tätigkeitsfeldes oder der Arbeitsorganisation:** Versetzungen, Einarbeitung neu eingestellter Mitarbeiter, erstmalige Übernahme einer Führungsaufgabe oder Übernahme einer höheren Führungsfunktion, Auslandseinsatz, Änderungen des Tätigkeitsfeldes durch Umstrukturierungen.

- **Lösung von Konfliktsituationen:** Mobbing- oder Alkoholprobleme, Konflikte im Team oder zwischen Vorgesetztem und Mitarbeiter, Integrationsprobleme von Mitarbeitern.
- **Strategieentwicklung und Zieldefinition:** Neuausrichtung der Unternehmensstrategie, Wertediskussionen und Einführung von Wertesystemen, Definition strategischer Unternehmensziele.
- **Begleitung von Change-Prozessen:** Reengineering-Prozesse, Fusionen, Veränderung der Arbeitsorganisation.
- **Hilfe in persönlichen Problemsituationen:** Überwindung familiärer Probleme, zum Beispiel Scheidung, Umgang mit Sinn- und Lebenskrisen, Burn-out-Syndrom und starke Stressbelastungen.
- **Gezielte Begleitung von berufsverändernden Situationen:** Coaching im Rahmen von Förderprogrammen und Entwicklungsplanungen: Übernahme von Projektverantwortung, Entwicklung zur Führungspersönlichkeit aufgrund persönlicher Entwicklungsplanungen.
- **Persönlichkeitsbildende Maßnahmen:** Erkennen von Stärken und deren Ausbau, Abbau von Schwachstellen, Stärkung der Eigenmotivation und des persönlichen Engagements, Verbesserung der Entscheidungs- und Kommunikationsfähigkeit, Stärkung des Selbstbewusstseins und der persönlichen Souveränität.

Ablauf des Coaching-Prozesses

Coaching-Experten und die einschlägige Literatur sind sich weitgehend einig über den Ablauf des Coaching-Prozesses und den zu klärenden Inhalt der einzelnen Phasen.

Erfolgsfaktor für den Coaching-Prozess ist die klare Trennung der beschriebenen Phasen sowie eine eindeutige Auftragsklärung. Diesbezügliche Fehler schleichen sich durch den gesamten Coaching-Prozess und beeinflussen das Ergebnis, aber auch die Zusammenarbeit zwischen Coach und Klient.

Phasen	Inhalte, Klärungsphasen	Beteiligte
1. Problemwahrnehmung	- Konflikte - Unzufriedenheit - persönliche Defizite - Ergebnisse aus Mitarbeiterbefragungen	betroffene Mitarbeiter bzw. Führungskräfte, deren Vorgesetzte, ggf. Mitarbeiter, Betriebsrat
2. Problem- und Situationsanalyse	- Ursachenanalyse - Indikatoren des Problems - Auswirkungen - Abgrenzung der Probleme	betroffene Mitarbeiter und Führungskräfte, ggf. mit Coach
3. Kennenlernen des Coachs	- persönliches Kennenlernen - Schaffung einer Vertrauensbasis - Definition von Spielregeln - Auftragsklärung (Inhalt, Methodik, Zeitbudget, Beginn und Ende)	Coach und zu Coachender
4. Suche nach Lösungen und Hilfen	- Aufzeigen aller Lösungsmöglichkeiten und Hilfen - Meilensteine des Coachings - methodisches Vorgehen	Coach und zu Coachender
5. Realisierungsphase	- Verabredungen werden umgesetzt - Gestaltung des eigentlichen Coaching-Prozesses - erkannte Defizite und/oder Schwachstellen werden beseitigt - Lernerfolgskontrollen werden vereinbart	Coach und zu Coachender
6. Abschluss- und Evaluierungsphase	- Bewertung der erzielten Ergebnisse - Verabredung für Hilfen im Notfall - Bilanzierung des Coaching-Prozesses aus der Sicht des Coachs und des Klienten - Beendigung des Coachings	Coach und zu Coachender

Abbildung 7: Phasen des Coaching-Prozesses

Freiwilligkeitsprinzip und Vertrauen

Auch wenn es an dieser Stelle selbstverständlich klingen mag, möchten wir dennoch auf Nummer sicher gehen und auf die Wichtigkeit des Freiwilligkeitsprinzips hinweisen. Wir haben oft genug erlebt, dass in Unternehmen oder Behörden Coaching-Prozesse ins Leben gerufen wurden, von denen die zu Coachenden noch gar nichts wussten. Information und Aufklärung sind aber insbesondere bei denjenigen Führungskräften und Mitarbeitern wichtig, die bisher noch kein Coaching erfahren haben.

Coaching darf nicht als Strafe für mangelhaftes Führungsverhalten oder unzureichende Sozialkompetenz verkauft werden, sondern muss als ganz normale, aber auch effektive Hilfe zur Selbsthilfe vermittelt werden. Den Unerfahrenen müssen das Prinzip und der Verfahrensablauf erläutert werden. Erst wenn die betreffende Person Einsicht zeigt und dem Prozess zustimmt, kann der erste Kontakt mit dem Coach angebahnt werden.

Insbesondere wenn das Coaching persönlichkeitsbildende Aspekte hat, ist ein absolutes Vertrauensverhältnis zwischen dem Coach und seinem Klienten notwendig. Andernfalls entsteht keine Offenheit in den sensiblen Persönlichkeitsbereichen und in der Auseinandersetzung mit kritischen Lebens- und Arbeitssituationen. Deshalb ist die persönliche Integrität des Coachs unabdingbar, ebenso wie eine gute eigene Lebenserfahrung, Sozialkompetenz in der Problemlösung und menschliches Einfühlungsvermögen.

2.4 Teamentwicklung und Projektmanagement

Personalentwicklung muss Antworten geben auf die neuen Herausforderungen, die an Unternehmen, Behörden und Verwaltungen gestellt werden, und die passenden Instrumente zur Verfügung stellen. Teamentwicklung und Projektmanagement zählen zwar nicht zu den klassischen Instrumenten der Personalentwicklung, mittlerweile aber zu den effektivsten.

Wir wollen uns an dieser Stelle nicht auf die Diskussion einlassen, ob nun Teamentwicklung und Projektarbeit stärker der Seminar- oder der Trainingsmethodik zuzurechnen oder eigenständige Tools der Personalentwicklung sind – Fakt bleibt, die immer komplexer werdenden und sich ändernden Aufgaben können besser, schneller und erfolgswirksamer im Team erledigt werden. Umstrukturierungen und Change-Prozesse zwingen zu neuen Teambildungen. Die Zahl der Projekte nimmt zu, ihre Komplexität steigt und der Markt zwingt die Unternehmen, sie in immer kürzerer Zeit abzuschließen und die Fehlerquote zu reduzieren. Projektarbeit ist eine besonders strukturierte Form der Teamarbeit und wird deshalb auch im Rahmen dieses Kapitels gesondert behandelt.

2.4.1 Teamentwicklung

Wenn wir alle in der Schule, während der Berufsausbildung oder im Studium zum Teamplayer qualifiziert worden wären und in Unternehmen und Verwaltungen systematisch eine Teamkultur geschaffen worden wäre, müssten wir uns mit diesem Thema nicht weiter auseinander setzen. Um erfolgreich in unserem unternehmerischen Tun zu sein, brauchen wir eine funktionierende, die Menschen begeisternde und motivierende Form der Zusammenarbeit. Das ist auf den Punkt gebracht die Anforderung, die an das Personalentwicklungsinstrument Teamentwicklung zu stellen ist.

Das Instrument beschäftigt sich mit Teambildung, Konfliktmanagement, Förderung der Zusammenarbeit sowie Rollenfindung in Teams. Es bezieht sich auf bestehende und neu zu bildende Arbeits- oder Projektgruppen, aber auch gruppenübergreifende Zusammenarbeit wird mit eingeschlossen. Hier einige notwendige Rahmenbedingungen, die Teamarbeit erst zu einer erfolgreichen Arbeitsform machen:

- Die Mitglieder eines Teams sollten sowohl die Motivation als auch die Fähigkeit haben, sich mit anderen Teammitgliedern auszutauschen.
- Die Lernaufgabe sollte so gestaltet sein, dass eine koordinierte Zusammenarbeit möglich ist.
- Es sollte ein Anreiz geschaffen werden, zum Beispiel als Teambelohnung über Erfolgsbeteiligungssysteme oder individuelle Verantwortlichkeiten.
- Der organisatorische Rahmen sollte kooperatives Lernen und die Entfaltung der besonderen Fähigkeiten und Stärken ermöglichen.

Eine Teamentwicklung wird meistens außerhalb des Unternehmens und in Begleitung eines externen Beraters durchgeführt, da die Möglichkeiten und Methoden zur zielgerichteten Teamentwicklung dann besser und mit objektiven Begleitern breiter sind. Die Teilnehmer setzen sich gemeinsame Ziele. Das ist Voraussetzung für den Einstieg in einen gemeinsamen Lernprozess. Sie führen gruppendynamische Indoor- oder Outdoor-Übungen durch und erarbeiten zu bestimmten im Alltag relevanten Themen konkrete Ergebnisse oder Vereinbarungen. Sie kehren mit gemeinsam erarbeiteten, praktikablen Lösungen in den Arbeitsalltag zurück.

Idealerweise wird durch die Art der Zusammenarbeit, wie sie in der Teamentwicklung erlernt wurde, die gemeinsame Zielerreichung bei künftig anstehenden betrieblichen Aufgaben optimiert. Um kooperatives Lernen zu fördern, werden beispielsweise verschiedene Gruppenaufgaben gestellt. Die Lernenden bilden Expertengruppen, die jeweils für ein Thema zuständig sind und ihre Arbeitsergebnisse den anderen Gruppen präsentieren. Es können auch Anreize geschaffen werden, die zur Motivation der Gruppenmitglieder beitragen, um eine gegenseitige Unterstützung zu ermöglichen. Die Aufgaben, die innerhalb der Kleingruppen bearbeitet werden, erfordern in der Regel wechselseitige Unterstützung und gemeinsames Problemlösen.

Teamarbeit versteht sich als Organisationskonzept, das sowohl Unternehmensziele als auch individuelle Mitarbeiterziele berücksichtigt und zielgerichtet miteinander verknüpft. Selbstorganisation, Effizienz und Zielerreichung von Teams können so optimiert werden. Eigenschaften wie Gruppendynamik, Persönlichkeitsstruktur, Arbeitsmethodik und verbindende Motivation im Team sind dabei Kernpunkte. Idealerweise wird das Team bereits in seiner Geburtsphase begleitet, da dann den häufigsten Fehlern menschlichen Zusammenarbeitens vorgebeugt werden kann.

Oft werden Teamentwicklungen aber erst begonnen, wenn sich bereits »Sand im Getriebe« befindet. Solche Probleme können Störungen in der Zusammenarbeit untereinander und/oder mit dem Vorgesetzten sein oder mangelnde kommunikative Fähigkeit und/oder unzureichende Methodenkenntnisse bei den Teammitgliedern, die eine Zielerreichung blockieren oder erschweren.

In der täglichen Zusammenarbeit zeigen sich dann Symptome wie ineffektive Besprechungen, unzureichende Kommunikation, schwindende Identifikation mit Zielen, mangelndes Engagement, Leistungsabfall im Team oder ungenügende Einbeziehung von Betroffenen in Entscheidungsprozesse.

Der Trainer in der Teamentwicklung verfügt über Moderations- und Methodenwissen. Basierend auf seinen Kompetenzen in Führung, Gruppendynamik und Kommunikationstheorie liegt seine Stärke darin, die richtige Balance zwischen unterschiedlichen Rollen (zum Beispiel Experte, Moderator, teilnehmender Beobachter, Prozessverantwortlicher) und organisatorischer Hilfestellung zu finden. Die Voraussetzung für eine Teamentwicklung ist allem voran ein mitarbeiterorientierter Führungsstil. Wichtig ist außerdem die Fähigkeit, alle Belange offen anzusprechen, sowie die Bereitschaft des Vorgesetzten, Rückmeldung zu seinem Verhalten zu bekommen.

In einem ersten Kontaktgespräch mit dem Trainer gilt es, sich über die konkrete Problemlage, die vermuteten Ursachen, deren Vorgeschichte und den Zustand des Teams Gedanken zu machen. Das hat Auswirkungen auf die zu verwendenden Methoden. Ist ein Team eher noch in der Bildungsphase, so werden Aufgaben der Vertrauensbildung gemeinsam bearbeitet und Lösungen oder Vereinbarungen gefunden. Ergebnis kann beispielsweise die Definition der eigenen Teamspielregeln sein, die den Orientierungsrahmen für die zukünftige Arbeit darstellen.

Ist das Team bereits strukturiert und hat seine Arbeit aufgenommen, so ist eine Prozessanalyse der bisher aufgetretenen Schwierigkeiten sehr wichtig. Vorgesetzte und Mitarbeiter sollen gleichermaßen solche Teambildungsmaßnahmen durchlaufen. Nur so kann ein wirklich gemeinsames Teamverständnis im Unternehmen erreicht werden. Am Ende jeder Teamentwicklung muss dann auch ein Transfer in die Praxis gewährleistet werden. Praktische Anwendungsmöglichkeiten finden Sie im Projektbeispiel Teamentwicklung in Kapitel 6.

2.4.2 Projektmanagement

Projektarbeit zählt zu den effektivsten innerbetrieblichen Qualifizierungsmöglichkeiten. Als ideale Lernplattform für Führungsnachwuchskräfte und High Potentials beinhaltet sie fachliches, methodisches und soziales Lernen und erweitert insgesamt den Erfahrungshorizont der Projektmitglieder. Lerntransferprobleme gibt es nicht.

Projekte grenzen sich durch ihre Definition klar von regelmäßig wiederkehrenden Routineaufgaben ab. Sie sind gekennzeichnet durch eine komplexe Aufgabenstellung, eine gewisse Einmaligkeit, eine klare Zielvorgabe in Form eines verbindlichen Projektauftrags sowie eine Begrenzung der personellen und finanziellen Ressourcen.

Unter Projektmanagement verstehen wir grob gefasst die Planung, Überwachung, Koordination und Steuerung eines Projekts. Das ist die eigentliche Managementaufgabe bei der Abwicklung in vier Phasen (vgl. Abbildung 8).

Projekte brauchen einen klaren Projektauftrag. Ferner sind spätestens vor Projektstart die Rollen, Aufgaben und Kompetenzen des Projektteams zu klären (Projektleiter und -mitarbeiter). Aufgabenstellung, Wichtigkeit und Komplexität des Projektes sind bestimmende Faktoren für dessen Zusammensetzung. Ideal ist eine funktions- und hierarchieübergreifende Teamzusammensetzung. Der Lernerfolg und der Wissenstransfer werden dann am höchsten sein, wenn erfahrene Projektmanager und -mitarbeiter sich in einer guten Mischung mit Nachwuchskandidaten (beispielsweise aus einem Nachwuchsprogramm) mischen oder unerfahrene Mitarbeiter die Gelegenheit erhalten, in die Projektarbeit einzusteigen.

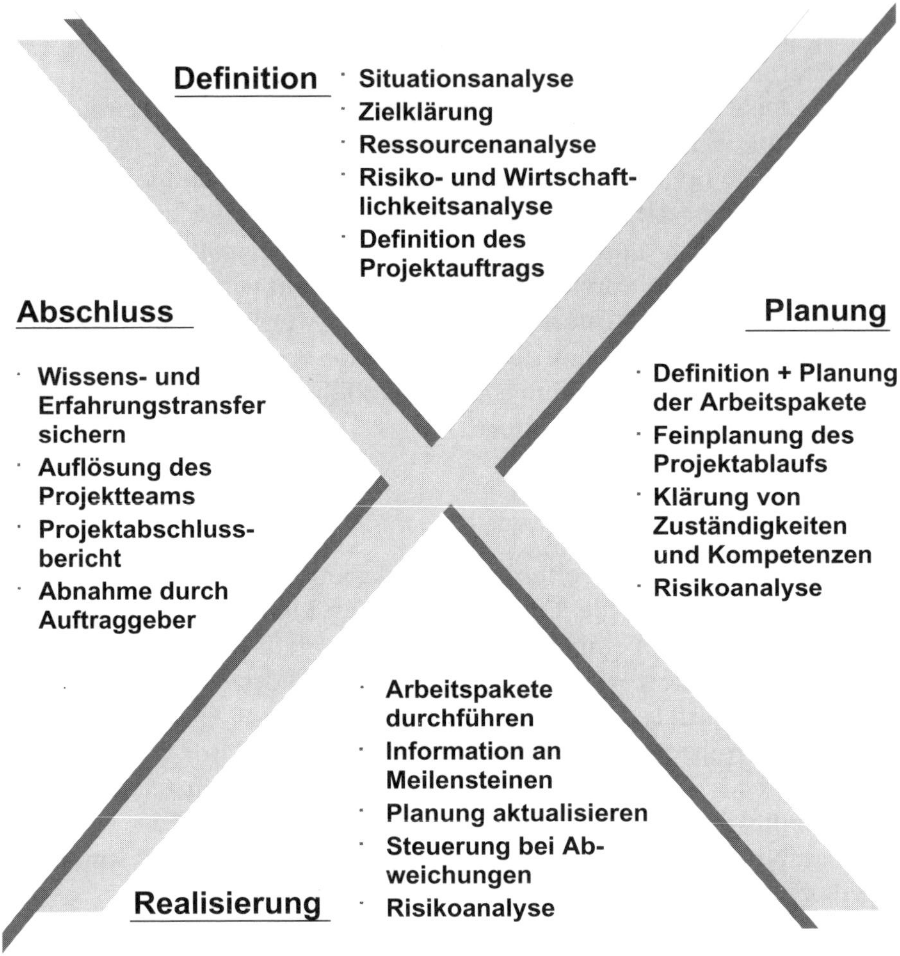

Abbildung 8: Die vier Projektphasen

Personalentwicklung und Projektmanagement verzahnen sich im Qualifizierungsprozess mehrfach miteinander.

- Personalentwicklung muss sicherstellen, dass methodisches Know-how, Struktur, Ablauf, Rollen und Verantwortlichkeiten den Projektleitern und -mitarbeitern bekannt sind und beherrscht werden. Seminare für Projektmanager und -mitarbeiter sollten deshalb zum Pflichtprogramm von Unternehmen und Behörden gehören, wenn die Projektarbeit fest in ihrer Organisationsstruktur verankert ist. In den Seminaren – und damit haben wir jahrelang sehr positive Erfahrungen gesammelt – können bereits konkrete betriebliche Projekte bearbeitet werden. In Follow-up-Trainings erfahren die Teilnehmer über den Feedback-Austausch untereinander, durch den Trainer oder Mentor weitere Hilfe und Unterstützung für ihre Arbeit. Bedarfsorientiert kann der Trainer auch noch Einzel- oder Team-Coachings durchführen.

- Projektarbeit ist eine wichtige Plattform für das interne Wissensmanagement eines Unternehmens oder einer Behörde.
- Projektarbeit bietet idealtypische Voraussetzungen für die Nachwuchsförderung oder die Potenzialerkennung und Auswahl geeigneter Kandidaten für Führungsaufgaben.
- Projektarbeit verbessert die innerbetrieblichen Netzwerkstrukturen und die interdisziplinäre Zusammenarbeit.

Wer einmal erlebt hat, wie in Projektmanagementseminaren an praktischen Aufgabenstellungen gearbeitet wird, deren Ergebnisse nachher auch umsetzbar sind, weiß, wie viel Motivation, Begeisterung und Teamgeist freigesetzt werden können, die auch nach Seminarabschluss im praktischen Alltag und in der Anwendung nicht verpuffen.

Fazit

Projektmanagement gehört unbedingt in Ihre Toolbox!

2.5 Nachwuchsförder- und Traineeprogramme

Trainee- und Nachwuchsförderprogramme sind sowohl für große und mittelständische Betriebe als auch für Behörden und Verwaltungen des öffentlichen Dienstes anwendbar. Sie sind branchenunabhängig, betriebsspezifisch auszurichten und ein wichtiges Instrument für das Personalmarketing und die Nachwuchsrekrutierung.

Wir haben es bereits im ersten Kapitel verdeutlicht: Ab 2010 zeigen sich akute Verknappungen auf dem Arbeitsmarkt. Damit wird es schwieriger, qualifizierte Mitarbeiter und Akademiker für das eigene Unternehmen zu gewinnen und langjährig zu behalten. Nachwuchsförder- und Traineeprogramme sind ein effektives Mittel, dieser Entwicklung entgegenzuwirken. Es wird umso wichtiger, dass Sie jetzt schon Vorsorge für morgen treffen und Ihren qualifizierten Mitarbeitern Anreize und Perspektiven bieten, ihren Weg in der Organisation sinnvoll zu planen, die erkannten Potenziale zu nutzen und gezielt zu fördern.

So lernen Sie Ihren Nachwuchs besser kennen, vermeiden personelle Fehlbesetzungen und binden ihn dadurch stärker an Ihr Unternehmen. In Konzernen und größeren Behörden sind Nachwuchsförder- und Traineeprogramme fester Bestandteil der Personalentwicklung. Kleinstbetriebe werden dieses Instrument wegen ihrer geringen Mitarbeiterzahl weniger nutzen können als beispielsweise mittelständische Betriebe.

Nachwuchs- und Traineeprogramme umfassen alle Maßnahmen innerhalb eines Zeitraums von einem bis drei Jahren, die der gezielten Einarbeitung neuer Mitarbeiter, der beruflichen (Um-) Orientierung vorhandener und der gezielten Weiterentwicklung als förderungsfähig und -willig erkannter Mitarbeiter dienen. In diesem »Goldfischteich« befinden sich auch unsere High Potentials.

Lassen Sie uns etwas näher auf die Zielsetzung und Gestaltung solcher Förder- und Traineeprogramme eingehen: Es geht darum, insbesondere neue Mitarbeiter optimal ins Unternehmen einzugliedern. Gerade Hochschulabsolventen sind die Zielgruppe, denn es gilt, die recht teuren, aber dennoch zunächst unerfahrenen Mitarbeiter mit der Unternehmenskultur und den Betriebsabläufen vertraut zu machen.

In der Regel wird es den Trainees ermöglicht, im Rahmen einer definierten Zeit verschiedene Abteilungen des Unternehmens zu durchlaufen. Das zeigt, dass dieses Verfahren nicht für Kleinorganisationen geeignet ist. Innerhalb der Abteilungen werden dann verschiedene Projekte bearbeitet. Idealerweise bauen diese aufeinander auf, so dass der Trainee beispielsweise von der Auftragserteilung durch einen Kunden bis zur Auslieferung alle notwendigen Prozesse und Schritte kennen lernt.

Das Traineeprogramm ist eine Investition in die Zukunft des Mitarbeiters und des Unternehmens. Es dient der Mitarbeiterbindung und einer optimalen Einarbeitung. Über Trainee- oder Nachwuchsförderprogramme werden bestimmte Mitarbeitergruppen in besonderer Weise betreut, qualifiziert und gefördert.

Die Unternehmens- beziehungsweise Behördengröße entscheidet darüber, ob der definierte Förderkreis ein klassisches Traineeprogramm über einen Zeitraum von beispielsweise zwei Jahren durchläuft, wichtige strategische Abteilungen kennen lernt, in die Projektarbeit eingebunden wird und in besonderer Weise durch Mentoren oder Patenschaften betreut oder alternativ bereits sehr früh in einem festen Tätigkeitsfeld vorerst eingesetzt wird und über Hospitationen, Projektarbeit oder zeitlich befristete Job-Rotationen andere Tätigkeitsfelder kennen lernt. Wie umfangreich das Trainee- oder Nachwuchsförderprogramm gestaltet wird, hängt von der Größe und Ertragskraft des Unternehmens beziehungsweise dem Budget einer Behörde ab. Das verbindende Element sollte jedoch die gezielte Förderung und Betreuung dieses Personenkreises sein.

Auch ein mittelständisches Unternehmen mit vielleicht 200 Mitarbeitern kann eine Nachwuchsfördergruppe bilden und über einen Zeitraum von etwa zwei Jahren eine modulartig aufgebaute Reihe von Qualifizierungen durchführen, die sowohl Führungs- und Managementwissen vermitteln als auch persönlichkeitsbildende Qualifizierungen anbieten. Bereits in dieser zeitlich begrenzten Phase der Nachwuchsförderung müssen die besonderen Fähigkeiten, Begabungen und Stärken der Mitarbeiter erkannt und gezielt weiterentwickelt werden.

Wir möchten Sie an dieser Stelle ermutigen, innerhalb Ihrer Organisation auf Talentsuche zu gehen und Mitarbeiter, auch wenn es »Eigengewächse« sind, in solche Förderprogramme zu integrieren. Die PREGO-Methode (siehe Kapitel 3) ist ein hervorragendes und praxistaugliches Instrument, um Ihre bisher verborgenen internen Talente zu finden, deren Stärken sichtbar zu machen und gezielt zu fördern. Der Markt, die demografische Entwicklung und der Wettbewerb werden Sie zwingen, neue Wege der Nachwuchsförderung zu gehen – auch wenn Sie es bis jetzt noch nicht getan haben. In Kapitel 6 geben wir Ihnen Praxisbeispiele für ein Trainee- und ein Nachwuchsförderprogramm.

2.5.1 Mentoren und Patenschaften

Die Einarbeitung neuer oder versetzter Mitarbeiter und die Entwicklung des Führungsnachwuchses kann durch Mentoren oder Patenschaften noch verbessert werden. Mentoren sind interne Mitarbeiter (nicht unbedingt Führungskräfte), die über eine mehrjährige Betriebs- und Berufserfahrung verfügen und sich durch eine gute Vorbildfunktion und Integrationsfähigkeit auszeichnen. Sie werden hauptsächlich zum Einarbeiten von Mitarbeitern in neue Aufgabengebiete eingesetzt, können aber dem Mentee auch behilflich sein, über sein eigenes Tätigkeitsfeld hinauszuwachsen und andere Verantwortlichkeiten wahrzunehmen. Dies gelingt insbesondere dann, wenn der Mentor eine angesehene Führungskraft ist, die Einfluss auf zukünftige Stellenbesetzungen hat.

Mentoren üben diese Funktion quasi nebenberuflich und zeitlich befristet aus. Sie unterstützen die berufliche Entwicklung des Mentees, zeigen ihm die innerbetrieblichen Abläufe und Prozesse und machen ihn mit den geschriebenen und ungeschriebenen Gesetzen seines Arbeitsbereiches vertraut. Der Mentor ist Ansprechpartner in allen Fragen, die mit der Tätigkeit und dem Arbeitsumfeld im Zusammenhang stehen.

Der Mentor oder Pate hat die Aufgabe, innerhalb eines bestimmten Zeitraumes vereinbarte Fachkompetenzen an den betreffenden Mitarbeiter im Rahmen einer beruflichen Veränderung zu vermitteln (Neueinstellung, Versetzung oder berufliche Neuorientierung). Wir haben damit eine Schnittstelle zum Coach geschaffen. Zwar übernimmt der Pate oder Mentor auch eine coachende Funktion, er beschränkt diese aber auf den

Bereich der fachlichen Qualifikation und die Vermittlung methodischer Kenntnisse.

Die Persönlichkeitsbildung, der Ausbau der Sozialkompetenzen sollte alleine dem Coach vorbehalten sein. Ein Mentor ist dazu nicht in der gleichen Weise qualifiziert wie der Coach. Er hat gegenüber dem Coach lediglich die Möglichkeit, auf bestimmte zu qualifizierende Sozialkompetenzen hinzuweisen, die für eine momentane oder künftig zu erfüllende Aufgabe notwendig wären. Die Funktion des Coachs kann auch ein Externer übernehmen, Paten und Mentoren dagegen stammen immer aus den eigenen Mitarbeiterreihen.

Durch Mentoren oder Patenschaften kann ohne großen Kostenaufwand – der Lernprozess findet am Arbeitsplatz und/oder durch eigene Mitarbeiter statt – eine schnelle und hoch effiziente Veränderung bei einem zu fördernden Mitarbeiter erzielt werden. Dieser Lernprozess ist allerdings nicht als Einbahnstraße zu betrachten. Mentoren und Paten müssen sich in neue Situationen hineindenken, Prozesse und Abläufe hinterfragen oder deren Sinn erläutern können.

Ihre Sozialkompetenzen werden gestärkt, denn sie tragen Verantwortung für die weitere Entwicklung von Menschen. Durch diese Zusatzaufgaben entstehen in aller Regel eine höhere Motivation und eine verbesserte Arbeitszufriedenheit der Mentoren und Paten. Ihre Implementierung in den Personalentwicklungsprozess ist für sie selbst eine Personalentwicklung.

Damit Fehler vermieden werden und keine Demotivation für alle Beteiligten erfolgt, sind nachstehende Punkte zu beachten:

- Paten und Mentoren verrichten ihre Zusatzaufgabe nach dem Freiwilligkeitsprinzip. Es gibt keine zwangsweise Ernennung.
- Die zu fördernden Mitarbeiter entscheiden sich nach persönlichen Vorgesprächen für ihren Mentor oder Paten – oder umgekehrt. Es gibt keine autoritären Zuordnungen.
- Ziele und Form der Zusammenarbeit und Unterstützung werden in einer Art Vertrag geklärt. Experten der Personalentwicklung können dabei Hilfestellung leisten.
- Die Zusammenarbeit der Partner basiert auf gegenseitigem Vertrauen. Die Vertraulichkeit muss gewahrt bleiben – auch über das Paten- oder Mentorenverhältnis hinaus.
- Weder Pate noch Mentor dürfen bei ihrem Schützling eine Disziplinarmaßnahme bewirken.

Zu guter Letzt: Mögliche Alterskonflikte lassen sich durch solche Fördermaßnahmen entschärfen. Jung lernt von Alt und umgekehrt. Vermeintliche Gegensätze werden zu Gemeinsamkeiten. Achtung, Wertschätzung und gegenseitiges Verständnis wachsen. Gibt es eine größere Motivation, als einen neuen Kollegen einzuarbeiten, ihn in den Steigbügel zu hieven, ihn bei Kunden und seinem sozialen Umfeld bekannt zu machen und zu wissen, dass Sie es waren, der die ersten Karriereschritte möglich gemacht hat?

2.6 Anforderungs- und Eignungsprofil

Anforderungsprofile beschreiben kurz und prägnant positionsspezifisch das Ziel, die Kernaufgaben und die persönlichen Anforderungen einer Stelle an den Funktionsinhaber. Diese Definition lässt einen hohen bürokratischen Aufwand vermuten. Dem ist aber nicht so, wenn man sich diesem Thema pragmatisch nähert. Anforderungsprofile sind keine Neuauflage der guten alten, ihrer Zeit hinterherhinkenden Stellenbeschreibung. Wenn Sie in Ihrer Organisation Anforderungsprofile einführen oder durch unsere Anregungen modifizieren, können Sie gut und gern auf das komplizierte Regelwerk der Stellenbeschreibung verzichten.

Anforderungsprofile sind ein strategisches Steuerungsinstrument des Personalwesens und der Personalentwicklung. Sie liefern die Basis für

- Stellenbesetzungen und die interne Personalsteuerung,
- Beurteilungssysteme,
- Vergütung und Bewertung der Stelle,
- gezielte Förderung und Weiterentwicklung des Stelleninhabers.

Damit wird deutlich, dass Anforderungsprofile unverzichtbarer Bestandteil der Personalarbeit und der Personalentwicklung sind. Sie müssen bei ihrer inhaltlichen Gestaltung sowohl die gegenwarts- als auch die absehbaren zukunftsbezogenen Anforderungen der Stelleninhaber berücksichtigen. Das darf nicht dazu führen – und dazu neigen manche Personaler –, dass darüber die Eigenschaften definiert werden, die eine »Eier legende Wollmilchsau« vereint. Ebenso darf ein anderer Fehler nicht gemacht werden, der im öffentlichen Dienst öfter vorkommt: das Anforderungsprofil so zu schreiben, dass es mit dem Eignungsprofil eines bestimmten Stelleninhabers oder Bewerbers identisch ist. Solche leider nicht nur theoretischen Ansätze öffnen der Manipulation Tür und Tor.

Anforderungsprofile können spezifisch auf eine auszuführende Funktion zugeschnitten sein oder sich auf eine in etwa vergleichbare Zielgruppe im Unternehmen beziehen. Letzteres spart natürlich Arbeit bei der Erstellung. Zielgruppenspezifisch erstellte Anforderungsprofile dürfen jedoch nicht so weit zugeschnitten sein, dass der einzelne Mitarbeiter sich nicht mehr darin wiederfindet. Hier müssen die Verantwortlichen eine Balance zwischen Individualität und Zeitökonomie finden.

2.6.1 Implementierung

Idealerweise werden Anforderungsprofile eingeführt, indem zuerst eine Grundsatzentscheidung über Inhalt, Aufbau und Aussagekraft (Detaillierung) getroffen wird. Danach gibt es Stellenanalysen nach einem vorgegebenen Raster unter Federführung des Personalwesens und interner Mitwirkung der Personalentwicklung mit den einzelnen Organisationseinheiten. Die daraufhin vom Personalwesen erstellten individuellen oder zielgruppenspezifisch ausgerichteten Entwürfe werden nochmals kurz mit der betreffenden Organisationseinheit abgestimmt und dann verabschiedet.

Übrigens, die betroffenen Mitarbeiter lassen sich bei diesen Abstimmungsprozessen einbinden. Das erhöht die Akzeptanz der Anforderungsprofile und liefert wertvolle Anregungen für deren Inhalt. In einer zu definierenden Zeitspanne, zum Beispiel drei Monate, werden den Mitarbeitern die Anforderungsprofile erläutert. Durch Beurteilungen, Förder- und Entwicklungsgespräche oder besondere Förder- oder Testverfahren werden für die Mitarbeiter Eignungsprofile erstellt und mit den Anforderungsprofilen abgeglichen. Daraus ergibt sich der individuelle Förder- oder Entwicklungsbedarf.

Klaffen Anforderungs- und Eignungsprofil zu weit auseinander und wird deutlich, dass trotz gezielter Personalentwicklungsmaßnahmen die Vorgaben des Anforderungsprofils nicht erreicht werden oder aber die Kosten der Personalentwicklungsmaßnahmen in keiner ökonomischen Relation zum Ertrag stehen, so sind innerbetriebliche Versetzungen oder Freisetzungen ins Auge zu fassen (siehe hierzu Abbildung 9).

2.6.2 Aufbau und Inhalt

Bei Aufbau und Inhalt von Anforderungsprofilen beschränken wir uns auf die Mindestanforderungen. Wir wissen, dass gerade mittelständische Betriebe oft einen Mangel an personellen Ressourcen beklagen und jede weitere Form der Formalisierung oder Einführung neuer Systeme erst einmal auf Ablehnung und Skepsis stößt. Wir möchten die Skeptiker ermutigen, sich diesmal auf das Neue einzulassen. Aufwand und Nutzen stehen in einer angemessenen Relation. Die Investition lohnt sich.

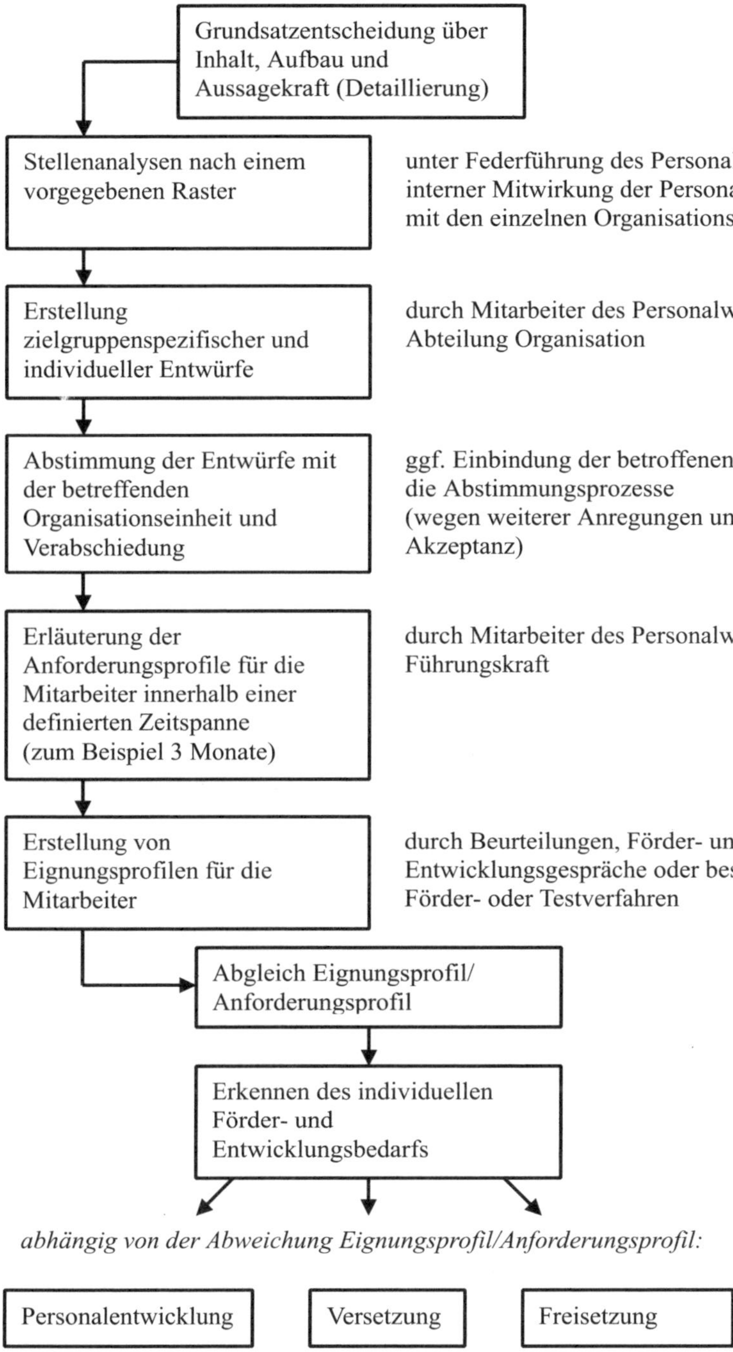

Abbildung 9: Typische Schritte zur Implementierung von Anforderungsprofilen

Aufbau und Inhalt eines Anforderungsprofils:

- **Kennzeichnendes Merkmal einer Stelle/Funktion:** Organisationsbezeichnung mit Funktionsbezeichnung.
- **Ziel der Stelle oder Funktion:** Welches Ergebnis soll der Stelleninhaber durch seine Tätigkeit erreichen? Beschreibung des zu erzielenden Ergebnisses.
- **Kenntnisse, Fertigkeiten, Qualifikationen:** elementare Kenntnisse, Fertigkeiten und Mindestqualifikationen (Bildungsabschlüsse), über die der Stelleninhaber verfügen sollte.
- **Kernaufgaben:** Beschreibung der Haupttätigkeiten, die der Stelleninhaber ausübt.
- **Persönliche Anforderungen:** beziehen sich auf die nichtfachlichen Fähigkeiten des Stelleninhabers, also auf Sozialkompetenzen und das methodische Wissen.

Zur besseren Veranschaulichung hier ein Formular mit einem Beispiel für ein Anforderungsprofil:

Anforderungsprofil für eine/n Mitarbeiter/in in der Funktion als *Personalreferent/in*

Zielsetzungen der Stelle als …
Beispiel: Die Stelle des Personalreferenten sieht vor, definierte Bereiche des Unternehmens in allen Personalfragen zu beraten und bei der Implementierung neuer Personalsysteme zu unterstützen. Die Tätigkeiten beinhalten Gehaltsanpassungen, Aktivitäten zur Personalauswahl, Personalfreisetzung und Personalentwicklungsthemen.

Kenntnisse, Fertigkeiten, Qualifikationen:
Der Stelleninhaber sollte über ein abgeschlossenes Hochschulstudium oder eine vergleichbare Qualifikation verfügen. Personalrechtliche Grundkenntnisse werden vorausgesetzt.

Die Kernaufgaben umfassen folgende Schwerpunkte:
– *Führen von Personalauswahlgesprächen*
– *Verfassen von Arbeitsverträgen*
– *Beratung zu verschiedenen Personalentwicklungsalternativen*
– *Gehaltsanpassungen unter Berücksichtigung der gezeigten Leistungen in Absprache mit der Führungskraft*
– *Austritte und Freisetzungen durchführen*

Persönliche Anforderungen:
Für die Stelle als Personalreferent/in sind vorhanden:
– *Teamfähigkeit: sehr stark ausgeprägt*
– *soziale Sensibilität: stark ausgeprägt*
– *Flexibilität im Denken und Handeln: sehr stark ausgeprägt*
– *verbale Ausdrucksfähigkeit: stark ausgeprägt*
– *Kenntnisse in der Gesprächsführung: sehr stark ausgeprägt*
– *Englischkenntnisse: ausgeprägt*

Abbildung 10: Anforderungsprofil

Im Rahmen der Implementierung von Anforderungsprofilen sollte sich jede Organisation Gedanken darüber machen, welche Anforderungen an die Sozialkompetenzen und das methodische Wissen an bestimmte Zielgruppen, zum Beispiel Sachbearbeiter, Techniker, Gruppenleiter oder Abteilungsleiter, zu stellen sind.

Die von uns in Auftrag gegebene Untersuchung von über 50 Unternehmen zeigt deren Präferenzen bezüglich der Kompetenzen im Allgemeinen in ihrem Unternehmen. Mit einer offen gestellten Frage wurde untersucht, welche Charakteristika bei Mitarbeitern von Unternehmen erwünscht sind. Es konnten beliebig viele Eigenschaften genannt werden. Sie wurden aufgrund der großen Anzahl und Divergenz in sechs Kategorien zusammengefasst, die eine gute Einteilung gewährleisten:

1. soziale Kompetenzen,
2. unternehmerische Kompetenzen,
3. Veränderungskompetenzen,
4. strategische Kompetenzen,
5. innere Unabhängigkeit und
6. internationale Orientierung.

Die Abbildung 11 zeigt die erwünschten Kompetenzen. In der Abbildung 12 auf der folgenden Seite sehen Sie eine Aussage, die bei der Frage nach der Wichtigkeit der Kompetenzen in den befragten Unternehmen gegeben wurde.

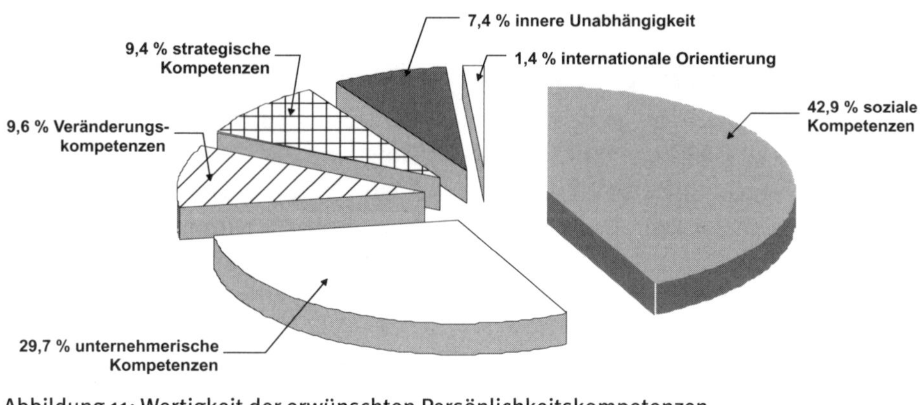

Abbildung 11: Wertigkeit der erwünschten Persönlichkeitskompetenzen

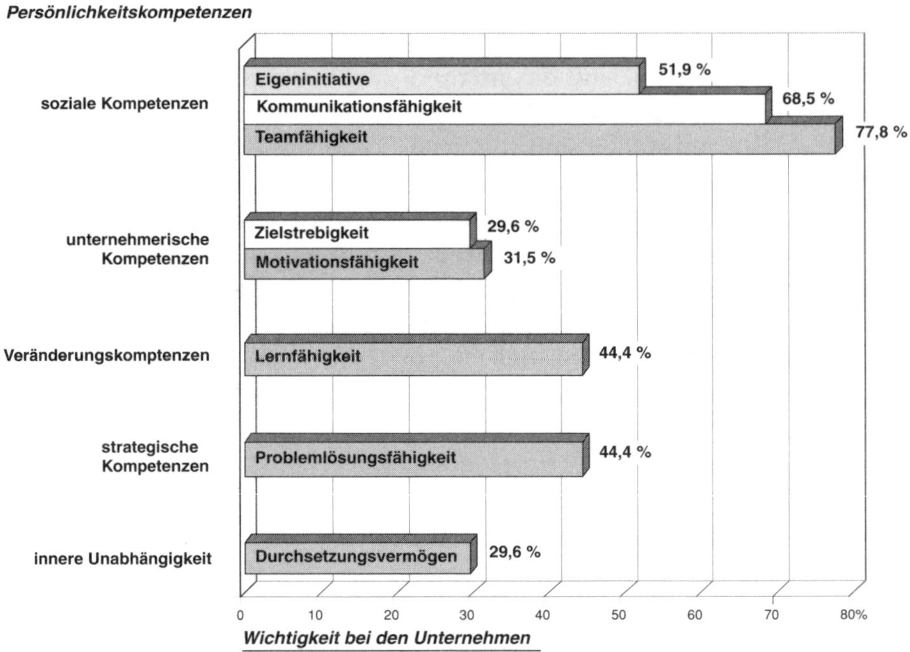

Abbildung 12: Wichtigkeit der Persönlichkeitskompetenzen

Die Präferenzen in den Persönlichkeitskompetenzen der Mitarbeiter und die dadurch ausgelösten Qualifizierungsmaßnahmen prägen mittelfristig die Unternehmenskultur entscheidend mit. Zielgruppenspezifisch oder individuell ist außerdem festzulegen, in welchem Maße die einzelnen persönlichen Anforderungen ausgeprägt sein müssen. Der Einfachheit halber kann dies in den Anforderungs-/Eignungsprofilen in Kategorien wie zum Beispiel »stark ausgeprägt«, »ausgeprägt« und »weniger ausgeprägt« geschehen. Eine weiter gehende Differenzierung ist im Bereich der Nachwuchs- und Führungskräfteentwicklung sinnvoll.

Nachstehend ein Beispiel für weitere Kriterien im sozial-methodischen Bereich, die im Rahmen der persönlichen Anforderungen ebenfalls in einem Anforderungsprofil enthalten sein können. Sie werden idealerweise in einem Nachsatz zum gemeinsamen Verständnis kurz erläutert:

1. **Führungsfähigkeit:** die Motivation anderer zum Erreichen eines Ziels mit Zielvorgabe und -kontrolle.
2. **Teamfähigkeit:** mit anderen ergebnisorientiert und mit gutem persönlichem Bezug zusammenarbeiten.
3. **Engagement:** Initiative, Verantwortungsbereitschaft, Ausdauer und Belastbarkeit in der Arbeitserfüllung zeigen.

4. **soziale Sensibilität:** Einfühlungsvermögen, Hilfsbereitschaft und Toleranz anderen gegenüber zeigen.
5. **vorausschauendes Denken:** künftige Entwicklungen vorhersehen sowie Planung und Organisation der eigenen Arbeit.
6. **Qualität der Arbeit:** mit angemessenem Zeitaufwand Aufgaben vollständig und fehlerfrei durchführen.
7. **Problemlösungskompetenz:** Ursachen analysieren und notwendige Maßnahmen ableiten.
8. **Flexibilität im Denken und Handeln:** sich gut auf unterschiedliche Situationen einstellen und rechtzeitig eine Entscheidung treffen.
9. **Kommunikationsfähigkeit und -bereitschaft:** leicht Zugang zu anderen finden und Sachverhalte wirkungsvoll vermitteln.
10. **Lernbereitschaft:** sich neues Wissen/Können aneignen wollen und offen sein für personenbezogene Rückmeldungen.

Dieser Teil des Anforderungsprofils ist besonders wichtig. Er kann auch abgeglichen werden mit dem Eignungsprofil des Stelleninhabers oder einem Potenzialbewerber für diese Stelle.

2.6.3 Abgleich von Anforderungs- und Eignungsprofil

Basierend auf der Struktur von Anforderungsprofilen lassen sich Eignungsprofile für den Stelleninhaber oder -bewerber erstellen. Nachstehend vergleichen wir ein Eignungsprofil für einen Produktionsleiter, bezogen auf die persönlichen Anforderungen des Produktionsleiters eines mittelständischen Betriebes mit etwa 160 Beschäftigten, mit dem dazugehörigen Anforderungsprofil.

Im **Anforderungsprofil** wird die Stelle des Produktionsleiters wie folgt beschrieben:

Zielsetzungen der Stelle als *Produktionsleiter*

Der Stelleninhaber trägt die gesamte Verantwortung für den Produktionsbereich des Unternehmens. Sie reicht von der Kontrolle der Maschinenauslastung bis zur Personalplanung. Hierzu hat er die gesamte Personalverantwortung über die direkten Mitarbeiter des Betriebes.

Kenntnisse, Fertigkeiten, Qualifikationen:

Der Stelleninhaber verfügt über ein abgeschlossenes Hochschulstudium im Bereich Maschinenbau oder Wirtschaftsingenieurwesen.
Personalrechtliche Grundkenntnisse werden vorausgesetzt.

Die Kernaufgaben umfassen folgende Schwerpunkte:

- *Verantwortung über Einkauf, Logistik, Produktionsplanung und Qualitätswesen*
- *Treffen von personalpolitischen Entscheidungen*
- *Personalverantwortung für alle Mitarbeiter in der Produktion*

Anforderungen/Kompetenzen im Bereich der Persönlichkeit:

Für die Stelle als Produktionsleiter ist ...

- *Führungsfähigkeit:* sehr stark ausgeprägt
- *Teamfähigkeit:* stark ausgeprägt
- *Engagement:* sehr stark ausgeprägt
- *soziale Sensibilität:* sehr stark ausgeprägt
- *vorausschauendes Denken:* sehr stark ausgeprägt
- *Qualität der Arbeit:* stark ausgeprägt
- *Problemlösungskompetenz:* sehr stark ausgeprägt
- *Entscheidungsfähigkeit:* sehr stark ausgeprägt
- *Kommunikationsfähigkeit und -bereitschaft:* stark ausgeprägt
- *Lernbereitschaft:* ausgeprägt

Abbildung 13: Anforderungsprofil für Produktionsleiter

Daraus lässt sich nun ein **Eignungsprofil** ableiten, das mit dem Anforderungsprofil der Stelle abgeglichen wird. Es ergibt sich der Eignungsgrad eines Stelleninhabers beziehungsweise -bewerbers und man kann den erforderlichen Personalentwicklungsbedarf feststellen. Dieser Vergleich zwischen den stellenbezogenen Merkmalen, welche die Aufgabe erfordert, und den personenbezogenen Merkmalen, über die der Stelleninhaber verfügen soll, schafft die Voraussetzung für eine optimale Stellenbesetzung. Der entsprechende Förderbedarf kann sich sowohl auf fachliche als auch auf sozial-methodische Inhalte beziehen.

Eignungsprofil für Herrn Müller in der Funktion als Produktionsleiter *der Firma Mega Druck*

Herr Müller nimmt die komplette Verantwortung für den Produktionsbereich des Unternehmens sehr professionell wahr. Sie reicht von der Kontrolle der Maschinenauslastung bis zur Personalplanung. Hierzu hat er auch die gesamte Personalverantwortung über die direkten Mitarbeiter des Betriebes, die er verantwortungsbewusst und im betrieblichen Interesse wahrnimmt. Führungserfahrung hat er in seinen bisherigen Tätigkeiten als Leiter des Bereichs Qualitätssicherung und als Personalleiter in einem anderen Unternehmen erworben.

Kenntnisse, Fertigkeiten, Qualifikationen:

Herr Müller hat das Hochschulstudium als Wirtschaftsingenieur überdurchschnittlich gut abgeschlossen. Personalrechtliche Grundkenntnisse konnte er in seiner zweijährigen Tätigkeit als Personalleiter eines Konzerns erwerben.

Kernaufgaben:

- Die Verantwortung über Einkauf und Logistik kann er übernehmen, allerdings ist eine Einarbeitungszeit erforderlich. Die Produktionsplanung und das Qualitätswesen sind ihm hinreichend bekannt.
- Das Treffen von personalpolitischen Entscheidungen bereitet ihm keine Schwierigkeiten.
- Personalverantwortung für die Mitarbeiter des Betriebes kann er direkt übernehmen.

In den meisten Kriterien stimmen die Anforderungen der Stelle mit den persönlichkeitsbezogenen Kompetenzen überein (siehe Abbildung 14). Andere Kriterien erfüllt Herr Müller besser als vom Betrieb gefordert. Diese sind demnach für das Ausüben der Funktion als Produktionsleiter unkritisch. Näher zu betrachten sind jene Kriterien, die Herr Müller nicht so stark erfüllt wie vom Betrieb gefordert. Das sind soziale Sensibilität, Problemlösungskompetenz und Entscheidungsfähigkeit. Es gilt nun zu überlegen, ob der Anwärter dennoch auf die Stelle als Produktionsleiter passt.

Die weiter oben im Eignungsprofil genannten fachlichen Inhalte erfüllt Herr Müller weitgehend. Lediglich in den Feldern Einkauf und Logistik hat er noch Lernbedarf. Im persönlichkeitsbezogenen Teil ist seine Lernbereitschaft stark ausgeprägt, was darauf schließen lässt, dass er sich diese Themen gerne aneignen möchte – hier sind also keine Schwierigkeiten zu sehen.

Persönliche Anforderungen/Kompetenzen von Herrn Müller:

Erläuterungen zur Skala:

①	②	③	④
teilweise ausgeprägt	**ausgeprägt**	**stark ausgeprägt**	**sehr stark ausgeprägt**

1. Führungsfähigkeit	① ② ③ ⊗
2. Teamfähigkeit	① ② ⊗ ④
3. Engagement – Ausdauer und Belastbarkeit – Initiative – Verantwortungsbereitschaft	① ② ③ ⊗
4. soziale Sensibilität – Einfühlungsvermögen – Toleranz	① ⊗ ③ ④
5. vorausschauendes Denken – Planung – Organisation der eigenen Arbeit	① ② ③ ⊗
6. Qualität der Arbeit	① ② ⊗ ④
7. Problemlösungskompetenz	① ② ⊗ ④
8. Entscheidungsfähigkeit – Flexibilität im Denken und Handeln	① ⊗ ③ ④
9. Kommunikationsfähigkeit und -bereitschaft	① ② ⊗ ④
10. Lernbereitschaft	① ② ⊗ ④

X = persönlichkeitsbezogene Kompetenzen —— = Anforderungen der Stelle

Abbildung 14: Persönliches Anforderungsprofil von Herrn Müller

Der Diskussionspunkt wird in der niedrigeren Erfüllung des Kriteriums soziale Sensibilität in Verbindung mit der Problemlösungskompetenz und der Entscheidungsfähigkeit liegen. Es gilt zu überlegen, ob dafür eine Fördermaßnahme notwendig ist. Man kann vermuten, dass sich die geringer ausgeprägte soziale Sensibilität negativ auf die beiden anderen Kriterien auswirkt. Denn eine wirklich gute Entscheidung kann nur unter Berücksichtigung der persönlichen Belange anderer und unter Zuhilfenahme von deren Know-hows erfolgen. Es liegt die Vermutung nahe, dass sich die Urteilsfähigkeit von Herrn Müller mit einer höheren sozialen Sensibilität stärker entwickelt und er schneller und sicherer eine von allen getragene Lösung für ein Problem finden würde.

Hier wurde deshalb das Personalentwicklungsinstrument Coaching eingesetzt. Es hat den Vorteil – beispielsweise gegenüber einem Seminar –, dass Herr Müller vor Ort seine soziale Sensibilität schärft und lernt, anders an die Probleme seiner täglichen Arbeit heranzugehen. Er hat am Arbeitsplatz eine Reihe solcher Übungsfelder. Deshalb ist es nicht notwendig, fiktive Fälle außerhalb des Betriebes zu bearbeiten. Idealerweise erhöht sich seine Offenheit im ihm vertrauten sozialen Umfeld. Und die Wahrscheinlichkeit, dass er diese Verhaltensänderung im Bereich der sozialen Sensibilität nach der Maßnahme beibehält, ist größer als nach einem Seminar im fremden sozialen Umfeld.

2.6.4 Nachfolge- und Entwicklungsplanung

Wir stellen entgegen der sonst üblichen Weise die Nachfolge- und Entwicklungsplanung als Unterpunkt des Anforderungs- und Eignungsprofils dar. Diese Sichtweise mag strittig sein. Jeder Experte weiß jedoch, dass erfolgreiche Nachfolge- und Entwicklungsplanungen auf qualifizierten Anforderungs- und Eignungsprofilen basieren müssen. Diese geben die aktuellen Grunddaten für eine effektive Nachfolge- und Entwicklungsplanung. Der Abgleich zwischen Anforderungs- und Eignungsprofil liefert die Information für die weiteren personellen Schritte und einzuleitenden Qualifizierungsmaßnahmen.

Es gilt nach wie vor das Prinzip: die richtige Frau, der richtige Mann am richtigen Platz. Sowohl Nachfolge- als auch Entwicklungsplanungen sind Teile der Personaleinsatzplanung. Sie gehen von unterschiedlichen Ausgangssituationen aus. Ziel der Nachfolgeplanung ist es, für den bisherigen Inhaber einer Stelle einen geeigneten Nachfolger zu finden, ihn rechtzeitig vor Stellenantritt auf die neue Funktion vorzubereiten, seine Einarbeitung zu organisieren und mögliche Qualifizierungsdefizite zu beseitigen.

Ziel der Entwicklungsplanung – auch Laufbahn- oder Karriereplanung genannt – ist es, für Mitarbeiter, die als besonders förderungsfähig und -bereit identifiziert wurden, durch mehrere aufeinander abgestimmte Entwicklungsschritte eine Stellenzuordnung und -besetzung vorzunehmen. Dabei ist darauf zu achten, dass das Anforderungsprofil einer Stelle und das Eignungsprofil des Bewerbers oder Potenzialkandidaten miteinander in Einklang stehen.

Nachfolgeplanung

Die Nachfolgeplanung muss transparent machen, welche Stellen kurzfristig (innerhalb eines Jahres) oder mittelfristig (zwei bis fünf Jahre) neu zu besetzen sind. In Verbindung mit der Personalentwicklung identifiziert die Nachfolgeplanung den Kreis der Kandidaten, der für eine mögliche Nachfolge in Frage kommt. Die Personalentwicklung ermittelt mit ihren diagnostischen Instrumenten den Kreis der potenziellen Nachfolger und liefert damit eine Entscheidungsgrundlage für die Folgebesetzung. Durch den Abgleich des Anforderungsprofils der Stelle mit dem Eignungsprofil des Nachfolgekandidaten ist der individuelle Personalentwicklungsbedarf zu ermitteln und durch geeignete Qualifizierungsmaßnahmen zu decken.

Die Nachfolgeplanung hat, um eine qualifizierte Stellenbesetzung zu gewährleisten, die notwendigen Aktivitäten zum Einarbeiten des neuen Stelleninhabers zu benennen und einzuleiten. Patenschaften und Mentorenprogramme unterstützen diese Bemühungen. Sofern keine ausreichend geeigneten internen Potenzialkandidaten für die Stellenbesetzung vorhanden sind, greift die Nachfolgeplanung auf den externen Arbeitsmarkt zurück, und eventuell notwendige Qualifizierungsmaßnahmen werden nachgeschaltet. Die PREGO-Methode ist durch ihre diagnostischen Instrumente bestens geeignet, den Kreis der Potenzialkandidaten für eine Stellenbesetzung zu definieren.

Die Nachfolgeplanung ist nur so effizient, wie die Entwicklungsplanung in der jeweiligen Organisation ausgebaut ist und auch funktioniert. Eine Nachfolgeplanung, die sich dem Primat der internen Stellenbesetzung verpflichtet hat, kann auf ein vorhandenes Reservoir von Nachwuchskräften zurückgreifen. Ein leerer Goldfischteich wird dem Angler wenig Freude bereiten und auch wenig Erfolg bringen. Bedenken Sie in diesem Zusammenhang auch folgende Aspekte:

- Das personelle Risiko einer Stellenbesetzung ist bei externen Kandidaten höher als bei eigenen Mitarbeitern. Wenn die Personalentwicklung mit ihren qualifizierenden Maßnahmen und ihren diagnostischen Ins-

trumenten die richtigen Kandidaten entwickelt und zur Verfügung stellt, hat sich diese Investition bereits gelohnt.
- Externe Besetzungen sind nicht nur risikoreich, sondern auch teuer. Die Kosten sind überproportional hoch im Vergleich zu internen Besetzungen.
- Auch für die nicht geplanten Abgänge/Fluktuationen müssen Sie Mitarbeiter zur Stellenbesetzung anbieten können. Die demografische Entwicklung wird ab 2010 Ihre Möglichkeiten einschränken, qualifiziertes Personal, Fachspezialisten oder Führungskräfte am externen Arbeitsmarkt zu rekrutieren.
- Eine Personalpolitik, die darauf ausgerichtet ist, bei Stellenbesetzungen zuerst den Bewerbern aus den eigenen Reihen Vorrang einzuräumen, fördert bei den Mitarbeitern Motivation und Engagement. Qualifizierungsangebote erfahren eine höhere Akzeptanz.
- Das Leistungsprinzip sollte Vorrang vor dem Senioritätsprinzip haben.

Entwicklungsplanung

Sie hat zwar auch zum Ziel, durch ihre Förder- und Entwicklungsmaßnahmen die für die Besetzung vakanter Stellen geeigneten Potenzialkandidaten zu benennen, aber sie findet dazu einen anderen Ansatz, der im Ergebnis allerdings wieder Deckungsgleichheit hat. Wir sind schon auf die Notwendigkeit der gezielten Nachwuchsförderung eingegangen und werden uns deshalb auf nur wenige Grundaussagen beschränken.

Für neu eingestellte Mitarbeiter oder den akademischen Nachwuchs an Fachspezialisten und Führungskräften sind spezielle Förderprogramme zu entwickeln, die individuell oder kollektiv umgesetzt werden. Neben der gezielten Förderung, Entwicklung und Betreuung dieses Personenkreises sind in einem überschaubaren Zeitraum – das können zwei oder auch fünf Jahre sein – perspektivische Laufbahn- oder Entwicklungsplanungen zu vereinbaren. Dazu ist zu klären,

- in welchem Zeitraum welche Abteilungen wie lange zu durchlaufen sind;
- welche Seminare und Trainings für den Mitarbeiter vorgesehen sind;
- mit welchen Sonderaufgaben beziehungsweise Projekten der Mitarbeiter betraut wird;
- wie seine Einarbeitung organisiert wird;
- wer ihn in welchen Abschnitten betreut;
- welche Formen von Job-Rotationen oder internen Hospitationen vorgesehen sind.

In den einzelnen Entwicklungsstufen des Förder- oder Traineeprogramms wird das Eignungsprofil aktualisiert und mit dem Kandidaten besprochen. Es findet in einer begrenzten Zeit der Förderung eine potenzialorientierte und weiterqualifizierende Förderung und Entwicklung der Mitarbeiter statt. Wenn die Eignungspotenziale sowie die besonderen Fähigkeiten feststehen und das Sozialverhalten gut ausgeprägt ist, können konkrete Laufbahnschritte unternommen werden, die mit der vorhandenen Nachfolgeplanung im Einklang stehen sollten.

Wir dürfen uns bei der Entwicklungsplanung nicht nur auf die Personen konzentrieren, die von außen kommen und entsprechende Perspektiven und Förderungen erfahren sollen, sondern müssen auch auf interne Talente achten. Könnten Sie einmal live miterleben, welch hohes Engagement freigesetzt wird, wenn wir mit unserer PREGO-Methode auf der internen Suche nach Talenten und deren besonderen Kompetenzen, Stärken und Fähigkeiten sind, würden Sie wahrscheinlich die Prioritäten in Ihrer Organisation verändern.

Innerbetriebliche Entwicklungsplanungen müssen für die internen High Potentials und besonders befähigten und motivierten Mitarbeiter genauso offen stehen wie für den extern rekrutierten Nachwuchs. Besonders erfolgreich verlaufen sind aus unserer Sicht Förderprogramme und Entwicklungsplanungen, in denen der interne und externe Nachwuchs oder die als High Potentials identifizierten Mitarbeiter gemeinsame Programme durchlaufen. Der Wissenstransfer ist dabei besonders effizient. Großbetriebe haben wegen der hohen Anzahl extern neu eingestellter Nachwuchskräfte die Möglichkeit, zielgruppenspezifische Entwicklungsplanungen durchzuführen. Im mittelständischen Bereich ist dies wegen der zahlenmäßigen Komponente ohnehin nicht möglich.

Zum Schluss noch ein Rat: Seien Sie ehrlich zu Ihren Mitarbeitern und Nachwuchskräften. Machen Sie keine falschen Versprechungen, denn Vertrauen kann nur einmal verspielt werden. Sagen Sie frühzeitig, wenn es keinen Sinn hat, eine Entwicklung weiter voranzutreiben. Ein Ende mit Schrecken ist besser als ein Schrecken ohne Ende. Betonen Sie vor allem die Stärken und fordern Sie diese bei ihren Mitarbeitern ab. Qualifizierung darf sich nicht fast ausschließlich auf die Reduzierung der Schwächen ausrichten. Bringen Sie Ihrem Nachwuchs aufrichtige Anerkennung und Wertschätzung entgegen. Das motiviert ihn und ist auch eine Art der Förderung.

2.7 Mitarbeitergespräch

Für den Dialog zwischen Vorgesetztem und Mitarbeiter gibt es unterschiedliche Bezeichnungen, zum Beispiel Förder-, Entwicklungs-, Beratungs- und Feedback-Gespräch. Diese regelmäßig oder situativ stattfindenden Gespräche sollen die berufliche Weiterentwicklung des Mitarbeiters unterstützen. Sie tragen dazu bei, dem Mitarbeiter eine Standortbestimmung bezüglich seiner Arbeitsergebnisse und seines Arbeitsverhaltens zu ermöglichen sowie klare Leistungsmaßstäbe zu vermitteln. Außerdem sollen sie die Kooperation zwischen Mitarbeiter und Vorgesetztem sowie das gegenseitige Verständnis verbessern und ein zielgerichtetes, ergebnisorientiertes und eigenverantwortliches Arbeiten des Mitarbeiters fördern.

Das Personalentwicklungsgespräch gehört neben der Mitarbeiterbeurteilung zu den wirksamsten Instrumenten der Personalführung. Als Element des Personalentwicklungssystems bildet es den institutionellen Rahmen für einen offenen Dialog über die Ziele und Ergebnisse der beruflichen Leistung und die künftige Gestaltung der Tätigkeit des Mitarbeiters. Typische Inhalte sind Ziel- beziehungsweise Aufgabenvereinbarungen, persönliche Entwicklungsschritte und das Lösen von Problemen. Informationen werden weitergegeben, betriebliche Ziele, Arbeitsanweisungen und Führungsentscheidungen erläutert. Außerdem erhält der Vorgesetzte mit Hilfe regelmäßiger Gespräche Rückmeldung über durchgeführte Aufgaben des Mitarbeiters.

Formalisierte Leistungsbeurteilungen sind oft die Grundlage für Mitarbeitergespräche. Motivation und Leistungsbereitschaft werden positiv beeinflusst und der Kontakt zwischen Vorgesetztem und Mitarbeiter wird gefördert, was wiederum das Vertrauensverhältnis bestärkt.

Das Mitarbeitergespräch kann als Führungs- oder Personalentwicklungsinstrument genutzt werden. Die folgenden sechs Möglichkeiten sind denkbar:

- Das klassische Mitarbeitergespräch wird zwischen Vorgesetztem und Mitarbeiter aufgrund aufgetretener Veränderungen oder Probleme situativ geführt.
- Das institutionalisierte Jahresmitarbeitergespräch dient primär dazu, ein intensives Gespräch zwischen Vorgesetztem und Mitarbeiter zu dessen weiterer Förderung und Entwicklung und der Gestaltung der bisherigen und künftigen Zusammenarbeit zu führen. Es können durchaus auch Elemente einer Zielvereinbarung, einer Mitarbeiter- oder einer Vorgesetztenbeurteilung enthalten sein. Je nach Ausrichtung

des Unternehmens kann ein Schwerpunkt entweder stärker in der Mitarbeiterbeurteilung oder der Zielvereinbarung liegen.
- Im Zielvereinbarungsgespräch werden die Ziele für die nächste Geschäftsperiode zwischen Vorgesetztem und Mitarbeiter vereinbart sowie der Zielerreichungsgrad der Vorjahresziele bewertet.
- Beim Mitarbeiterbeurteilungsgespräch bewertet der Vorgesetzte nach vorgegebenen Kriterien die Leistung und das Verhalten des Mitarbeiters in dem Beurteilungszeitraum.
- Die Vorgesetztenbeurteilung ermöglicht eine Rückmeldung der Mitarbeiter über die erlebte Führung des Vorgesetzten und die gemeinsame Zusammenarbeit.
- Das Teamgespräch zwischen Vorgesetztem und mehreren Mitarbeitern oder dem gesamten Team findet bei Handlungsbedarf statt.

Wir empfehlen, Mitarbeitergespräche direkt beim Auftreten sachlicher und zwischenmenschlicher Probleme zu führen. Es liegt dabei in der Verantwortung der Führungskraft, diese Gespräche zu steuern und zu einem für den Mitarbeiter motivierenden Ergebnis zu führen.

Erfolgskriterien für das Mitarbeitergespräch sind:

- alle Sachverhalte werden konstruktiv und lösungsorientiert besprochen;
- der Mitarbeiter gestaltet den Gesprächsverlauf aktiv mit, d.h., er kann sich öffnen (Vertrauen), Stellung nehmen und seine Sicht schildern;
- die Redeanteile sind ausgewogen;
- das Selbstwertgefühl und die Leistungsbereitschaft des Mitarbeiters bleiben erhalten beziehungsweise werden gesteigert;
- der Mitarbeiter weiß, wie er gesehen wird, was von ihm erwartet wird, was er tun muss, um den Erwartungen gerecht zu werden, und was er zu seinem eigenen Vorteil verändern/entwickeln sollte.

Orientierungspunkte für das Mitarbeitergespräch:

- Gegenstand ist das Verhalten, nicht die Persönlichkeit
- Entwicklung ist ein eher langfristiger Prozess
- Klärung der Frage, warum eine Veränderung sinnvoll/erstrebenswert ist
- was ist zu tun? (Handlungen, Maßnahmen, Aktivitäten)

In einem Mitarbeitergespräch, in dem der Entwicklungscharakter im Vordergrund steht, wird ausgelotet, wohin sich der Mitarbeiter entwickeln möchte oder kann (vgl. Abbildung 15). Dieser Abgleich zwischen den

Entwicklungswünschen und den vom Vorgesetzten erkannten Potenzialen ist wesentlicher Bestandteil einer längerfristig angelegten Mitarbeiterförderung und -entwicklung.

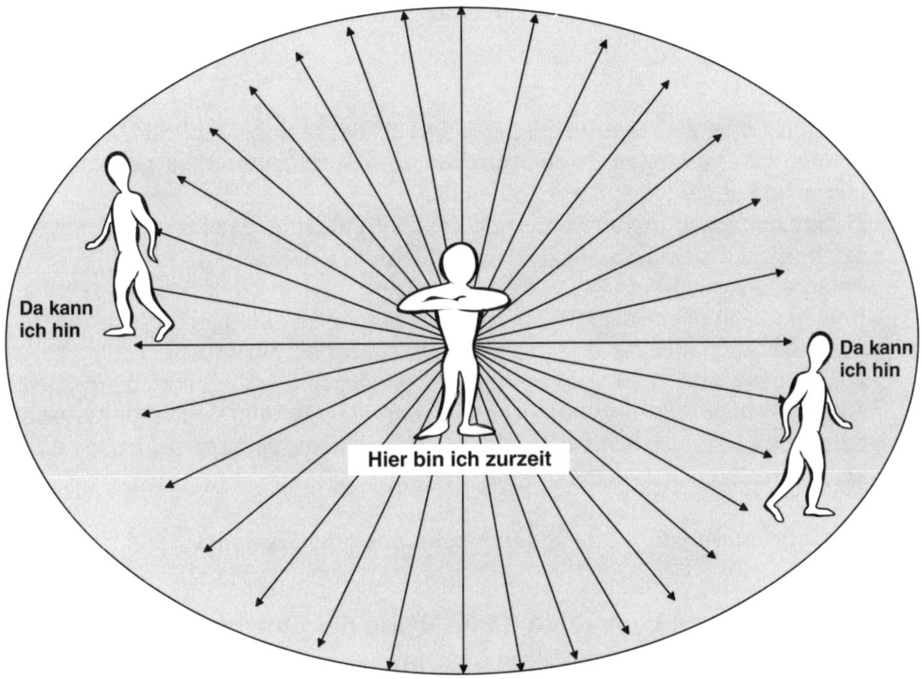

Abbildung 15: Möglichkeiten und Grenzen der persönlichen Entwicklung

Mittlerweile setzt sich in Unternehmen oder Verwaltungen immer stärker das institutionalisierte Jahresmitarbeitergespräch durch. Es enthält die klassischen Elemente eines Mitarbeiter- und Fördergesprächs sowie Elemente eines Beurteilungs- und Zielvereinbarungsgesprächs. Diese Gespräche werden ausschließlich intern durchgeführt. Wir gehen im Folgenden näher auf diese Elemente ein, beschreiben Zielsetzung, Struktur und Inhalte und stellen dabei die erzielbaren Entwicklungsaspekte heraus, verzichten jedoch auf die Erläuterung der anzuwendenden Gesprächstechniken. Diese werden in anderen Publikationen bereits hervorragend dargestellt.

2.7.1 Institutionalisiertes Jahresmitarbeitergespräch

Elemente und Ablauf des institutionalisierten Jahresmitarbeitergesprächs sind von Unternehmen zu Unternehmen und von Behörde zu Behörde unterschiedlich. Der Trend geht dahin, zusätzliche Steuerungs- oder Führungsinstrumente in stärkerem Maße zu integrieren. Diese könnten so aussehen:

- **Feedback und Beurteilung** (Stärken und Verbesserungsbedarf im Vergleich zu den Anforderungen in der Funktion besprechen, Handlungsspielräume klären und gegebenenfalls ausbauen)
- **Zielvereinbarung** (herausfordernde Ziele vereinbaren, Stärken und Interessen berücksichtigen, Qualifizierungsmaßnahmen definieren)
- **Personalentwicklung** innerhalb der Funktion oder in einer neuen Funktion (fehlende Fähigkeiten oder Kenntnisse schrittweise aufbauen, Rückmeldungen über Möglichkeiten und Grenzen geben, Stärken ausbauen)
- **Zusammenarbeit** (sich gegenseitig informieren und wahrgenommenes Verhalten – auch Führungsverhalten – widerspiegeln, klare Handlungs- und Entscheidungsspielräume diskutieren und schaffen, Verbesserungsmöglichkeiten ansprechen, Vereinbarungen treffen)

... bei jährlicher Durchführung und Dokumentation der Ergebnisse

Je nach Ausrichtung kann die Art und Weise der Dokumentation und der getroffenen Vereinbarungen über das mindestens jährlich stattfindende Gespräch zentral gesteuert werden. Der Erfahrungsaustausch zwischen Führungskraft und Mitarbeiter unterstützt die Identifizierung von Stärken und Schwächen und operationalisiert die Entwicklungspotenziale des Mitarbeiters. Eine gemeinsam erarbeitete und von allen akzeptierte Gesprächskultur im Unternehmen hilft, Kommunikationsstörungen zu vermeiden und Missverständnisse zu reduzieren. Standardisierte Strukturen bei Mitarbeitergesprächen sind die ideale Voraussetzung, um Zielvereinbarungen und variable Gehaltsanteile einzuführen.

Eine mögliche Dokumentation eines institutionalisierten Jahresmitarbeitergesprächs könnte wie folgt aussehen:

Mitarbeitergespräch vom: ___________ Personalnummer: ___________
Name, Vorname: ___________ Funktionsbezeichnung: ___________
direkter Vorgesetzter: ___________

1. Funktion, Tätigkeit, Ziele

a) Tätigkeitsschwerpunkte im vergangenen Zeitraum

____

b) Tätigkeitsschwerpunkte im kommenden Zeitraum
unverändert/folgende Veränderungen:

____

____

2. Mitarbeiterentwicklung

a) berufliche Vorstellungen des Mitarbeiters – andere Funktion
nein/ja, welche Interessen ___________

b) Vorstellungen des direkten Vorgesetzten: ___________

____

3. Daraus abgeleitete und im Gespräch vereinbarte
Entwicklungs- und Fördermaßnahmen:

a) kurzfristig (was, bis wann)

____

____

b) mittel- bis langfristig (was, bis wann)

____

____

4. Persönliche Rückmeldung

a) besondere Stärken:

____

____

____

b) Verbesserungspotenzial:

____

____

____

Unterschrift Mitarbeiter: ___________

Unterschrift Vorgesetzter: ___________

Abbildung 16: Institutionalisiertes Jahresmitarbeitergespräch (Dokumentation)

2.7.2 Zielvereinbarung

Zielvereinbarungen zwischen Mitarbeitern und Vorgesetzten können in separaten Gesprächen definiert werden oder sind integrierter Bestandteil des institutionalisierten Jahresgesprächs. Sie werden nach dem Top-down-Prinzip abgeschlossen: Die strategischen Unternehmensziele sind Fixpunkt weiterer auf den unteren hierarchischen Ebenen festgelegter Zielvereinbarungen. Darin werden Ziele und deren Erreichungsgrad anhand messbarer Kriterien fixiert. Das geschieht durch ein gemeinsames Festlegen anzustrebender Ergebnisse für einen bestimmten Zeitraum, meistens ein Jahr. Die Ziele sind anhand eindeutiger Messbarkeitsgrößen zu beschreiben und sollen

- messbar und prüfbar sein;
- hoch, aber erreichbar sein;
- klar beschrieben sein;
- aus der Strategie entwickelt sein;
- von Mitarbeiter und Vorgesetztem akzeptiert sein.

Zielvereinbarungen sind eine Sonderform der Delegation. Delegation bedeutet Übertragen von Aufgaben, Verantwortung und Klärung der erforderlichen Kompetenzen, was wiederum zur Motivation der Mitarbeiter führt. Das Instrument Zielvereinbarung muss unternehmensspezifisch an Ressourcen, Bedürfnisse und Unternehmenskultur angepasst sein. Es kann auf allen Hierarchieebenen und für jegliche Art der Zusammenarbeit eingesetzt werden; strategische wie taktische Ziele lassen sich top-down verbindlich umsetzen.

Kompetenzförderung und Einbeziehung der Mitarbeiter in den Wertschöpfungsprozess durch Zielklarheit (statt Bevormundung und Zieldiktat) fördern Eigeninitiative und Leistungsoptimierung. Wenn dies noch nicht im allgemeinen Teil eines institutionalisierten Mitarbeiter- oder Fördergesprächs geschehen ist, können auch im Zielvereinbarungsteil oder im separaten Zielvereinbarungsgespräch Förder-, Entwicklungs- und Karriereziele des Mitarbeiters festgelegt werden.

Die Zielvereinbarung dient

- der vorausschauenden systematischen Arbeits- und Ergebnisplanung;
- der Verständigung über die zu erreichenden Ziele;
- der Festlegung der Prioritäten;

- der regelmäßigen Überprüfung und ständigen Weiterentwicklung der Aufgaben;
- der Motivation der Mitarbeiter einschließlich ihrer persönlichen Weiterentwicklung und Förderung.

Im Zielvereinbarungsgespräch sollten Vorgesetzte und Mitarbeiter ihre Erwartungen nennen, Ziele diskutieren und Rahmenbedingungen klären. Folgende Fragen sind Bestandteil:

- **Auftrag:** Was tun wir? Was sind unsere Kernkompetenzen?
- **Vision:** Wo wollen wir hin? Wer wollen wir sein?
- **Strategie:** Wie kommen wir dorthin?
- **Ziele:** Was müssen wir bis wann erreicht haben?
- **Aktivität:** Was müssen wir jetzt dafür tun?

Ein Beispiel für eine Zielvereinbarung einer Mitarbeiterin im Personalbereich eines größeren Unternehmens sehen Sie in Abbildung 17.

Bei Jahreszielen sollte an markanten Punkten (Meilensteinen) oder in bestimmten Abständen (vierteljährlich) ein Review zwischen Vorgesetztem und Mitarbeiter stattfinden. Hier kann der Vorgesetzte bereits Hilfestellung und Feedback geben, dann ist das Jahresgespräch keine Überraschung mehr für den Mitarbeiter. Es werden veränderte Rahmenbedingungen auch in der Zielvereinbarung berücksichtigt und diese entsprechend angepasst. In die Bewertung fließt ein, was und unter welchen Umständen dies der Mitarbeiter erreichte. Bei Bedarf kann der Vorgesetzte Unterstützung bei der Umsetzung leisten.

2.7.3 Mitarbeiterbeurteilung

Die Mitarbeiterbeurteilung kann als separates Führungs- und Personalentwicklungsinstrument angewandt oder in das institutionalisierte Mitarbeitergespräch integriert werden. Basis jedes Beurteilungsverfahrens ist die Definition der Beurteilungskriterien und deren Gewichtung. Sie müssen klar voneinander abgrenzbar und während des Beurteilungszeitraums durch den Vorgesetzten beobachtbar sein.

Immer wenn Menschen aufeinander treffen, findet eine Beurteilung statt. Wir wissen, dass diese Multimomentaufnahmen und der erste Eindruck falsch sein können und nicht das wahre Verhalten eines Menschen und dessen Leistungsverhalten widerspiegeln. Beurteilungen aufgrund klar definierter und für Mitarbeiter und Vorgesetzten verständlicher

Name: Anja Mustermann	**Ziele 2005** (Zielarten)	**Ziel erreicht, wenn bis** (Messbarkeits- und Erfüllungskriterien)
	Konzepterstellung und Umsetzung eines Traineeprogramms	***31.03.2005*** - 12 Trainees ausgewählt und eingestellt sind ***31.12.2005*** - das Traineeprogramm umgesetzt und der Qualifikationsbedarf der Trainees erhoben ist
	Konzepterarbeitung und Start eines Studentenförderprogramms im Unternehmen mit fünf Stellen	***30.09.2005*** - Konzept vorliegt und ein erster Fachbereichseinsatz erfolgt ist - die fünf Studenten vollständig ausgewählt sind
	Personalmarketing für das Unternehmen aufbauen	***30.11.2005*** - mindestens fünf Maßnahmen konzeptionell erarbeitet, genehmigt, organisiert und umgesetzt wurden
	Erstellen eines Interviewleitfadens für Personalbetreuer und Führungskräfte	***31.12.2005*** - der Leitfaden im Personalbereich abgestimmt ist - der Leitfaden im Fachbereich bekannt ist und in den gemeinsamen Auswahlgesprächen verwendet wird
	Konzepterarbeitung und Durchführung einer Befragung zur Mitarbeiterzufriedenheit	***31.12.2005*** - die Befragung abgeschlossen und die Ergebnisse an die jeweiligen Fachbereiche zurückgemeldet sind - Maßnahmen für 2005 beschlossen sind
Qualifikations-maßnahmen:	Teamentwicklung Projektmanagement	31.12.2005 abgeschlossen ist 31.12.2005 abgeschlossen ist
______ Datum:	______ Unterschrift Vorgesetzte(r)	______ Unterschrift Mitarbeiter(in)

Abbildung 17: Zielvereinbarung

Beurteilungskriterien reduzieren die Subjektivität menschlicher Wahrnehmung und Beurteilung, verbessern also deren Objektivität. Die Kenntnis möglicher Beurteilungsfehler leistet einen weiteren Beitrag, um eine Mitarbeiterbeurteilung zu objektivieren.

Grundlage ist ein standardisierter und strukturierter Beurteilungsbogen. Die Kriterien müssen auf die wichtigsten Zielgruppen in einer Organisation zugeschnitten sein. Ein Beurteilungsverfahren würde beispielsweise seinen Sinn und Zweck verfehlen, wenn gewerbliche Produktionsmitarbeiter, kaufmännische Sachbearbeiter und Führungskräfte nach einheitlichem Schema bewertet würden. Der Betroffene muss sich schließlich in seiner Beurteilung wiederfinden, sich damit identifizieren können und mit seiner Arbeit oder seinem Verhalten darauf Einfluss nehmen können. Die Ergebnisse sind dem Mitarbeiter in einem partnerschaftlich geprägten Gespräch zu erläutern.

Die Beurteilungskriterien können sich auf das reine Leistungsvermögen (Qualität, Quantität), das Leistungsverhalten (zum Beispiel Engagement, Kooperation, Kundenorientierung), die fachliche Qualifikation (zum Beispiel Wissen, Erfahrung, Können), die sozialen Fähigkeiten (zum Beispiel Hilfsbereitschaft, Lernbereitschaft, Kommunikations- und Teamverhalten), methodisches Wissen (zum Beispiel Problemlösefähigkeit, Arbeitsorganisation, Zeitmanagement) oder auf die Führungsfähigkeit (zum Beispiel zielorientierte Führung, Vorbildfunktion, Begeisterungsfähigkeit, Überzeugungskraft und Motivationsfähigkeit) beziehen. Abbildung 18 zeigt ein Beispiel für ein entsprechendes Formular. Die Beurteilungskriterien sollten Sie dem Anforderungsprofil der betreffenden Stelle entnehmen.

Ist die Mitarbeiterbeurteilung nicht in ein institutionalisiertes Mitarbeitergespräch eingebettet, ist es umso wichtiger, den Förder- und Entwicklungscharakter zu betonen. Erkannte Stärken, bemerkenswerte Fähigkeiten und besonders gute Leistungen müssen die Anerkennung und Wertschätzung des Vorgesetzten erfahren. Wir wissen, Professionalität und damit einen hohen Wirkungsgrad der Arbeit erreicht man am besten durch den Ausbau und die weitere Förderung von Stärken. Hier hat die Beurteilung ihren Beitrag auch im Sinne eines Fördergesprächs zu leisten. Ebenso müssen erkannte Schwächen und Defizite offen, aber nicht persönlich verletzend angesprochen, deren Ursachen geklärt und konstruktive Hilfen und Fördermaßnahmen vereinbart werden.

Mitarbeiterbeurteilung 2005

Name, Vorname ____________ Geburtsdatum __________

letzte Beurteilung ____________

Unternehmen ______________ Abteilung _____________ Tätigkeit _____________

Eintrittsstichtag ______________

	Beurteilungskriterium	*Punktzahl Vorjahr*	*Punktzahl neu*	*Erläuterungen zu einzelnen Beurteilungskriterien (insbesondere bei veränderten Leistungen)*
1.	Fachliche Kompetenzen			
2.	Engagement			
3.	Kundenorientierung			
4.	Teamfähigkeit			
5.	Arbeitsorganisation und Zeitmanagement			
6.	Problemlösefähigkeit			
7.	Durchsetzungsvermögen			
8.	Zweckmäßigkeit der Arbeitsweise			
9.	Anwendung von Kenntnissen			
10.	Lernfähigkeit			

arithmetisches Mittel der Einzelbeurteilungen :
Jahresdurchschnitt ____ Punkte

zusammenfassende Aussage: (Erfüllung der dem Mitarbeiter übertragenen Aufgaben und Empfehlungen an den Mitarbeiter als Konsequenz der Mitarbeiterbeurteilung)

____

Datum, Unterschrift Vorgesetzter

Kenntnisnahme des Mitarbeiters: Die Beurteilung wurde mir ausführlich erläutert, die Beurteilungsgrundsätze sind mir bekannt.

____

Datum, Unterschrift Mitarbeiter

Möglichkeit für Stellungnahme des Mitarbeiters:

Bewertungsstufen (Punktzahl):
5 = sehr gut ausgeprägt, 4 = gut ausgeprägt, 3 = ausreichend ausgeprägt,
2 = teilweise ausgeprägt, 1 = gering ausgeprägt

Abbildung 18: Mitarbeiterbeurteilung

2.7.4 Vorgesetztenbeurteilung

Bisher sind wir davon ausgegangen, dass Mitarbeiter in ihren Stärken gefördert und entwickelt, richtig eingesetzt werden, Schwächen und Defizite erkannt und Lösungen zu deren Beseitigung zwischen Vorgesetzten und Mitarbeitern erarbeitet und vereinbart werden. Den Vorgesetzten haben wir sehr stark in der Rolle des Förderers, Entwicklers, Beurteilenden und die Richtung Vorgebenden gesehen. Genauso wie Mitarbeiter haben aber auch Vorgesetzte Stärken und Schwächen, und ihre Sozialkompetenz ist unterschiedlich stark ausgeprägt.

Im Allgemeinen schließt man auf Eigenschaften einer Person, wenn bestimmte Verhaltensweisen häufig beobachtet werden. Eigenschaften im Wechselspiel mit der Situation bedingen Verhalten. Die Eigenschaften einer Person müssen also jeweils vor dem Hintergrund der Anforderungen und Besonderheiten der Situation gesehen werden. Die Tatsache, dass Führungsverhalten und Organisationserfolg zusammenhängen, betont die Bedeutung des Themas »Führung« innerhalb der Wirtschaft und des öffentlichen Dienstes.

Oftmals ist Führungskräften nicht bewusst, wie sie auf das Team und den Einzelnen wirken. Auch sie haben ihre blinden Flecken in der Selbstwahrnehmung, auch sie können ihr Verhalten und ihre Vorbildfunktion noch verbessern, wenn sie in den Spiegel schauen, den ihnen die Mitarbeiter von Zeit zu Zeit vorhalten. Daraus ergibt sich auch für sie Handlungs-, Entwicklungs- oder Qualifizierungsbedarf. Gäbe es in Unternehmen und Behörden eine offenere Feedback-Kultur, wäre eine Vorgesetztenbeurteilung überflüssig. Vorsorglich aber möchten wir Ihnen dieses Personalentwicklungsinstrument vorstellen.

Sehr pauschal gesagt ist eine Vorgesetztenbeurteilung eine Beurteilung von unten mit dem Ziel, Führung und Zusammenarbeit zu verbessern, eine Vertrauenskultur zu schaffen und die Leistungsergebnisse durch höhere Motivation des gesamten Teams zu steigern. Die Ergebnisse einer Vorgesetztenbeurteilung sollten generell nochmals im Team besprochen werden. Und der Vorgesetzte sollte andererseits seinen Mitarbeitern gegenüber Veränderungsabsichten äußern, aber auch jene Verhaltens- oder Vorgehensweisen begründen, die er beibehalten möchte.

In einigen Fällen wird das Ergebnis der Vorgesetztenbeurteilung auch Gegenstand eines Gesprächs des Vorgesetzten mit dessen Vorgesetzten sein und kann teilweise auch in seine Beurteilung oder gar Zielvereinbarung einfließen. Pro und Contra dieser Vorgehensweise abzuwägen, bleibt dem Leser selbst überlassen, denn je nach Unternehmenskultur mag dies für einige passend sein, für andere weniger.

In einer Vorgesetztenbeurteilung treffen Mitarbeiter Aussagen darüber, ob ihr Vorgesetzter in puncto Führung die Erwartungen erfüllt, die sie selbst als Mitarbeiter an ihn stellen. Der Mitarbeiter kann in einem Feedback-Gespräch Hinweise geben, in welchen Bereichen im alltäglichen Umgang miteinander er sich ein anderes Verhalten oder ein anderes Vorgehen des Vorgesetzten wünschen würde. Vorgesetztenbeurteilungen sind auf einen partizipativen Führungsstil und eine partnerschaftliche Zusammenarbeit ausgerichtet. Die Ziele liegen im Verbessern der Beziehung zwischen Vorgesetztem und Mitarbeiter, um das allgemeine Arbeitsklima zu optimieren und die Arbeitszufriedenheit zu erhöhen.

Der Mitarbeiter hat Einfluss darauf, wie sich die Beziehung zu seinem Vorgesetzten gestaltet – Sichtweisen und Erfahrungen können mitgeteilt werden. Die Führungskraft kann sich so ein Bild machen, wie sie auf ihre Mitarbeiter wirkt. Sie kann Verhaltensweisen und Eigenarten erkennen, die ihr vielleicht nicht bewusst waren, und ihr Handeln entsprechend modifizieren.

Zu Beginn der Vorgesetztenbeurteilung steht eine Informationsveranstaltung mit den Mitarbeitern, in der das Konzept vorgestellt und die Bereitschaft der Teilnahme seitens der Mitarbeiter geklärt wird. Danach werden die Fragebögen zur Vorgesetztenbeurteilung ausgegeben.

In Abbildung 19 finden Sie ein Beispiel für einen ausgefüllten Fragebogen zur Vorgesetztenbeurteilung – es können wiederum die Kriterien des Anforderungsprofils einfließen.

Falls nicht nur die Mitarbeiter ihren Vorgesetzten einschätzen, sondern das Verfahren an eine Selbsteinschätzung des Vorgesetzten gekoppelt ist, wird ihm der Fragebogen ebenfalls ausgehändigt. Er kann dann in die Bemerkungsspalte eintragen, woran er seine Einschätzung festmacht. Dieses Vorgehen ist eine sinnvolle Ergänzung, welche die Akzeptanz beim Vorgesetzten erhöht. Es wird ein Abgabetermin für die Fragebögen festgelegt; dann folgt die Auswertung, in der eine zusammenfassende Einschätzung aller Mitarbeiter und gegebenenfalls ein Abgleich des Fremdbilds mit dem Selbstbild des Vorgesetzten ermittelt wird.

Danach gibt es eine Rückmeldung der Ergebnisse an den Vorgesetzten. Ziel ist es, ihn bis zur persönlichen Rückmeldung zu unterstützen. Wichtig ist somit eine angemessene Beratung, die im Sinne der Vorgesetzten erfolgt. Somit ist die Rückmeldung in einem persönlichen Vier-Augen-Gespräch – trotz erhöhten Zeitbedarfs – in diesem Falle angebracht. Der Vorgesetzte kann dann für sich Handlungsfelder und Änderungsabsichten definieren, die er zusammen mit den Ergebnissen seinen Mitarbeitern präsentiert. Dies kann in einem Team- oder Gruppengespräch geschehen, mit oder ohne externe Begleitung. Wichtig ist nur, dass der Fokus weniger

Beurteilungskriterien	Bewertung des Verhaltens (Skala: gering ausgeprägt, ausgeprägt, stark ausgeprägt, sehr stark ausgeprägt)	Bemerkungen
Führungsfähigkeit – gibt Orientierung – sorgt für ein gutes Arbeitsklima – setzt sich für Mitarbeiter ein	 – stark ausgeprägt – ausgeprägt – ausgeprägt	 sagt deutlich was er von uns erwartet sollte unsere Ideen stärker nach außen unterstützen
Informationsfluss – informiert rechtzeitig – führt Teambesprechungen durch – fragt bei persönlichen/betrieblichen Problemen nach	 – sehr stark ausgeprägt – stark ausgeprägt – stark ausgeprägt	 lässt manchmal Teambesprechungen ausfallen, wegen eigener wichtiger Termine
Arbeitsverhalten – gibt Ziele klar vor – gibt Meilensteine vor – delegiert in angemessenem Maße	 – stark ausgeprägt – ausgeprägt – stark ausgeprägt	 sollte nicht so häufig unsere Arbeitsergebnisse kontrollieren
Personalentwicklung – vereinbart Maßnahmen – setzt seine Mitarbeiter angemessen ein	 – stark ausgeprägt – sehr stark ausgeprägt	

Abbildung 19: Vorgesetztenbeurteilung

auf bisherigem Verhalten als auf künftigen erwünschten Verhaltensweisen liegt. Dann erst hat die Vorgesetztenbeurteilung ihr Ziel wirkungsvoll erreicht.

2.7.5 360-Grad-Beurteilung

Die 360-Grad-Beurteilung ist ein aussagefähiges Diagnoseinstrument zur professionellen Personal- und Organisationsentwicklung. Sowohl die klassischen Mitarbeiter- als auch Vorgesetztenbeurteilungen – selbst wenn sie sorgfältig vorbereitet und durchgeführt werden – zeigen die Verhaltensweisen, Fähigkeiten und Leistungen der Beurteilten nur aus der jeweiligen Sicht der Beurteiler. Subjektive Wahrnehmungen und die menschlichen Beziehungen beeinflussen trotz möglichst hoher Objektivität das Beurteilungsergebnis. Bei den klassischen Verfahren werden Fähigkeiten, Kompetenzen und Verhaltensweisen mehr oder weniger perspektivisch aus dem Blickwinkel des Beurteilers gesehen.

Mit 360-Grad-Beurteilungen können standardisierte Beurteilungskriterien aus unterschiedlicher Sicht bewertet werden. Einbezogen werden Mitarbeiter, Vorgesetzte, Kollegen und interne oder externe Kunden. Die Diagnostik wird damit sicherer.

Aus unserer praktischen Arbeit wissen wir, dass immer mehr Betriebe und Dienstleistungsunternehmen 360-Grad-Beurteilungen zur gezielten Mitarbeiter- und Führungskräfteentwicklung einsetzen. Im öffentlichen Dienst gibt es gegenwärtig noch zu viele Widerstände gegen dieses Personalentwicklungsinstrument. Personalräte tun sich schon bei der Einführung von Leistungsbeurteilungen schwer. Die Zeit wird noch etwas reifen müssen, um dieses Instrument in Behörden und Verwaltungen einzuführen. In der Privatwirtschaft gehört es aber mittlerweile zum Standard bei der modernen und leistungsorientierten Personal- und Führungskräfteentwicklung. Die Beurteilungen können klassisch auf Papier oder auch online durchgeführt werden.

Folgende Voraussetzungen müssen Sie beachten:

- In den betreffenden Organisationseinheiten sollte bereits eine offene Feedback-Kultur vorhanden sein, sonst wirkt die Implementierung eines solchen Systems wie ein Kulturschock und löst zuerst Widerstände, Ängste und Befürchtungen bei den Betroffenen aus.
- Die Beurteilungen oder Einschätzungen anhand definierter Beurteilungskriterien erfolgen anonymisiert durch die jeweiligen Beurteilergruppen. Die Vertraulichkeit muss sichergestellt sein.
- Die Beurteilungskriterien sind sowohl den Beurteilern als auch den Beurteilten ausführlich zu erläutern.
- Der Abgleich der Selbsteinschätzung durch den Beurteilten und der Fremdeinschätzung durch die unterschiedlichen Beurteilergruppen erfolgt durch einen neutralen internen oder externen Moderator. Der Prozess darf sich nicht selbst überlassen werden, sondern ist professionell zu steuern.

Idealerweise werden 360-Grad-Beurteilungen auf freiwilliger Basis durchgeführt. Das erleichtert die Offenheit im Umgang mit diesem Personalentwicklungsinstrument aus der Sicht der Beurteilten wie auch der Beurteilenden. Wenn sie aufgrund einer strategischen Entscheidung der Unternehmens- oder Personalleitung für bestimmte Zielgruppen eingeführt wird, ist die gründliche Information und Vorbereitung aller Beteiligten (siehe Abbildung 20) sehr wichtig. Ansonsten entstehen unnötige Spannungen und Widerstände.

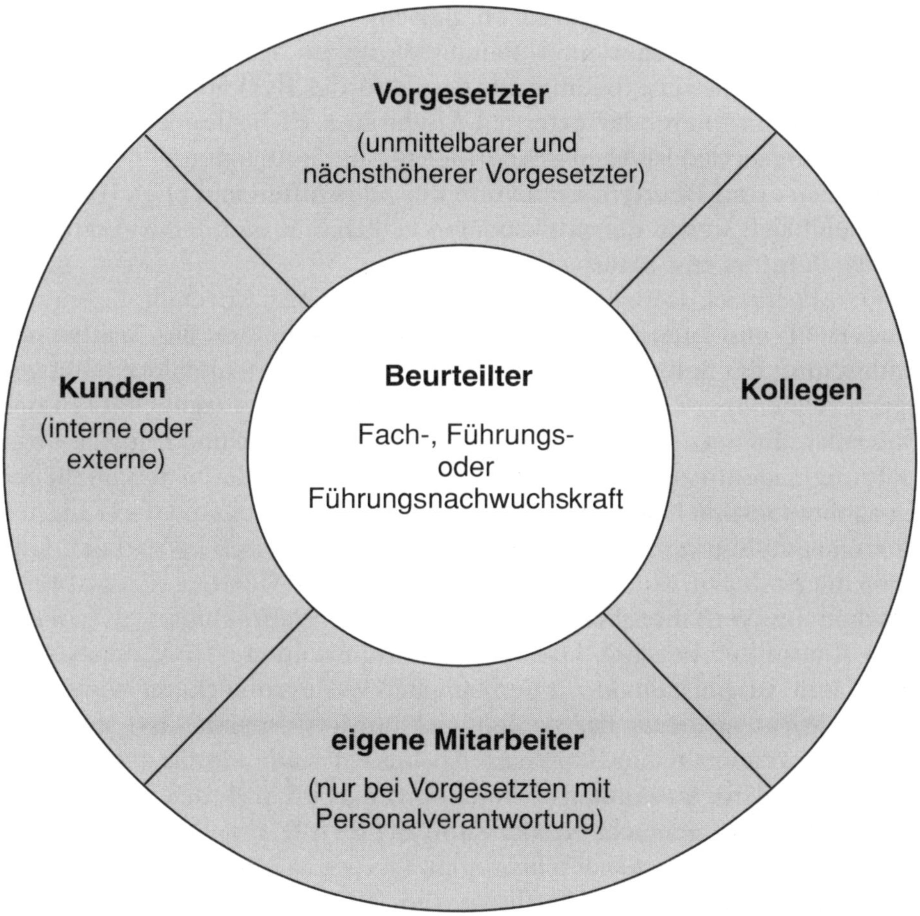

Abbildung 20: Die beteiligten Personengruppen an einer 360-Grad-Beurteilung

Die 360-Grad-Beurteilung kann als eigenständiges Personalentwicklungsinstrument zur Mitarbeiter-, Führungskräfte- oder Nachwuchsentwicklung genutzt werden, um über die diagnostizierten Stärken-, Schwächen- und Leistungsprofile eine gezielte Personalentwicklungsplanung voranzutreiben. Idealerweise ergänzt sie jedoch die anderen bereits beschriebenen Tools der Mitarbeiter- und Führungskräfteentwicklung.

Für Unternehmen mit geringer Mitarbeiterzahl, die keine Förder-, Nachwuchs-, Trainee- oder Führungskräfteentwicklungsprogramme durchführen können, eignet sich die 360-Grad-Beurteilung bestens. Die Erkenntnisse daraus können auch für die Zusammensetzung von Teams – auf Dauer gerichtete Arbeitsteams oder Projekt-/Problemlöseteams – nutzbar gemacht werden.

Der Feedback-Empfänger erhält nach Erstellen der Selbst- und Fremdeinschätzungen einen schriftlichen Bericht darüber, wie sein Verhalten von anderen Menschen und Personengruppen wahrgenommen wird. Diese Vorgehensweise bedingt idealerweise die Begleitung durch einen geeigneten internen oder externen Moderator. Er begleitet den Prozess von Anfang an und ist Ansprechpartner für alle Beteiligten.

Bei 360-Grad-Beurteilungen von Führungskräften und High Potentials empfiehlt sich wegen der notwendigen Neutralität und damit Akzeptanz des Moderators eine externe Lösung.

Der Feedback-Bericht wird im Rahmen eines Coaching-Gesprächs vorgestellt und interpretiert. Es werden dann immer die Sichtweisen anderer mit der Selbsteinschätzung verglichen, unterschiedliche Sichtweisen verschiedener Gruppierungen werden deutlich gemacht, Stärken und besondere Fähigkeiten und Leistungen hervorgehoben und Entwicklungspotenziale identifiziert. Die Auswertung und das sich daran anschließende Coaching-Gespräch sind fundierte Basis für die Auseinandersetzung mit den eigenen Stärken, Schwächen und Verhaltensweisen im sozialen Umgang mit Kollegen, Mitarbeitern, Vorgesetzten und Kunden. Eigene blinde Flecken im Verhaltensbereich und verzerrte Wahrnehmungen werden dem Beurteilten bewusst. Die 360-Grad-Beurteilung ist Standortbestimmung und Ausgangspunkt zur persönlichen Weiterentwicklung zugleich.

Die Wirkung dieses Personalentwicklungsinstruments lässt sich noch erhöhen, wenn es in regelmäßigen Abständen – alle ein bis zwei Jahre – wiederholt wird. So können Entwicklungen bei den Beurteilten verfolgt und transparent gemacht werden, und der Erfolg von Personalentwicklungsmaßnahmen lässt sich bilanzieren. Werden möglichst viele Mitarbeitergruppen einbezogen, schafft das die Basis für eine kontinuierliche Personalentwicklung, und die integrierten Feedback-Prozesse verändern mittelfristig die Unternehmenskultur.

Vorhandene Kompetenzmodelle (siehe Kapitel 7) liefern die Anforderungen an die zielgruppenspezifischen oder individuellen 360-Grad-Beurteilungen. Es wird das Bewusstsein für die Wichtigkeit von Kernkompetenzen und Unternehmenswerten gestärkt. Außerdem schaffen solche Personalentwicklungsmaßnahmen die Voraussetzung für den Aufbau einer Vertrauenskultur. Die Abbildung 21 zeigt die 360-Grad-

Beurteilung als Baustein einer systematischen Personal- und Organisationsentwicklung in ihrem Ablauf bis hin zur Durchführung.

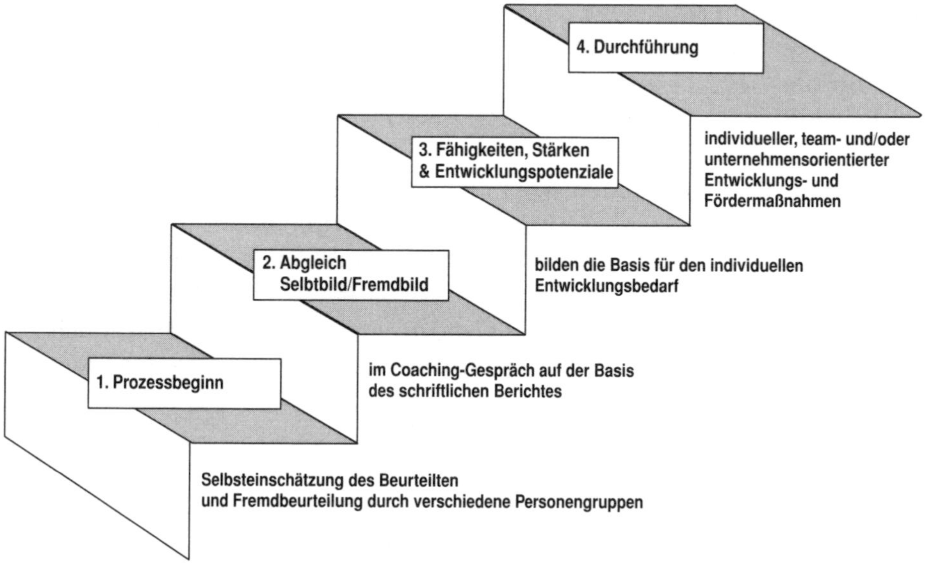

Abbildung 21: Die 360-Grad-Beurteilung als Baustein einer systematischen Personal- und Organisationsentwicklung

Die 360-Grad-Beurteilung ist als Instrument für die Personal-/Organisationsentwicklung und die individuelle Mitarbeiter- oder Führungskräfteförderung nutzbar.

- **Organisationsentwicklung:** Veränderung der Unternehmenskultur hin zu einer auf Werten und Kompetenzen basierenden Führungs-, Vertrauens- und Feedback-Kultur.
- **Personalentwicklung:** Als einziges oder ergänzendes Element liefert sie die Planungsbasis für die systematische und zielgruppenspezifische Personalentwicklungsarbeit.
- **Individuelle Mitarbeiter- oder Führungskräfteentwicklung:** Die Mitarbeiter erfahren Standortbestimmung, werden gezielt gefördert, ihr künftiger Einsatz erfolgt stärken- und fähigkeitsorientiert.

Im Ergebnis leistet ein effektiv und effizient gestaltetes 360-Grad-Feedback-System einen wesentlichen Beitrag zur Entwicklung von Fach- und Führungskräften, Leistungsträgern, Arbeitsteams und der gesamten Organisation. Wir kennen aus unserer praktischen Personalentwicklungsarbeit aber auch die Risiken von 360-Grad-Beurteilungen und möchten diese nicht verschweigen:

- 360-Grad-Beurteilungen eignen sich nicht als Instrument zum Personalabbau. Dies löst eher Widerstände bei den Beurteilten aus.
- Unprofessionell gestaltete 360-Grad-Beurteilungen ohne neutrale Moderation und intensive Coaching- oder Teamgespräche verfehlen ihr Ziel und wirken kontraproduktiv.
- Wird aus Kostengründen der Personalentwicklungsbedarf zwar ermittelt und werden darüber auch Zielvereinbarungen mit den Beurteilten getroffen, diese aber nicht umgesetzt, bleibt es beim »Prinzip Hoffnung«.
- Wenn die Ergebnisse der 360-Grad-Beurteilung nicht vertraulich behandelt werden, kann das zu Akzeptanzproblemen gegenüber den Beurteilten führen.

2.7.6 Teamgespräch

Das Teamgespräch als Regelkommunikation dient dem Informationsaustausch im Team. Die Regelmäßigkeit der Gespräche ist sehr wichtig, da hier Raum geschaffen werden kann, persönliche Belange zu äußern, Informationen weiterzugeben und verschiedene Punkte der Arbeitsorganisation und des Arbeitseinsatzes wie zum Beispiel Freischichten und Urlaubsplanungen zu besprechen, die im Arbeitsalltag unterzugehen drohen. Ferner dient das Teamgespräch auch dazu, weitere Ziele und Aufgabenstellungen mit dem gesamten Team zu vereinbaren.

Sehr häufig wird es als Führungs- und Personalentwicklungsinstrument genutzt, wenn im Team Probleme auftreten, die umgehend gelöst werden müssen. Beispiele dafür sind die Integration neuer Mitarbeiter, die Erhöhung des Qualifizierungs- und Flexibilitätsgrades, auftretende Konflikte oder Mobbing. Das Teamgespräch kann auch der erste Schritt für eine einzuleitende Teamentwicklungsmaßnahme sein.

Das Teamgespräch wird erfolgreich verlaufen, wenn

- es moderiert wird;
- jeder seine Belange offen ansprechen kann;
- es Spielregeln zur Gesprächsführung gibt;
- die Ergebnisse in einem Simultanprotokoll dokumentiert werden;
- Ergebnisse und Vereinbarungen in einem Aktionsplan festgehalten und verbindlich umgesetzt werden.

Damit Teamgespräche mit verbindlichen Ergebnissen enden, ist bei Problemen das Gespräch wie folgt zu strukturieren:

- **Genaue Problemdefinition:** Das Problem muss klar von anderen Themen abgegrenzt sein und die Problemsituation ist von allen Beteiligten verstanden worden.
- **Festlegung des Gesprächsziels:** Was wollen wir erreichen? Hier geht es nicht darum, bereits Maßnahmen zu beschließen, sondern eine Zielklärung herbeizuführen, die allen Teilnehmern eine klare Orientierung während des Gesprächs gibt.
- **Darstellung des Ist-Zustands:** Hier geht es darum, die Ursachen des Problems zu analysieren und seine Auswirkungen transparent zu machen.
- **Suche nach Lösungsmöglichkeiten:** In visualisierter Form werden im Brainstorming-Verfahren die möglichen Lösungen ohne Kritik und Bewertung aufgelistet.
- **Bewertung der Lösungsmöglichkeiten:** Hier wird das Für und Wider der einzelnen Lösungsmöglichkeiten abgewogen und durch eine analytische Bewertung die Frage der Machbarkeit beantwortet.
- **Erstellung eines Aktions-/Maßnahmenplans:** Die ausgewählten Lösungen werden konkretisiert und es wird festgelegt, wer für die Umsetzung verantwortlich ist, welche Personen den Verantwortlichen dabei unterstützen und bis wann die Umsetzung erfolgt sein muss.

WER	tut WAS	mit WEM	bis WANN	Erfüllungsgrad
Vorgesetzter Herr Müller	Informationen zu den Testergebnissen der durchgeführten Vorgesetztenbeurteilung einholen	externer Berater Herr Heinz	25. Okt.	
Herr Kurz	Geräte xy auf deren Schadenshäufigkeit in den letzten 6 Monaten beurteilen	Schadensabteilung	3. Sept.	
Frau Meier	Erschließung neuer Einkaufsquellen für die Zubehörteile des Gerätes xy	Herr Kurz	5. Dez.	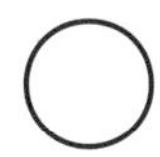

Abbildung 22: Aktions-/Maßnahmenplan

Danach erfolgen nur noch die Umsetzung und die Überprüfung des Erfolgs. Dazu kann ein erneutes Teamgespräch notwendig sein.

2.8 Mitarbeiterbefragung

Die Mitarbeiterbefragung hat als Instrument der Personalentwicklung einen wichtigen Stellenwert, wenn es darum geht, die Wirksamkeit von Personalentwicklungsmaßnahmen festzustellen sowie Basisdaten für die zukünftige Personalentwicklungsplanung zu erhalten. Vordergründig geht es bei Mitarbeiterbefragungen jedoch darum, im Betrieb notwendige Veränderungen vorzubereiten und umzusetzen. Ziele sind außerdem die Unterstützung gemeinsamer Identifikation in den einzelnen Unternehmensbereichen, eine Diagnose von Wirksamkeit und Akzeptanz von Managemententscheidungen aus Sicht der Mitarbeiter sowie die Mobilisierung und Beteiligung der Mitarbeiter und Führungskräfte am Veränderungsprozess mit eigenen Beiträgen.

Die Mitarbeiterbefragung soll zeigen, wie die Mitarbeiter ihre eigene Situation wahrnehmen und wie sie die Situation des Betriebs beurteilen. Um zu erfahren, was sie bewegt, wie zufrieden sie mit der aktuellen betrieblichen Situation sind und wie sie über verschiedene Dinge denken, ist sie ein geeignetes Instrument. Hinzu kommt, dass Ansätze der Unternehmensführung und -planung, die von Mitarbeitern nicht mit getragen werden, ins Leere zielen. Somit dient die Mitarbeiterbefragung auch dazu, sie für Schwachstellen im Betrieb, geplante strategische Neuausrichtungen oder andere betriebliche Belange zu sensibilisieren.

Vor einer Mitarbeiterbefragung sollte sich die Unternehmensführung darüber im Klaren sein, welche Fragen sie beantwortet haben und wie sie die Resultate im Betriebsalltag verwerten möchte. Wichtig ist, die Ergebnisse der Befragung ernst zu nehmen und die Meinung der Mitarbeiter hinsichtlich Stärken und Schwächen des Unternehmens in den einzelnen Themengebieten zu akzeptieren. Festgestellte Mängel müssen aktiv angegangen – oder zumindest ausgesprochen – werden, um nicht an Glaubwürdigkeit zu verlieren.

Eine Mitarbeiterbefragung produziert nicht nur Daten, sondern auch Erwartungen. Die Mitarbeiter werden die angesprochenen Themen untereinander diskutieren, und es wird darauf geachtet, ob sich tatsächlich etwas verändert – schließlich hält die Geschäftsführung die Dinge für wichtig, sonst würde sie sie nicht überprüfen. Deshalb sollten lieber weniger Themen angegangen werden, für die sich auch Maßnahmen umsetzen lassen, als den Fragebogen zu umfangreich zu gestalten und dann wegen nicht umsetzbarer Themenfelder in Erklärungsnot zu geraten.

Falls von der Belegschaft dennoch Wünsche für Veränderungen kommen, welche die Geschäftsleitung so nicht erfüllen kann, ist es wichtig, das offen anzusprechen und gegebenenfalls klärende Diskussionen zu führen. Möglicherweise kann dies bei der Belegschaft Klarheit über eine bestimmte Vorgehensweise schaffen, oder aber die Geschäftsführung zeigt Einsicht und ändert den Kurs. Hier wird deutlich, wie wichtig die Rückmeldung der Ergebnisse für den Erfolg oder Misserfolg einer Mitarbeiterbefragung ist.

Mit differenzierten Auswertungen lassen sich auch Stärken und Schwächen verschiedener Abteilungen, Bereiche oder Standorte systematisch abbilden und gegeneinander abgrenzen. Den Führungskräften unterschiedlicher Ebenen steht mit der Mitarbeiterbefragung ein aussagekräftiges und differenziertes Feedback-System zur Verfügung, das auch der Korrektur des eigenen Führungsverhaltens dient (analog der Vorgesetztenbeurteilung in Kapitel 3). Kommunikations- und Kooperationsprozesse innerhalb oder zwischen Abteilungen und Bereichen lassen sich ebenso abbilden wie Aspekte der Produktivität und Effizienz oder der Grad der Bindung der Mitarbeiter an das Unternehmen.

Prozesse, Strukturen und Bedingungen können nach einer Mitarbeiterbefragung gezielt und priorisiert verbessert werden. Der von den Mitarbeitern beobachtete Fortschritt wird dem eigenen Engagement zugeschrieben und dem Unternehmen als moderner, offener und demokratischer Führungsstil positiv angerechnet. Das führt zu mehr Bindung an das Unternehmen, zu mehr Engagement und Motivation.

- **Die Mitarbeiter** erhalten die Gelegenheit, anonym ihre Meinung zu sagen und Vorschläge zur Veränderung einzubringen. Auch denjenigen, die sich sonst mit ihren Ansichten eher im Hintergrund halten, wird eine gleichwertige Stimme gegeben.
- **Die Führungskräfte** lassen ihr Führungsverhalten und die Qualität der Zusammenarbeit in ihrem Team anonym messen und haben gleichzeitig eine Vorbereitungszeit für eine angemessene Reaktion.
- **Die Unternehmensführung** erhält die Gelegenheit, eine Aussage über die allgemeine Mitarbeiterzufriedenheit, die Stärken und Schwächen einzelner Abteilungen und die Akzeptanz der Umsetzung von Unternehmensgrundsätzen zu bekommen. Sie kann somit das Wissen der Mitarbeiter für sich nutzen und ihnen signalisieren, dass sie ihre Meinung zum Thema schätzt.

Fragebögen

Eine Mitarbeiterbefragung braucht standardisierte Fragebögen und wird flächendeckend, freiwillig, anonym und in aller Regel mit externer Auswertung durchgeführt. Die Fragebögen werden durch Codenummern den einzelnen Bereichen im Unternehmen zugeordnet. Alle Mitarbeiter einer organisatorischen Einheit haben dieselbe Codierung. Um die Anonymität zu gewährleisten, wird festgelegt, dass eine Auswertung erst ab einer bestimmten Anzahl zurückgegebener Fragebögen mit gleichem Code erfolgt. Kleinere Einheiten kann man der nächsthöheren Ebene zuordnen.

Jeder Mitarbeiter bekommt seinen Fragebogen entweder im verschlossenen Umschlag und gibt ihn ebenso an den externen Berater zurück, oder aber die Verteilung erfolgt entsprechend verschlüsselt oder per Passwort über das Intranet, so dass die Mitarbeiter die Möglichkeit haben, online zu antworten.

Ein Fragebogen kann beispielsweise Fragen zum Arbeitsklima, zur Qualität der Arbeit, zu Einkommen und betrieblichen Leistungen, zum Informationsfluss und zur Zusammenarbeit mit Kollegen sowie zum Führungsverhalten und zur beruflichen Entwicklung und Förderung enthalten.

Beispielfragen (die Skala reicht von *äußerst zufrieden bis unzufrieden)*
Qualität der Arbeit: Wie zufrieden sind Sie mit • der Arbeitsbelastung?
• den innerbetrieblichen Abläufen? • klar zugeordneten Verantwortlichkeiten? • den technischen Ausstattungen des Arbeitsplatzes? • den bestehenden Arbeitszeitregelungen? • dem Ausgleich von Überstunden/Mehrarbeit? • der Vereinbarkeit von Privatleben und Beruf? • dem derzeit zu bearbeitenden Themenbereich? • der Eigenverantwortlichkeit in der Arbeit? • dem Einsatz Ihrer Kenntnisse und Fähigkeiten?
Einkommen und betriebliche Leistungen: Wie zufrieden sind Sie mit • der Entlohnung gemessen an Ihren Leistungen? • der betrieblichen Altersversorgung? • den Mitarbeiterveranstaltungen?

Informationsfluss und Zusammenarbeit mit Kollegen: Wie zufrieden sind Sie mit • der Offenheit bei der internen Berichterstattung? • den Wegen der internen Berichterstattung? • der Bereitschaft, gegenseitig voneinander zu lernen? • der Einhaltung getroffener Vereinbarungen? • der gerechten Verteilung der Arbeit unter den Kollegen? • der Erreichbarkeit der Ansprechpartner? • der internen Kundenorientierung?
Führungsverhalten: Wie zufrieden sind Sie mit dem Verhalten Ihres Vorgesetzten hinsichtlich • der Zielvereinbarung? • der Bewertung Ihrer Leistungen? • der Motivation für die Arbeit? • der Unterstützung bei Problemen? • der Unterstützung bei der persönlichen Weiterbildung und der eigenen Karriereplanung? • einem wertschätzenden Umgang miteinander?
Berufliche Entwicklung und Förderung: Wie zufrieden sind Sie mit • den Entwicklungsmöglichkeiten und Aufstiegschancen? • der sozial-methodischen Weiterbildung? • der Unterstützung durch die Personalabteilung?

Den Ablauf einer Mitarbeiterbefragung finden Sie in Abbildung 23.

Die Aufgabe der Führungskräfte ist es, ihre Mitarbeiter bereits im Vorfeld über die Befragung zu informieren und sie zu motivieren, sich zahlreich zu beteiligen. Die Ergebnisse müssen dann offen und fair kommuniziert und die Mitarbeiter in die Umsetzung eingebunden werden. Nur so ist gewährleistet, dass sich die Mitarbeiter in ihrer Meinung ernst genommen fühlen und sich an einer erneuten Mitarbeiterbefragung wieder beteiligen, die in der Regel im Abstand von ein bis zwei Jahren durchgeführt wird.

Enthält die Mitarbeiterbefragung auch gezielte Fragen zur Personalentwicklung, können die Qualität und die Akzeptanz der eigenen Weiterbildungsaktivitäten festgestellt und Anhaltspunkte für die Personalentwicklungsplanung gefunden werden.

Abbildung 23: Ablauf einer Mitarbeiterbefragung

2.9 Auswahlverfahren, Auswahlgespräch, Assessment-Center und Testverfahren

Auswahlverfahren beschreiben Instrumente der Personalauswahl im Vorfeld der eigentlichen Personalentwicklung. Sie dienen der Personalrekrutierung oder der Generierung des Entwicklungsbedarfs. Wenn wir Personalentwicklung wie bisher nicht zu eng definieren und Schnittstellen zur klassischen Personalarbeit und zum Personalmarketing zulassen, gehören im Rahmen von Bewerberrekrutierungen die verschiedenen Formen von Auswahlverfahren dazu.

Durch sie wird nicht nur eine Aussage über die Eignung oder Nichteignung von Bewerbern getroffen, sondern qualifizierte Verfahren liefern auch schon verwertbare Informationen über den zu deckenden Personalentwicklungsbedarf der Bewerber, die eingestellt werden. Unabhängig davon, welche Auswahl- und Testverfahren zur Personalgewinnung eingesetzt werden, einige wenige Voraussetzungen dazu sollten gegeben sein:

- Die Verfahren sollten so konzipiert sein, dass in wesentlichen Punkten eine Aussage darüber erfolgen kann, in welchem Maße die Kriterien des Anforderungsprofils für eine Stelle erfüllt werden. Gute Auswahlverfahren ermöglichen zumindest einen groben Abgleich zwischen Anforderungs- und Eignungsprofil.
- Die Auswahlmethoden sollten eine ausgewogene Vielfalt in der Betrachtung des Bewerbers bieten und insbesondere viele Kompetenzbereiche (fachliche, methodische und soziale Kompetenzen) beleuchten. Das gewährleistet eine hohe Entscheidungssicherheit.
- Die internen oder externen Beobachter müssen für diese Aufgabe ausreichend qualifiziert sein.
- Ein Auswahlverfahren, das über ein Auswahlgespräch hinausgeht, sollte mindestens einen Tag dauern; zwei oder drei Tage sind besser und erhöhen die Entscheidungssicherheit.
- Test- und Auswahlverfahren müssen praxiserprobt und insbesondere Testverfahren evaluiert sein.

2.9.1 Bewerberauswahlgespräch

Auswahlgespräche oder auch standardisierte Interviews werden in Kooperation mit der Personal- und der zuständigen Fachabteilung mit den Bewerbern geführt. Sie sind wesentlicher Bestandteil von Personalauswahlverfahren und dienen dazu, potenzielle Mitarbeiter zu befragen. Das kann entweder in einem völlig freien Gespräch oder mittels eines teilstrukturierten oder vollstrukturierten Interviews geschehen.

Um Vergleichbarkeit zu garantieren, werden in einem strukturierten Interview die für die Auswahl relevanten Sachverhalte in konkrete Fragestellungen integriert und in einem Interviewbogen festgehalten. Für eine erfolgreiche Personalauswahl können auch Elemente von beispielsweise Testverfahren oder Assessment-Centern mit einfließen oder kombiniert werden. So ergibt sich eine gute Vergleichsmöglichkeit; das Risiko personeller Fehlentscheidungen wird minimiert und damit der Unternehmenserfolg langfristig gesichert.

Personelle Auswahlentscheidungen werden in der Praxis nur in den wenigsten Fällen mit Hilfe fundierter eignungsdiagnostischer Methoden getroffen. Den Anteil der professionellen Beteiligung bei Auswahlentscheidungen schätzen Experten auf nicht viel mehr als 25 Prozent. Diese Tatsache steht im Widerspruch zu der Bedeutung, die Mitarbeitern und damit implizit auch der Personalauswahl im Kontext unternehmerischer Wettbewerbsfähigkeit zugeschrieben wird. Meist erfolgt eine Entscheidung sehr früh nach dem ersten Eindruck, oder es besteht die Gefahr, dass der Interviewer mehr spricht als der Kandidat.

Ein gutes Interviewkonzept enthält klare methodische Standards:

- Ermittlung der Stellenanforderung,
- Standardisierung des Interviews,
- Protokollieren der Antworten,
- Trennung von Beobachtung und Bewertung,
- Skalierung der Bewerberantworten,
- Beteiligung mehrerer Interviewer,
- Schulung der Interviewer,
- Beteiligung von Personal- und Fachabteilung.

Das Interview ist eine sehr häufige Form der Personalauswahl und wird von den zu Beurteilenden akzeptiert, da es ein zeitlich ausreichendes, gut strukturiertes und für beide Seiten fair geführtes Gespräch zum Festellen der Eignung darstellt. Beiderseitige Flexibilität ist somit gut möglich. Im Interview ist das Eingehen auf den einzelnen Bewerber und ein Nachfragen bei Unklarheiten eine sehr wichtige Voraussetzung für die zu treffende Entscheidung.

Vorteilhaft ist, dass das Interview zu vielen Einzelentscheidungen einen Beitrag leistet und dass es mehr Funktionen erfüllt als nur die Bewerberauswahl durch die Vorhersage des beruflichen Erfolgs. Notwendig ist darüber hinaus, dem Bewerber Informationen über das Unternehmen zu geben, ihm das Unternehmen sozusagen zu »verkaufen«. Außerdem sollten die in der Position zu erfüllenden Tätigkeiten und Anforderungen erläutert und die Erwartungen des Bewerbers transparent gemacht werden. Empfehlenswert ist es, das Interview so zu gestalten, dass es Raum für ein persönliches Kennenlernen bietet. Ferner sollte Spielraum bestehen, um wichtige Bedingungen des Arbeitsverhältnisses zu vereinbaren, die einen fairen Interessenausgleich enthalten.

Folgende Punkte sind im Interview wichtig und müssen vorhanden/erledigt sein:

- Anforderungsprofil,
- Schulung der Interviewer,
- Strukturierung des Interviews.

1. Anforderungsprofil: Die Anforderungen sind von der zu besetzenden Stelle abzuleiten. Dafür werden Fähigkeiten und Eigenschaften definiert, die am Erfolg oder Misserfolg eines Mitarbeiters, bezogen auf diese Stelle, beteiligt sind. Je mehr ein Bewerber den Anforderungen entspricht, desto wahrscheinlicher wird demnach sein späterer Erfolg in dieser Position.

Eine Möglichkeit zur Erfassung der Fähigkeiten des Bewerbers bezüglich der zu besetzenden Stelle ist, künftige Anforderungen früher gezeigtem Verhalten entgegenzusetzen, wie es beispielsweise aus den Bewerbungsunterlagen analysiert werden kann. Die relevanten Informationen werden dabei aus den Unterlagen ausgewählt und in Verhaltensfragen umformuliert.

Eine weitere Möglichkeit, die vom Bewerber zu erfüllenden Anforderungen abzufragen, sind situative Fragen. Ihnen liegt folgendes Prinzip zugrunde: Dem Bewerber wird zunächst eine Situation geschildert, wie sie in seinem zukünftigen Arbeitsfeld auftreten könnte. Sie sollte möglichst realitätsnah sein. Aufgabe des Bewerbers ist es nun, eine gute Bewältigungsmöglichkeit zu finden. Es wird hierbei derjenige am positivsten bewertet, der aufgrund einer vorher festgelegten Skala die beste Lösung nennt.

2. Schulung der Interviewer: Vergleicht man das konventionelle Interview mit anderen Auswahlverfahren, besteht eine bemerkenswerte Diskrepanz zwischen der subjektiven Wahrnehmung und Bewertung der Beobachtung und der empirischen Bewertung. Außerdem besteht eine geringere Beurteilerübereinstimmung als bei anderen Verfahren. Das ist insbesondere auf folgende Punkte zurückzuführen:

- emotionale Einflüsse auf die Urteilsbildung,
- frühe Gesprächseindrücke erhalten großes Gewicht,
- negative Äußerungen von Interviewern werden überbewertet,
- während des Interviews wird der größte Teil der Gesprächszeit durch den Interviewer abgedeckt,
- fehlender Anforderungsbezug,
- fehlende Struktur eines Interviews.

In den letztgenannten Punkten liegt der Vorteil neuerer Interviews. Sie haben einen erhöhten Anforderungsbezug und eine verbesserte Strukturierung. Außerdem sind dem Interview unterschiedliche Methoden und Konstruktionsprinzipien zugrunde gelegt.

3. Strukturierung des Interviews: Hier ein standardisiertes Interview, das ein Höchstmaß an methodischen Standards gewährleisten kann:

Gesprächsbeginn (kurze informelle Unterhaltung): Durch eine kurze Unterhaltung soll sich der Bewerber in die Situation einfinden. Der Interviewer kann in dieser Warm-up-Phase eine angenehme Atmosphäre schaffen. Wichtig ist, dass der Bewerber hier noch nicht beurteilt wird.
Selbstvorstellung des Bewerbers: Er geht auf seine *persönlichen und beruflichen Hintergründe* ein.
Berufsorientierung und Organisationswahl: Es werden standardisierte Fragen gestellt, die *Informationen über den Grund der Bewerbung* liefern und die Berufswahl und -interessen sowie die Wahl der Organisation betreffen (Antworten auf Skala).
Freies Gespräch: Der Interviewer stellt *Fragen in Anknüpfung an Selbstvorstellung und Bewerbungsunterlagen* (summarische Eindrucksbildung).
Biografiebezogene Fragen: Es werden aus Anforderungsanalysen abgeleitete Fragen zur Biografie oder *bisherigen Erfahrungen* des Bewerbers gestellt. Möglich ist auch die Auswahl anforderungsbezogener Fragen anhand biografischer Fragebögen (Antworten auf Skala).
Realistische Tätigkeitsinformation: Die realistische Tätigkeitsinformation soll den Bewerber über *zukünftige Aufgaben und dazu notwendige Fähigkeiten* informieren und anregen, sich Gedanken zu machen, ob die Stelle seiner Vorstellung entspricht (Beschreibung der Stelle, Überleitung zu situativen Fragen).
Situative Fragen: Es wird jeweils eine *erfolgskritische Situation* geschildert, wie sie im betreffenden Arbeitsablauf auftreten kann. Für diese Situation soll vom Kandidaten eine gute Bewältigungsmöglichkeit genannt werden. Es handelt sich also gewissermaßen um eine »mentale Arbeitsprobe« mit ausgeprägter Anforderungscharakteristik (Antworten auf Skala). Beispiele:

- Als Gruppensprecher sind Sie dafür zuständig, Gruppengespräche zu leiten, unter anderem um Verbesserungsvorschläge herauszuarbeiten. Sie stellen fest, dass keiner Ihrer Mitarbeiter etwas äußert. Wie fördern Sie den Informationsaustausch? (Moderation, Motivation)
- Ein neuer Mitarbeiter soll in Ihr Arbeitsteam integriert werden. Wie führen Sie ihn in seinen Arbeitsplatz ein? (Einfühlungsvermögen, Integrationsfähigkeit)
- Während des Gruppengesprächs äußern sich wiederholt mehrere Mitarbeiter gleichzeitig, wodurch das Gespräch immer wieder außer Kontrolle gerät. Wie reagieren Sie? (Moderation, Kommunikationsfähigkeit)

Gesprächsabschluss: Enthalten sind hier *Fragen des Bewerbers*, eine *Zusammenfassung* oder ein Kommentar des Interviewers und *weitere Vereinbarungen*.

Im strukturierten Interview werden einige Antworten auf einer Skala bewertet. Hier finden Sie beispielhaft einen Ausschnitt aus einem Interviewleitfaden mit einer **Skala zum Kriterium Teamfähigkeit:**

1. Haben Sie während Ihres Studiums/Ihrer Ausbildung/Ihrer vorherigen beruflichen Tätigkeit in Gruppen gelernt/gearbeitet? Welche persönlichen Erfahrungen haben Sie damit gemacht? Welche Rolle hatten Sie in der Gruppe inne?
2. Welches sind bei der Teamarbeit die wichtigsten Erfolgsfaktoren?
3. Wo haben Sie persönlich Schwierigkeiten gehabt, sich in ein Team zu integrieren? Aus welchen Gründen?
4. Bei welchen Aufgabenstellungen hat Teamarbeit eindeutig Vorteile/Nachteile?

Beobachtungen:	–	o	+
kennt seine Stärken/Schwächen bei der Teamarbeit			
kennt wichtige Erfolgsfaktoren der Teamarbeit			
besitzt teamorientiertes Denken und Handeln			

Abbildung 24: Ausschnitt aus einem Interviewleitfaden

Über das Auswahlinterview lässt sich auch der Personalentwicklungsbedarf des Bewerbers feststellen. Hier ergibt sich wiederum die bereits mehrmals erwähnte Verzahnung zwischen der klassischen Personalarbeit, in diesem Falle dem Personalmarketing und der Personalentwicklung. Letztere hat für eine gute Qualifizierung der Interviewer zu sorgen.

2.9.2 Assessment-Center

Bei der Neubesetzung von Führungs- oder sonstigen Schlüsselpositionen ist es besonders wichtig, die Potenziale der Bewerber zu kennen. Auswahlmethoden wie Vorstellungsgespräche, Testverfahren oder Studium der Bewerbungsunterlagen reichen längst nicht mehr aus, um aus einer Vielzahl von Kandidaten den Bestgeeigneten für eine leitende Position herauszufiltern. Eine Fehlentscheidung führt entweder zu hohen Kosten –

bei einer erneuten Auswahl oder einer Kündigungsschutzklage mit Abfindung – oder zu Unzufriedenheit innerhalb der betroffenen Organisationseinheit.

Das Assessment-Center ist ein ein- bis dreitägiges intern oder extern gestaltetes Auswahlverfahren, in dem Leistung und Verhalten einer größeren Anzahl von Bewerbern gleichzeitig in verschiedenen praxisbezogenen und standardisierten Situationen von Führungskräften und Personalfachleuten zu definierten, unternehmensspezifisch bedeutsamen Kriterien beobachtet werden.

Das Verfahren kombiniert mehrere Auswahlinstrumente miteinander, ermöglicht dem Unternehmen eine Auswahlentscheidung auf breiter Basis und minimiert so das Risiko einer Fehlbesetzung. Das geschieht insbesondere auf sozialer und methodischer Ebene. Als Instrument zur Auswahl interner oder externer Bewerber sowie zum Identifizieren und Fördern von Entwicklungspotenzialen zeichnet sich das Assessment-Center im Vergleich zum klassischen Bewerbungsgespräch oder Persönlichkeits- beziehungsweise Leistungstest durch das »Mehrfachprinzip« aus: Mehrere Beobachter können mehrere Testpersonen in mehreren Verfahren hinsichtlich mehrerer definierter Kriterien über einen längeren Zeitabschnitt beurteilen.

Ein Assessment-Center kann zum Beispiel den im Folgenden skizzierten Ablauf haben:

- gemeinsame Begrüßung mit Kurzvorstellung jedes Teilnehmers und Beobachters;
- Übung, die logisches Denken erfordert und in Kleingruppen von drei bis vier Personen durchgeführt wird;
- Präsentation eines Themas, das zuvor in Einzelarbeit vorbereitet werden konnte;
- Gruppendiskussion in Kleingruppen, zum Beispiel mit verteilten Rollen von Pro- und Contra-Aspekten;
- persönliches Interview (analog einem Auswahlgespräch);
- Rückmeldung der Teilnehmer zum Assessment-Center;
- Konferenz der Beobachter mit Diskussion der Eignungskriterien der Kandidaten und Entscheidung über Einstellung.

Dabei gilt es, zunächst die Anforderungen der zu besetzenden Stelle genau zu definieren, dann die entsprechenden Bausteine auszuwählen und zu konzipieren, die Beobachter zu trainieren und eine sorgfältige Nachbereitung vorzunehmen. Idealerweise enthält das Assessment-Center auch eine

Übung, die aus der Fachabteilung kommt und als Fallstudie oder Diskussion durchgeführt wird.

Die aus einem Assessment-Center resultierenden Entscheidungen haben eine hohe Qualität und Zuverlässigkeit, da mehrere Personen an der Beobachtung und Bewertung beteiligt sind. Die Entscheidungen werden eher einvernehmlich getroffen, Folgemaßnahmen – Einstellungen, Versetzungen und Beförderungen – werden aktiv unterstützt. Geringe Fehlbesetzungs- und Kündigungsquoten führen zu deutlichen Kostenersparnissen.

Die Bewerber werden von einer größeren Anzahl Führungskräfte und/ oder Personaler sowie externer Spezialisten systematisch beobachtet. Das bedeutet, dass Verhaltensweisen in den Fokus rücken, die in ihrem späteren Tätigkeitsfeld maßgeblich sind. Die Beobachtungen werden registriert und möglichst schriftlich festgehalten. Das ist nicht ganz einfach und macht in aller Regel Beobachterschulungen vor Assessments notwendig. Es gibt nämlich in der Beobachtung eine Reihe von Fehlerquellen, zum Beispiel:

- Es wird nicht unterschieden zwischen dem, was beobachtet wurde, und der Bewertung dieser Verhaltensweisen durch den Beobachter. Es sollten demnach lediglich die Beobachtungen aufgeschrieben werden (zum Beispiel: »Als die Diskussion intensiver wurde, lehnte er sich zurück und sagte nichts mehr«), nicht die Bewertung des beobachteten Verhaltens (zum Beispiel: »Er konnte sich nicht durchsetzen«). Die Bewertungen erfolgen erst in der anschließenden Beobachterkonferenz anhand der Summe der Beschreibungen.
- Vorurteile und Sympathien beeinflussen die Beobachtungen (persönliche Werte, physische Faktoren, Kontrasteffekte). Es besteht auch die Tendenz, bei sympathischen Teilnehmern oder auch dem Beobachter ähnlich erscheinenden Personen positiver und bei den anderen Teilnehmern negativer zu beurteilen.
- Es werden Einzelbeobachtungen unangemessen hoch gewichtet (Beschreibungen konzentrieren sich auf zu wenige Beobachtungsfelder). Es besteht auch die Gefahr, dass jemand bereits aufgrund eines bestimmten Merkmals einer Gruppe zugeordnet wird.
- Das Urteil fällt mit dem ersten Eindruck. Dazu muss der Mensch eine Fülle von Informationen ordnen und zu einem Bild zusammenführen. Dieses subjektiv aufgenommene Bild ist in der Regel von hoher Stabilität. Wir wissen aber, dass der erste Eindruck in Wirklichkeit nicht den wahren Menschen wiedergibt.

Um diesen Fehlerquellen zu entgehen, gibt es im Assessment-Center folgende methodische Prinzipien:

- Beobachtung in unterschiedlichen Kommunikationsbezügen: Für die einzelnen Übungen wird die Zusammensetzung der Teilnehmer und Beobachter nach einem vorgegebenen Plan ständig verändert, um einseitig rollen- oder gruppenbezogenes Verhalten zu reduzieren.
- Beobachtung in standardisierten Situationen: Jede Aufgabe im Rahmen des Verfahrens ist eine standardisierte Problemsituation, die an alle Teilnehmer die gleichen Anforderungen stellt.
- Beobachtung in verschiedenen Situationen: Mit der Aufgabenauswahl wird versucht, die Teilnehmer in unterschiedlichste Problemsituationen zu bringen, um möglichst weite Bereiche der firmen- und positionsbezogenen Anforderungen abzubilden.
- Der Beobachterkreis: Durch die heterogene Zusammensetzung der Beobachtergruppe und ihre spezielle berufliche Erfahrung wird eine besonders gute perspektivische Voraussetzung erzielt, um der Auswahl gerecht zu werden.
- Beobachtung zu definierten, unternehmens- oder organisationsspezifisch bedeutsamen Kriterien: Die Beobachtungskriterien werden vor dem Assessment-Center von Führungskräften des Unternehmens festgelegt, definiert und operationalisiert. Das bedeutet, dass die Kriterien auf die Aussagen beziehungsweise Beobachtungen heruntergebrochen werden, anhand deren sie sich im Verhalten des Einzelnen zeigen.
- Analytische Beobachtung und transparente Beurteilung: Durch das Beobachten von Verhaltensweisen und das Beurteilen nach genau definierten Kriterien entsteht eine in den einzelnen Aussagen jederzeit ableitbare und transparente Beurteilung, die einerseits dem Teilnehmer gut rückgemeldet, aber auch zur weiteren Personalentwicklungsplanung des eingestellten Kandidaten verwendet werden kann.

Das Assessment-Center besitzt einige entscheidende Vorteile gegenüber dem Auswahlgespräch. Es ist ein standardisiertes Verfahren mit hoher Messgenauigkeit. Die Ergebnisse sind für alle nachvollziehbar und transparent. Auch die darauf begründete Auswahlentscheidung besitzt eine hohe Akzeptanz im Unternehmen, da viele Führungskräfte eingebunden werden und dadurch die Entscheidungsverantwortung von vielen getragen wird. Es leistet optimierte Personalentscheidungen insbesondere hinsichtlich der überfachlichen Kompetenzen und es werden auch Beurteilungsbereiche sichtbar, die in Gesprächen nur schwer zu beobachten sind.

Aber auch der Bewerber hat Vorteile, denn er erhält eine Rückmeldung über Stärken und Entwicklungsfelder, ein direkter Bezug zwischen Verhalten und Ergebnissen wird deutlich und er hat ein verringertes Risiko, eine »falsche« Stelle anzutreten. Das wirkt sich dann auch auf eine zu frühe Fluktuation aus.

Andererseits kann das Assessment-Center von den Bewerbern auch kritisch gesehen werden, insbesondere wenn es nicht ausreichend durchdacht wurde. Es kann beispielsweise negative Auswirkungen auf die gute Reputation eines Unternehmens haben, insbesondere bei Absagen an einen Bewerber. Daher sollten die Verantwortlichen darauf achten, das Verfahren möglichst offen und fair zu gestalten und beispielsweise die zu beobachtenden Kriterien bereits zu Beginn der Übung dem Teilnehmer gegenüber offen zu legen.

Ein weiterer Kritikpunkt sind die hohen Kosten des Verfahrens. Schließlich werden für einen längeren Zeitraum mindestens vier bis maximal zwölf Beobachter benötigt, meist gut bezahlte Führungskräfte, Personaler oder externe Trainer. Diese Kosten ließen sich rechtfertigen, wenn dann tatsächlich auch ein oder idealerweise zwei gute Kandidaten gefunden würden. Über den langen Zeitraum der zukünftigen Zusammenarbeit würden sich die Kosten relativieren.

Bedenkt man jedoch, dass es auch Assessment-Center gibt, aus denen kein idealer Kandidat hervorgeht, kann man sich die Frustration am Ende eines solchen Tages leicht vorstellen. Besteht in einer Beobachterkonferenz Uneinigkeit, so wird dem Kandidaten lieber abgesagt. Es passiert auch, dass der zukünftige direkte Vorgesetzte die Person eigentlich einstellen wollte, sich jedoch von den Schilderungen der anderen Beobachter wieder abbringen lässt. Das war dann sicher die richtige Entscheidung. Wenn sich durch ein Assessment-Center die Fehlentscheidungen beim Einstellen vermindern lassen, so nehmen die Führungskräfte, die sich für diese Methode entscheiden, diesen Nachteil gerne in Kauf. Keine Chance ohne Risiko!

Behutsamkeit, Vorsicht, wenn nicht sogar Zurückhaltung ist angesagt, wenn Assessment-Center für die interne Bewerberauswahl herangezogen werden. Einerseits – und das haben wir sehr oft in der Praxis erlebt – gibt es Widerstände und Ressentiments gegen diese Art der Auswahl, andererseits besteht die Gefahr des Gesichtsverlustes bei Ablehnung von internen Bewerbern. Dieses »politische Risiko« muss bedacht und abgewogen werden. Wir empfehlen deshalb beim internen Personal-Recruiting, auf Förderprogramme mit integrierten Analyse-, Test- und Beobachtungsverfahren zu setzen. Das praktizieren wir mit unserer PREGO-Methode (siehe Kapitel 3) bereits seit vielen Jahren erfolgreich.

2.9.3 Testverfahren

Testverfahren können als Instrument der Personalauswahl intern oder extern und zur Potenzialanalyse eingesetzt werden; das sind meist nicht eigenständige, sondern ergänzende Instrumente von Auswahlverfahren, Assessment-Centern oder Förderprogrammen. In der Praxis haben sich drei Testverfahren durchgesetzt:

- Intelligenztests, die Intelligenzstrukturen, logisch-analytisches Denkvermögen, mathematisches Grundverständnis, Kombinations- und Sprachvermögen transparent machen, sind ein aussagefähiges Diagnostikinstrument.
- Leistungstests orientieren sich in aller Regel an den beruflichen Anforderungen der Probanden. Sie beziehen sich auf bestimmte Fähigkeiten und berufliche Fertigkeiten. Diese Testvariationen liefern Aussagen über Konzentration, Aufmerksamkeit, Belastung sowie über sensorische und motorische Fähigkeiten.
- Persönlichkeitstests liefern Informationen über bestimmte Verhaltensweisen, innere Einstellungen, Charaktereigenschaften, Stärken und Schwächen beziehungsweise Präferenzen, die typisch für die Testperson sind.

Um die Personalauswahl sowie die weitere Personaleinsatzplanung und -förderung auf Kriterien mit hohem Objektivitätsgrad stützen zu können, wird vielfach auf psychologische Testverfahren zurückgegriffen, wie zum Beispiel Persönlichkeits-, IQ- oder Logiktests. Diese geben Aufschluss über das Vorhandensein und die Ausprägung bestimmter Eigenschaften und Stärken oder Schwächen. Sie ermöglichen die Erfassung und Bewertung verschiedener Persönlichkeitsmerkmale, die für ein bestimmtes Berufsbild oder eine bestimmte Funktion innerhalb des Unternehmens von Bedeutung sind. Merkmale wie Leistungsorientierung, Führungswille, Belastbarkeit, Teamfähigkeit und Intelligenz können gemessen und anhand von Normdaten verglichen werden. So lässt sich feststellen, ob beim Bewerber ein bestimmtes Merkmal, das für eine Berufsgruppe ein entscheidendes Erfolgskriterium darstellt, überdurchschnittlich oder unterdurchschnittlich vorhanden ist.

Abschließend wird der Teilnehmer in einem gemeinsamen Gespräch mit einem Psychologen oder fachkundigen Experten vom Testergebnis unterrichtet. Er bekommt Gelegenheit, seine eigene Sichtweise zu schildern. Durch gezielte Gesprächsführung kann der Gutachter Unstimmigkeiten im Testergebnis bearbeiten oder Abweichungen vom Selbst- und

Fremdbild beleuchten. Im Anschluss daran wird ein schriftliches Gutachten über jede Testperson für den Auftraggeber erstellt, in dem – in Anlehnung an das berufliche Anforderungsprofil – die Eignung des Bewerbers eingeschätzt und konkrete Handlungsempfehlungen ausgesprochen werden.

Testverfahren müssen den Gütekriterien Standardisierung, Normierung, Reliabilität und Validität genügen. In Deutschland ist ihre Akzeptanz erst in den letzten Jahren etwas gestiegen, in Frankreich und den USA ist sie deutlich höher.

Inzwischen werden Testverfahren auch angewendet, um die Weiterqualifizierung interner Mitarbeiter zu untermauern. Das ist ein sehr innovativer Schritt, der sicher viele neue Erkenntnisse über bestimmte Stärken oder Schwächen mit sich bringt, die für die betreffenden Mitarbeiter beruflich und privat hilfreich sein könnten. Zu beachten ist hier jedoch, dass die Ergebnisse niemals isoliert von sonstiger Beobachtung verwendet werden sollten. Die an solchen Tests teilnehmenden Mitarbeiter erhalten eine Förderung; die Ergebnisse geben Anhaltspunkte, um weitere Personalentwicklungsschritte zu vereinbaren.

Niemals darf ein solches Instrument zum Personalabbau verwendet werden und damit die Funktion erfüllen, ungeeignete Mitarbeiter auszusortieren. Sollte dies einmal geschehen, werden die Mitarbeiter gegen Testverfahren jeglicher Art erbitterten Widerstand leisten. Sie erfüllen dann nur eine Alibifunktion und legitimieren Personalabbau unter fadenscheinigen Gründen. Davor können wir nur warnen! Tests sind hilfreiche Instrumente für die Personalauswahl und Mitarbeiterentwicklung, sie dürfen nicht für falsche Zwecke verwendet werden.

2.10 Computergestütztes Lernen und E-Learning

Dieses Personalentwicklungsinstrument hat Gegenwartscharakter und öffnet gleichzeitig die Tür für die Zukunft. In dem Maße, wie sich Wissen in Unternehmen und Organisationen anhäuft und notwendig wird, muss es schneller und effizienter an den Orten zur Verfügung gestellt werden, an denen man es braucht. Herkömmliche Qualifizierungsmaßnahmen und -methoden stoßen hier schnell an ihre Grenzen. Auf die bisher erläuterten klassischen Personalentwicklungsinstrumente wird man zwar in den seltensten Fällen verzichten können, die Anforderungen der Gegenwart und der Zukunft aber machen neue Formen des Lernens notwendig.

Auf keinen Fall gehören wir zu jenen Futuristen, die meinen, dass computergestütztes Lernen oder E-Learning Führungstrainings, Teamentwicklungen und Verbesserung der Sozialkompetenzen ersetzen. Bestimmte Lernanforderungen benötigen weiter einen Rahmen, der soziale Situationen erst darstellbar macht. Doch lassen sich Lernvorbereitungen und der Lerntransfer durch die neuen Qualifizierungsinstrumente hervorragend ergänzen: Bestimmte theoretische Inputs können beispielsweise vor dem Seminar und bei entsprechender Gestaltung auch während eines Seminars aus dem Intranet abgerufen und bearbeitet werden. Diese Entwicklungen werden auf die zukünftige Gestaltung von Seminaren und Förderprogrammen in Unternehmen Einfluss haben.

Wir wollen an dieser Stelle nicht etwa die Aktivitäten der Global Player beschreiben, sondern berücksichtigen vielmehr, dass 80 Prozent der Beschäftigten in kleinen und mittelständischen Unternehmen oder in Behörden arbeiten. Also beschränken wir uns auf das wirklich Machbare. In dieser Hinsicht gibt es schon sehr viele kreative und innovative Betriebe und Organisationen.

Beginnen wir beim computergestützten Lernen, auch CBT (Computer Based Training) genannt. Solche Computerprogramme – meist auf CD-ROM gespeichert – ermöglichen selbst gesteuertes Lernen und überprüfen den Lernerfolg. Das Programm beschreibt die zu lernenden Sachverhalte, wie es ein Lehrer tut, und stellt Übungen zur Verfügung, deren erfolgreiche Bewältigung ein Beweis dafür ist, dass der Anwender den Lernstoff verstanden hat. Der Vorteil: Der Lernende kann die Menge des Stoffs, die dafür aufzuwendende Zeit und die Lerngeschwindigkeit selbst steuern. Somit ist CBT die individuellste Form des Lernens. Es kann zu jeder Tages- und Nachtzeit und fast in jedem Winkel dieser Welt stattfinden.

Zwischen Führungskräften, Personalentwicklung und Mitarbeitern werden in aller Regel Vereinbarungen über diese Art des Lernens getroffen. Der immer stärker werdende Zeitdruck in Unternehmen führt dazu, dass die Mitarbeiter zunehmend einen Teil ihrer Freizeit einbringen müssen. Auf eine sehr effiziente und noch dazu Kosten sparende Weise eignen sich die Mitarbeiter selbst gesteuert Wissen und methodische Fähigkeiten an. Die Software übernimmt die Funktion des Trainers oder Wissensvermittlers.

Bei guten CBT-Programmen übernimmt der Lernende eine aktive Rolle im Lernprozess und wird durch die lernaktiven Methoden und die erzielten Erfolgserlebnisse motiviert, den weiteren Lernprozess noch engagierter zu gestalten. Auch wenn die sonst übliche soziale Situation des Lernens fehlt, kann diese Form der Qualifizierung einen hohen Spaß- und Erfolgsfaktor haben. Lernen lässt sich sinnvoll in den Arbeitsprozess integrieren und kann die Optimierung des Arbeitsprozesses selbst unterstützen.

Die Lernprogramme sind so konzipiert, dass sie den Lernstoff in kurze, beherrschbare Wissenssequenzen untergliedern, nach jeder Lerneinheit eine Erfolgskontrolle ermöglichen und im Bedarfsfall Hilfestellung geben. CBT ermöglicht auch interaktives Lernen. Betriebswirtschaftliche Planspiele beispielsweise sind bestens geeignet, betriebswirtschaftliches Grund- oder Spezialwissen zu vermitteln oder Verständnis zu vermitteln für unternehmerisches Handeln und bestimmte betriebswirtschaftliche Entscheidungen.

Das E-Learning, auch WBT (Web Based Training) genannt, ist mehr oder weniger eine Weiterentwicklung des computergestützten Lernens. Die Internet-Technologie ermöglicht jederzeit Zugriff auf Lernprogramme der unterschiedlichsten Art und auf die Lerninhalte beziehungsweise Wissensdatenbanken. Wissens- und Lernprogramme lassen sich dadurch sehr einfach aktualisieren.

Auch mittelständische Betriebe, die sich dem Globalisierungsprozess angeschlossen haben, können sicherstellen, dass an jedem Produktionsstandort oder in jeder Niederlassung die gleichen Lernprogramme angewandt werden. So können beispielsweise Produktschulungen oder Qualifizierungen in neuen Technologien oder IT-Anwendungen nach gleichen Qualitätsstandards und innerhalb kürzester Zeit erfolgen. Die unterschiedlichen Sprachen stellen dabei kein großes Hindernis dar, wenn man sich auf eine Sprache verständigt oder die Lernprogramme in die jeweilige Landessprache übersetzt.

Eine Sonderform des computergestützten Lernens sind »Teletutoring-Systeme«. Hier können sich die Lernenden mit einem Experten in Verbindung setzen, der sie bei Problemen mit dem Lernprogramm unterstützt. Ein Beispiel ist das RTM (Remote Tutoring and Monitoring). Die Lernenden haben damit die Möglichkeit, sich über ISDN-Leitung mit ihrem Tutor in Verbindung zu setzen. Dabei können sie über große Entfernungen den Bildschirm teilen (window sharing) und gemeinsam an einem Problem arbeiten (joint working).

Als neue Technologie des kooperativen Lernens gibt es netzwerkbasierte Lernsysteme wie zum Beispiel die Telekooperation – sie wird hauptsächlich an den Hochschulen der USA verwendet, um Vorlesungen per Datenleitung zu einer anderen Hochschule zu übertragen – oder die Bildung von Newsgroups (Diskussionsrunden im Internet).

Zusammenfassung der Anwendungsmöglichkeiten

Zur besseren Übersicht hier die Anwendungsmöglichkeiten des computergestützten Lernens und des E-Learnings.

- Lernvorbereitung und Lerntransfer vor und während Seminaren oder Schulungen
- Überprüfung des Lernerfolgs
- Verwendung von Lernprogrammen (am Arbeitsplatz und auch außerhalb der Arbeitszeit) zur Aneignung von Spezialwissen oder Produktschulungen
- Optimierung des Arbeitsprozesses durch Verwendung von Wissensdatenbanken, Expertenrat oder netzwerkbasierten Diskussionsrunden

Vorteile:

- Wissen wird schneller und effizienter an den Lernorten zur Verfügung gestellt.
- Selbst gesteuertes Lernen wird ermöglicht und der Anwender kann seinen Lernerfolg selbst kontrollieren. Die Menge des Stoffes, die dafür aufzuwendende Zeit und die Lerngeschwindigkeit kann er selbst bestimmen. Das Lernpensum kann überall und zu jeder Zeit bewältigt werden. Über Zielvereinbarungen lässt sich steuern, bis wann der Mitarbeiter das Lernprogramm absolviert haben soll.
- Internet-Technologie macht es möglich, jederzeit Zugriff auf Lernprogramme der unterschiedlichsten Art und auf die Lerninhalte beziehungsweise Wissensdatenbanken zu erhalten.
- Produktschulungen oder Qualifizierungen in neuen Technologien oder IT-Anwendungen können auch in kleineren Betrieben nach gleichen Qualitätsstandards und innerhalb kürzester Zeit erfolgen. Die unterschiedlichen Sprachen stellen dabei kein großes Hindernis dar.
- Große Entfernungen zwischen Lehrendem und Lernendem können zurückgelegt und Expertenmeinungen direkt eingeholt werden. Netzwerkbasierte Lernsysteme ermöglichen auch die Bildung von Diskussionsforen.

Die Tür zur Zukunft ist durch die neuen Technologien aufgestoßen. Wir brauchen nur den Mut, auch einzutreten. Und weil wir dabei Wegweiser, Mutmacher und Vorbild sein möchten, stellen wir Checklisten und Formulare dieses Buches zum Download ins Internet. Ebenso haben wir dort für Sie eine Diskussionsplattform zu allen Fragen der Personalentwicklung geschaffen. Wir haben den ersten Schritt getan, folgen Sie uns. Lassen Sie uns gemeinsam lernen und Erfahrungen sammeln.

3

PREGO-Methode

Wir werden seit über zehn Jahren mit unterschiedlichen Aufgabenstellungen in der Nachwuchs- und Potenzialförderung sowie der Auswahl von Bewerbern mittels Assessment-Centern beauftragt. So lernten wir Stärken und Wirksamkeit der einzelnen Personalentwicklungsinstrumente, aber auch deren Schwachstellen kennen.

Assessment-Center, insbesondere wenn sie mehrtägig, gut strukturiert und auf die jeweiligen Zielgruppen zugeschnitten sind, schaffen eine relativ sichere Entscheidungsgrundlage für die Bewerberauswahl. Sie liefern fundierte Informationen über die Bewerber, deren Stärken, besondere Fähigkeiten, Persönlichkeitsstrukturen, aber auch Schwächen und Qualifizierungsdefizite. Dieses Auswahlverfahren wird von den meisten externen Bewerbern akzeptiert.

Geht es aber um die interne Bewerberauswahl oder die Definition von High Potentials und Nachwuchskräften aus den eigenen Reihen, sieht das oft ganz anders aus. Assessment-Center stoßen dann bei vielen Teilnehmern auf Widerstände bis hin zur Verweigerung. Sie werden häufig als Nicht-Wertschätzung der bisherigen Leistung betrachtet. Uns wurde sehr oft die Frage gestellt: »Warum weiß man nicht durch die anderen Personalentwicklungsinstrumente, wie Beurteilungen, Mitarbeitergespräche oder den Erwerb von Zusatzqualifikationen, was wir leisten können, welche Qualifikationen wir besitzen und wo unsere Stärken und Schwächen liegen?«

Den internen Beobachtern wird gerne mangelnde Beobachtererfahrung unterstellt, was auch in einigen Fällen zutrifft, oder dass sie ihre bereits vorgefertigten Menschenbilder ins Assessment-Center mitbringen. Die größten Ängste und Befürchtungen bestehen bei den eigenen Mitarbeitern und Führungskräften darin, ihr Gesicht zu verlieren, wenn sie durch das Raster des Assessment-Centers fallen.

Solche Probleme treten bei den klassischen Förder-, Entwicklungs- und Traineeprogrammen eher weniger auf. Die Teilnehmer erfahren vielmehr Hilfestellung bei ihrer Persönlichkeits- und Laufbahnentwicklung. Je nach Zielsetzung werden das Sozialverhalten und die methodischen Fähigkeiten verbessert. Stärken, Schwächen und Persönlichkeitspräferenzen werden zwar mehr oder weniger erkennbar, haben aber keine hinreichend fundierte Erkenntnisbasis, um eine Begutachtung oder ein Eignungsprofil zu erstellen. Oft führt diese Programme nur ein Trainer durch, was die Möglichkeit, die Verhaltensweisen zu beobachten, stark einschränkt.

Aufgrund dieser Erfahrungen haben wir mit Einverständnis unserer Auftraggeber experimentell begonnen, bei der Nachwuchsförderung, der Potenzialerkennung und bei Traineeprogrammen Verfahren und Methoden zu entwickeln, welche die Vorteile von Assessment-Centern sowie Förder- und Führungskräfte-Entwicklungsprogrammen vereinen und deren Nachteile vermeiden. So wurden Nutzen und Synergieeffekte für die betroffenen Mitarbeiter und deren Arbeitgeber geschaffen.

Das Ergebnis unserer Arbeit ist die PREGO-Methode, die wir seit 2001 mit unterschiedlichen Zielsetzungen branchenunabhängig durchführen. Sie ist ein Instrument der ganzheitlichen Personalentwicklung. Als Basis für eine gezielte Laufbahn- und Karriereplanung dient sie im Wesentlichen dazu, die Potenziale der Mitarbeiter zu erkennen, zu fördern und diese letztlich an den Arbeitgeber zu binden.

Durch eine genaue und aussagefähige Potenzialanalyse und eine anschließende planvolle Unterstützung der Mitarbeiter wird das Risiko einer Fehlbesetzung qualifizierter Stellen reduziert. Mit der PREGO-Methode können neu eingestellte Mitarbeiter, Fachspezialisten oder Führungsnachwuchskräfte in ihrer weiteren Entwicklung gefördert und gesteuert, aber auch interne Potenzialkandidaten entdeckt und aufgebaut werden. Sie ist ein sehr wirksames Instrument der Potenzialanalyse – auch bei bereits langjährig beschäftigten Mitarbeitern – und liefert die Voraussetzung, dass bislang ungenutzte Fähigkeiten, Eignungen und Stärken erkannt und in der weiteren beruflichen Laufbahn entfaltet werden.

Durch die immer stärker voranschreitende und intensiver werdende Gruppendynamik entsteht ein Teamgeist, der die spätere Führung und Zusammenarbeit im Unternehmen nachhaltig verbessert. Die sozialen Kompetenzen der Teilnehmer werden ausgebaut und es entstehen tragfähige Netzwerkstrukturen, die sich positiv auf das Betriebsklima auswirken. Der Mitarbeiter erhält die Chance, sich im beruflichen und persönlichen Bereich weiterzuentwickeln. Er erfährt mehr über seine Persönlichkeit, Kompetenzen und Qualitäten. Stärken, Schwächen und verborgene Potenziale werden aufgedeckt und er erhält Hilfestellung beim Ausbau der Stärken und Abbau der Schwächen.

Die Theorieinputs konzentrieren sich schwerpunktmäßig auf das Verständnis und die Möglichkeiten, seine eigene Persönlichkeit zu verändern, die eigenen Stärken auszubauen, die Schwächen zu akzeptieren oder zu reduzieren. Um dies zu realisieren, ist ein gewisses Hintergrundwissen notwendig, denn nur über Erkenntnis und Einsicht können nachhaltige persönliche Veränderungsprozesse ausgelöst werden. Der Theorieinput befähigt die Teilnehmer, ein besseres Selbstmanagement zu entwickeln und eine akzeptable Balance zwischen Berufs- und Privatleben zu finden.

In gemeinsamer Diskussion wird geklärt, wie Werte, Einstellungen und persönliche Wahrnehmung unsere Verhaltensweisen und die anderer beeinflussen. Ein besseres Verständnis unserer Verhaltensweisen und das unseres sozialen Umfelds wird geschaffen. Mit kleinen Übungssequenzen werden die Erkenntnis und das Verständnis für die eigene Persönlichkeit und die daraus resultierenden Verhaltensweisen gestärkt. Die Teilnehmer erhalten auch Anregungen, wie sie mit persönlichen und beruflichen Veränderungen besser umgehen können.

Die zu behandelnden Theoriebausteine werden mit den Auftraggebern abgestimmt und lassen sich insbesondere bei vier- bis fünftägigen Förderprogrammen auch noch mit anderen Themenbereichen wie Kommunikation, Konfliktmanagement, Methodenkompetenz, Führung und Motivation anreichern, was die Themen Persönlichkeitsentwicklung und Selbstmanagement sinnvoll ergänzt.

Die gruppendynamischen Übungen offenbaren insbesondere im Bereich der Sozialkompetenzen die besonderen Fähigkeiten und Stärken, aber auch Schwächen der Teilnehmer. Die sozialen Kontakte untereinander werden ausgebaut und das Lösen immer schwerer werdender Übungen vermittelt Erfolgserlebnisse, die das Selbstvertrauen und die Eigenmotivation stärken. Diese Erfahrungen werden nochmals im Coaching-Gespräch reflektiert, analysiert und daraus Hilfestellungen für die berufliche Anwendung abgeleitet.

Die PREGO-Methode besteht aus einem abwechslungsreichen Methodenmix aus Testverfahren, Theorieinput, gruppendynamischen Indoor- und Outdoor-Übungen, Feedback-Austausch und dem Coaching-Gespräch. So gewinnt der Ablauf an Dynamik, es kommt keine Langeweile auf und die Teilnehmer werden aktiv in das gesamte Geschehen eingebunden. Der Schwierigkeitsgrad der Tests und der gruppendynamischen Übungen orientiert sich am Qualifizierungsniveau der Teilnehmer und an den erzielten Lernerfolgen.

Die Methode ist für unterschiedliche Zielgruppen branchenunabhängig in Konzernen, mittelständischen Betrieben und im öffentlichen Dienst einsetzbar. Sie hilft, Potenzialkandidaten in Unternehmen zu erkennen und zu fördern.

Die PREGO-Methode verkörpert:

- **P**ersönlichkeitsentwicklung: Fähigkeiten und Interessen der Mitarbeiter gezielt einsetzen und fördern.
- **R**essourcen-Recruiting: Mitarbeiterpotenziale erkennen, ausbauen und stärken.
- **E**rfolgsstrategien: Karriereplanung zum Nutzen des Unternehmens mit den Mitarbeiterpotenzialen in Einklang bringen.
- **G**anzheitlichkeit: unternehmerisches Denken und soziale Kompetenz verbinden.
- **O**utdoor: Mitarbeiter wachsen im Team über die eigenen Grenzen hinaus und erzielen gemeinsam Erfolge.

Sie wird als drei- bis fünftägiges Förderprogramm in Gruppen von maximal zehn Teilnehmern außerhalb des Unternehmens durchgeführt. Um ein realitätsnahes Ergebnis zu erhalten, ist es wichtig, dass die Mitarbeiter sich in einem neutralen Umfeld befinden und von mindestens zwei fachkompetenten Trainern begleitet werden.

3.1 Grundelemente

Die PREGO-Methode wurde aus der Praxis für die Praxis entwickelt. Die nachstehend beschriebenen Grundelemente (siehe Abbildung 25) sind unverzichtbar, um den Erfolg sicherzustellen. Bestimmte Elemente werden in jeweils modifizierter Form aufgrund der Zielsetzungen der Auftraggeber, der definierten Zielgruppe und der Dauer (drei bis fünf Tage) durchgeführt. Auf diese Weise verzichten wir auf keinen Erfolgsfaktor, gewährleisten aber Flexibilität bei der Konzeptgestaltung.

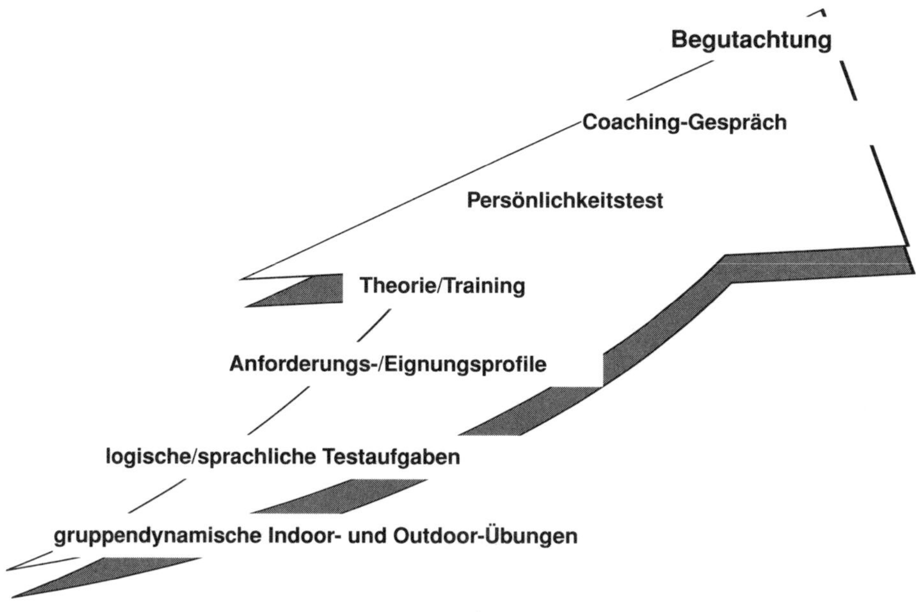

Abbildung 25: Die Grundelemente der PREGO-Methode

3.1.1 Persönlichkeitstest und andere Testverfahren

Der PREGO-Persönlichkeitstest wurde speziell für die Potenzialerkennung im Rahmen von Förder- und Entwicklungsmaßnahmen und Personalauswahlverfahren entwickelt. Er ist wissenschaftlich fundiert und ausreichend validiert. Der Test ist speziell auf die Anforderungen und Zielsetzungen der PREGO-Methode abgestimmt und ermöglicht, die individuellen Stärken von Mitarbeitern, Führungskräften und Potenzialkandidaten zu analysieren, die Kernaussagen zum Persönlichkeitstyp liefern.

Grundsätzlich hat jeder Persönlichkeitstyp des Tests seine Stärken. Das ist der Grund, warum der Persönlichkeitstest sehr viel Akzeptanz seitens der Teilnehmer im Förderprogramm erhält. Schließlich weiß man, dass man nur dann gut zusammenarbeiten kann, wenn unterschiedliche Persönlichkeitstypen an der Aufgabe beteiligt sind. Beispielsweise sorgt der eine eher für die Vollständigkeit der Aufgabenerledigung und der andere für eine zeitlich angemessene Abgabe des Ergebnisses; der eine Typ ist zuständig für den kreativen Part, indem er nach unterschiedlichen Lösungsalternativen sucht, der andere fühlt sich in der Bearbeitung der gegenwärtigen Problemstellungen stark. Hier ein Überblick über die Persönlichkeitspräferenzen der unterschiedlichen Typen:

- **Praktisches Denken:** Praktiker besitzen eine gewisse Gegenwartsorientierung. Sie können Dinge gut schrittweise angehen und haben die Fähigkeit, diese bis zum Ende fertig zu stellen – insbesondere, wenn sie den Nutzen vor Augen haben. Sie setzen gerne ihre Erfahrung bei Problemlösungen ein und empfinden daher auch Routinetätigkeiten und Wiederholungen nicht als unerträglich. Ihre Ideen in vorgegebenen Aufgaben haben stets einen gewissen Praxisbezug.
- **Visionäres Denken:** Visionäre denken häufig an die Zukunft und künftige Entwicklungen. Sie brauchen Aufgaben, in denen sie kreativ planend tätig sein können, da sie eine ganzheitliche Betrachtungsweise in ihren Konzepten erkennen lassen. Ihre Ideen sind oft auch spekulativ und sehr abstrakt. Durch ihren Ideenreichtum wirken sie häufig begeisternd auf andere. Die Praktikabilität der Ideen wächst mit der Entwicklung einer gewissen Urteilsfähigkeit.
- **Aktives Handeln nach außen:** Diese Kategorie ist gekennzeichnet von einer hohen Kontaktfreudigkeit der Person und ihrer steten Präsenz auch bei einem ihr unbekannten Umfeld. Die Offenheit für andere ist dabei ein wichtiger Erfolgsfaktor, um schnell Kontakte zu schließen und auch auf ruhigere Menschen zugehen zu können. Hat jemand hier eine hohe Ausprägung, bezieht er seine Energie aus den Kontakten mit anderen. Bei einer zu starken Ausprägung kann dies auch oberflächlich wirken.
- **Intensität nach innen:** Diese Personen wirken auf andere ruhig und nachdenklich. Sie können zuhören und bevorzugen längerfristige und intensivere Kontakte. Ihre Energie ziehen sie aus inneren Ressourcen. Sie strahlen Ruhe aus und können auf andere verschlossen wirken.

- **Strukturiertes Handeln:** Dazu gehört, Dinge planvoll anzugehen und Entscheidungen daran auszurichten. Das Endergebnis steht immer im Vordergrund und die Arbeit wird dahingehend zwischendurch kontrolliert. Klare Abläufe werden bevorzugt. Personen mit hoher Ausprägung in dieser Kategorie sind entschlussfreudig. Sie neigen jedoch auch dazu, vorschnell zu handeln und Entscheidungen zu treffen, ohne vorher notwendige Informationen in ausreichendem Maße eingeholt zu haben.
- **Flexibles Handeln:** Flexible Personen sind sehr offen für Neues. Bevor eine Entscheidung getroffen wird, werden vorab alle Informationen dazu gesichtet. Der Weg, um zu einem Ergebnis zu kommen, ist genauso wichtig wie das Ergebnis selbst. Spontaneität ist hier charakteristisch. Für diesen Personenkreis ist Veränderung und Vielfalt wichtig. Sie tendieren dazu, Vorgänge und Situationen zu beobachten, bevor sie sich endgültig auf eine Vorgehensweise festlegen. Dies mag den Nachteil haben, dass zum Beispiel die für ein Arbeitsergebnis notwendigen Beschlüsse zu spät erfolgen.
- **Soziale Sensibilität:** Personen mit hoher sozialer Sensibilität neigen dazu, mit dem Herzen zu entscheiden. Sie stellen in der Regel persönliche Belange anderer vor die Notwendigkeit, auf der eigenen Meinung und einer einmal getroffenen Entscheidung zu beharren. Unter Umständen kann das dazu führen, dass gemäß den üblich akzeptierten sozialen Normen entschieden wird und unbequemere Wege vermieden werden. Eigene Werte stehen im Vordergrund bei ihren Überlegungen und sind Leitgedanke und Motivation, die Dinge optimistisch anzugehen.
- **Objektivität:** Hat eine Person hier eine hohe Ausprägung, so kann sie sehr analytisch an Dinge herangehen, ohne zunächst personenbezogene Notwendigkeiten zu berücksichtigen. In einmal getroffenen Entscheidungen kann die Person fest bleiben und gegebenenfalls auch Kritik einstecken. Prinzipien und Gesetzmäßigkeiten stehen über eigenen Werten, insbesondere wenn es um Sachentscheidungen geht. Die Fähigkeit, sich eine Sache hinsichtlich der Aufgabenerledigung einzuteilen und diese dann trotz möglicher Widrigkeiten durchzusetzen, ist damit charakteristisch für diesen Personenkreis.

Der PREGO-Persönlichkeitstest lässt eine sehr starke Differenzierung zwischen Persönlichkeitstypen zu. Das bedeutet, dass er die Menschen nicht in festgelegte Kategorien eingruppiert, sondern Spielraum lässt in der Stärke der Ausprägung – in die eine oder andere Richtung.

Da jeder Mensch individuelle Persönlichkeitsmerkmale besitzt, wird durch diesen Spielraum die Vielfalt an Eigenschaften und Einstellungen, bezogen auf eine ausgewählte Anzahl an Kategorien, deutlich. Damit können wir auch eine Aussage darüber treffen, wie stark eine Person darin verhaftet ist, in bestimmter Art und Weise mit Dingen umzugehen, oder wie flexibel sie ist, sich auch mal anders zu verhalten. Je stärker eine Person sich immer nach dem gleichen Muster verhält, desto sicherer ist sie in ihrer Eigenschaft und desto größer ist ihre Stärke auf diesem Gebiet; entsprechend aber auch häufig ihre Schwäche in der gegensätzlichen Eigenschaft.

Wenn eine Person nur Ausprägungen in der einen, nicht aber in der anderen Richtung hat, so sollte sie darauf achten, mit den Personen zusammenzuarbeiten, die ihre Stärke dort haben, wo sie selbst eher schwach ist. In einigen Fällen macht es auch Sinn, sich in seinem Verhalten zu verändern. Das ist insbesondere dort notwendig, wo die Einstellung oder Eigenschaft nicht zu der momentanen Tätigkeit passt. Fehlt einer Führungskraft zum Beispiel soziale Sensibilität, kann sie ihre Führungsrolle nicht optimal mitarbeiterbezogen ausfüllen. Als dritte Möglichkeit kann man Aufgaben suchen, wo vorhandene Stärken besser eingebracht werden können, was eine höhere Arbeitsleistung und -zufriedenheit bewirkt. Das ist dann nicht selten mit dem Wechsel des Arbeitsplatzes verbunden.

Der PREGO-Persönlichkeitstest liefert Erkenntnisse, welche Aufgabenstellungen zu wem passen. Kann der Mitarbeiter in seiner Tätigkeit seine besonderen Fähigkeiten und Stärken nicht voll entfalten, hat auch er die Möglichkeit, aktiv zu werden, um für sich eine berufliche Veränderung herbeizuführen.

Der Persönlichkeitstest ist so aufgebaut, dass die Teilnehmer anhand von 50 Fragen Entscheidungen treffen müssen, wie sie sich in der beschriebenen Situation verhalten würden. Es gibt keine richtigen oder falschen Antworten. Von der Häufigkeit, mit der sich eine Person in bestimmten Situationen in gleicher Weise verhalten würde, wird letztendlich auf deren Eigenschaften geschlossen.

Die Entscheidungen in den einzelnen Situationen sind nicht immer eindeutig zu treffen. Das ist insbesondere in den Kategorien der Fall, wo keine starke Ausprägung in die eine oder andere Richtung, sondern eher eine Tendenz zur Mitte zu erwarten ist.

Die 50 Fragen lassen sich bei der Auswertung in die acht Persönlichkeitspräferenzen zusammenfassen. In der Regel hat jede Person Anteile von allen, nur eben in unterschiedlicher Stärke. Die Rückmeldung darüber erfolgt schließlich in einem persönlichen Gespräch – dem Coaching-Gespräch –, in dem gemeinsam mit dem Teilnehmer nochmals besprochen wird, wo er selbst Handlungs- oder Veränderungsbedarf für sich sieht.

Im Rahmen dieses Förderprogramms können auch **logisch-analytische Testverfahren** oder **Tests zu sprachlichen Fähigkeiten** integriert sein. Sie können auftragsspezifisch zugeschaltet werden und ergänzen dann die Erkenntnisse des Persönlichkeitstests. Die Tests zum logisch-analytischen Denken ermöglichen es, Rückschlüsse auf den Umgang mit Problemstellungen und Aufgabenstellungen im betrieblichen Umfeld zu ziehen. Im Bereich des räumlichen Vorstellungsvermögens, des Abstraktionsvermögens und der logischen Kombinationsfähigkeit kann beispielsweise auf eine planende, visuelle Vorstellungskraft geschlossen werden, die in einigen Aufgabengebieten wie der Produktionsplanung, der Qualitätssicherung oder der Entwicklung eine große Rolle spielen.

Die Beschäftigung mit logischen Anordnungen unter Einbeziehung bestimmter Regeln stellt eine weitere Herausforderung dar. Ein gutes mathematisches Verständnis lässt auf einen guten Umgang mit Zahlen und Zahlenkombinationen schließen. Eine kombinierte Aufgabe aus bildlicher Vorstellungskraft und mathematischem Verständnis kann auf eine gute Kombinationsfähigkeit von visuellen und mathematischen Aspekten hindeuten. Das ist beispielsweise im Controlling oder in der Rechnungsprüfung relevant.

Eine Aufgabe, die eine Kombination logischer Schlussfolgerungen und verbaler Fähigkeiten beinhaltet, kann vorausschauendes Denken und die Fähigkeit, Dinge ganzheitlich betrachten zu können, hervorheben. Es ist dann darauf zu schließen, dass diese Personen gute argumentative Fähigkeiten besitzen. Sie werden beispielsweise für konzeptionelle Tätigkeiten oder Führungsfunktionen gebraucht.

Die Ergebnisse solcher Aufgaben können auch auf die bisher gezeigten schulischen Leistungen und die bisherige Ausbildung bezogen werden. Vielfach konnten zum Beispiel auch Personen ohne höheren Schulabschluss ihre Stärken entdecken und ihre Intelligenz und ihre Fähigkeit zum logischen Denken in einigen Aufgabenbereichen unter Beweis stellen. Das wäre ohne die PREGO-Methode nie so offenkundig geworden.

Tests zur Analyse sprachlicher Fähigkeiten lassen sich ebenfalls in PREGO integrieren, genauso wie alle Aufgabenstellungen, die sinnvoll erscheinen, um betriebliche Anforderungen im Förderprogramm abzubilden. Sollen die Mitarbeiter beispielsweise in ihrer täglichen Arbeit Unfallberichte verfassen und wäre dieses Können Voraussetzung für eine Entwicklung in eine weitergehende Funktion, so kann ein solches Element ebenfalls Bestandteil des Förderprogramms sein. Das Gleiche gilt für praxisbezogene Fallstudien aus dem Unternehmenskontext in Abstimmung mit dem Auftraggeber.

3.1.2 Coaching-Gespräch

Da die PREGO-Methode eher einen Förder- und Entwicklungs- als einen Auswahlcharakter besitzt, kommt dem Coaching-Gespräch eine wichtige Bedeutung zu. Es wird erst ab der zweiten Hälfte von einem der beiden externen Trainer geführt und dauert situationsbezogen zwischen einer halben und einer Stunde. Bevor die ersten Gespräche geführt werden, sind die Ergebnisse des Persönlichkeitstests ausgewertet und ausreichend Beobachtungen über die Verhaltens- und Reaktionsweisen der Teilnehmer gesammelt.

Die Ergebnisse werden mit jedem einzelnen Teilnehmer besprochen, die Stärken und Schwächen in den persönlichen Präferenzen erläutert und das Selbstbild mit dem Fremdbild abgeglichen sowie eventuelle Abweichungen analysiert. Da diese Gespräche auf einer absoluten Vertrauensbasis geführt werden, besteht die Möglichkeit, ganz persönliche Dinge anzusprechen oder Fragen der Work-Life-Balance zu klären.

Besonders intensiv wird darüber diskutiert, wie die erkannten Stärken und besonderen Fähigkeiten noch gefördert und in der weiteren beruflichen Laufbahn richtig eingesetzt werden können. Außerdem werden Fördermöglichkeiten zum Abbau erkannter Schwächen im persönlichkeitsbildenden Bereich, in den Sozialkompetenzen, im methodischen oder fachlichen Bereich besprochen.

Jeder Teilnehmer erhält eine grobe Orientierung, welche Erkenntnisse in das zu erstellende Gutachten einfließen. Es gilt auch hier das Prinzip Offenheit und Ehrlichkeit. Nur so kann während des Förderprogramms ein Klima des Vertrauens geschaffen werden.

3.1.3 Eignungsprofil

Für jeden Teilnehmer wird aufgrund der Ergebnisse ein Eignungsprofil erstellt. Dafür werden zunächst die Anforderungskriterien abgestimmt. Die betrieblichen Zielsetzungen müssen mit den Beobachtungs- und Analysemöglichkeiten der PREGO-Methode in Einklang gebracht werden. Wichtig ist, dass im Förderprogramm die Aufgaben so gewählt sind, dass das Anforderungsprofil des Auftraggebers weitgehend abgedeckt wird. Gibt es bereits Anforderungsprofile für die jeweiligen Zielgruppen, lassen sich diese auch für das zu erstellende Eignungsprofil verwenden. In Einzelfällen müssen bestimmte Kriterien jedoch an die Möglichkeiten des Förderprogramms angepasst werden, damit ein sicherer Abgleich zwischen Anforderungs- und Eignungsprofil möglich ist.

Eignungsprofil für Mitarbeiter des ...., die am Förderprogramm nach der PREGO-Methode vom xx. bis xx. Oktober 2004 teilgenommen haben

Frau ________________

Erläuterungen zur Skala:

①	②	③	④
kaum vorhanden	teilweise vorhanden	ausreichend vorhanden	sehr deutlich ausgeprägt

1. Selbstständigkeit	~~①~~	②	③	④
2. Kreativität	①	~~②~~	③	④
3. Flexibilität	~~①~~	②	③	④
4. Belastbarkeit/Konzentration	①	②	~~③~~	④
5. Einsatzbereitschaft	①	~~②~~	③	④
6. Organisation der eigenen Arbeit	①	~~②~~	③	④
7. Kommunikation und Kollegialität	①	②	~~③~~	④
8. Lernfähigkeit	①	~~②~~	③	④
9. Verhandlungsgeschick	~~①~~	②	③	④
10. Kontaktfähigkeit	①	~~②~~	③	④
11. Führungsfähigkeiten	~~①~~	②	③	④

Abbildung 26: Eignungsprofil für Mitarbeiter

Das erstellte Eignungsprofil ist Bestandteil des Gutachtens (siehe nächstes Kapitel). Die Besonderheiten, Stärken oder erkannten Defizite werden erläutert und aufgrund der Testergebnisse sowie eigenen Beobachtungen begründet. Daraus ergeben sich gleichzeitig Hinweise und Empfehlungen für den zu deckenden Qualifizierungsbedarf und die weitere Personaleinsatz- oder Karriereplanung. In Abbildung 26 finden Sie ein Praxisbeispiel für ein Eignungsprofil eines Teilnehmers.

Wir nehmen im Gutachten immer Bezug auf die Ausprägungen im Eignungsprofil. Das ist wichtig, damit deutlich wird, weshalb und aus welchen Beobachtungen heraus diese Bewertungen zustande kommen. Häufig ist es auch eine Summe aus verschiedenen Beobachtungen, die gerade auf die Eignung für bestimmte Stellen oder Positionen schließen lassen. Wird dies mit dem Teilnehmer im Coaching-Gespräch eingehend besprochen, kann er selbst seinem Vorgesetzten gegenüber begründen, wie es zu der einen oder anderen starken Ausprägung kam, und Überlegungen zur Veränderung des eigenen Verhaltens mitteilen.

3.1.4 Begutachtung

Die Begutachtung ist mehr oder weniger das zusammenfassende und erläuternde Ergebnis der Teilnahme am Förderprogramm. Sie enthält eine detaillierte Analyse des Persönlichkeitstyps aufgrund der Testergebnisse des Persönlichkeitstests und der Beobachtungen bei den Einzel- und gruppendynamischen Aufgaben. Das Gutachten gliedert sich in sechs Bereiche:

1. Ausprägungen der Kategorien des Persönlichkeitstests

Die Ergebnisse drücken Tendenzen aus, in welcher Art und Weise eine Person in bestimmten Situationen handeln würde. Es sind Präferenzen zu erkennen, die auf bestimmte bevorzugte Verhaltensmuster schließen lassen. Die Abbildung 27 zeigt, welche Ausprägungen der Teilnehmer in welcher Kategorie besitzt.

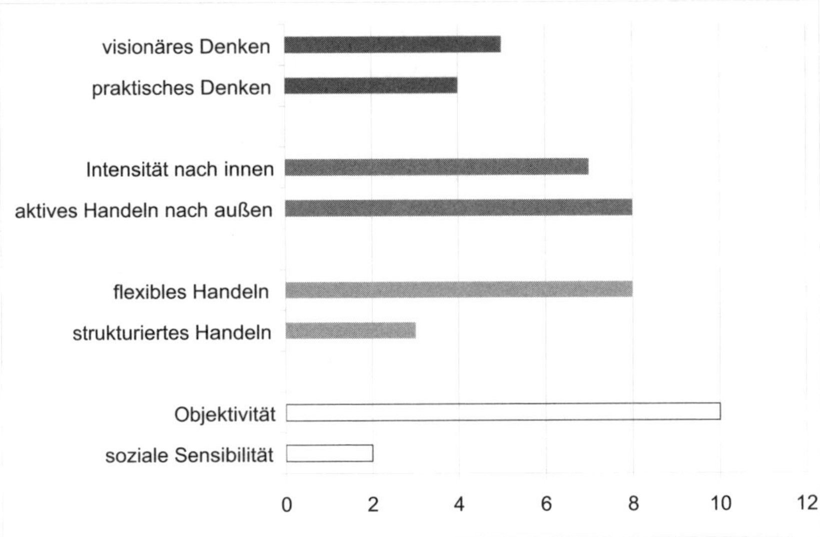

Abbildung 27: Ausprägungen der Kategorien des Persönlichkeitstests

2. Erkenntnisse aus den logisch-analytischen Testaufgaben (falls vom Auftraggeber gewünscht)

Hier werden nacheinander alle Aufgabentypen erläutert. Sie lassen auf besondere logische Fähigkeiten schließen. Zudem wird ein Verhältnis ermittelt, mit dem die Person die Aufgaben insgesamt richtig beantwortet hat. Die Wertung ist abhängig vom Ergebnis, von unter- bis überdurchschnittlich abgestuft, und wird schließlich ins Verhältnis zur (schulischen) Ausbildung gesetzt.

3. Erkenntnisse aus anderen definierten Testaufgaben, zum Beispiel sprachliche Fähigkeiten

Hier wird erläutert, wie der Teilnehmer andere vorgegebene Testaufgaben bewältigt hat und welche Fähigkeiten beziehungsweise Schwächen dabei sichtbar wurden.

4. Typische Beobachtungen und Verknüpfung mit den Erkenntnissen des PREGO-Persönlichkeitstests

Diese Erläuterungen beziehen sich auf allgemein beobachtbare Verhaltenseigenschaften und für die Person typische Verhaltensmuster – unabhängig vom Anforderungsprofil des Auftraggebers. Beispielsweise können hier Aussagen getroffen werden wie »besitzt eine optimistische Lebenseinstellung, ein gewinnendes Wesen, eine gute Kontaktfähigkeit, wurde im Team akzeptiert, hat Lösungen der Gruppe stets mit getragen, äußert für die Problemlösung brauchbare Ideen« et cetera.

Zusätzlich werden die wichtigsten Ergebnisse des Persönlichkeitstests erläutert und mit den im Förderprogramm typischen Beobachtungen in Verbindung gebracht. Es folgt auch eine Aussage darüber, in welchen Aufgabentypen die Person beruflich am erfolgreichsten ist und worin für sie die größte Herausforderung besteht.

5. Erkenntnisse aus dem Förderprogramm, abgeleitet aus dem Eignungsprofil des Auftraggebers

An dieser Stelle werden die besonders stark oder schwach ausgeprägten Kriterien des Eignungsprofils erläutert und gegebenenfalls begründet, wie es zu dieser Einschätzung kommt (siehe Abbildung 26).

6. Erkenntnisse aus dem Förderprogramm und Empfehlungen zur persönlichen und beruflichen Weiterentwicklung

Dieser Abschnitt ist besonders wichtig und für den Auftraggeber aussagekräftig, denn er enthält Hinweise zu persönlichen Veränderungsmöglichkeiten der Teilnehmer. Erläutert wird auch, auf welchem Weg der Förderkandidat dahin gelangen kann – sei es durch persönliche Hilfestellungen und Tipps oder durch Empfehlungen für die Anwendung von Persönlichkeitsentwicklungsinstrumenten.

Abschließend wird eine Empfehlung für seine beruflichen Einsatzmöglichkeiten ausgesprochen. Diese kann sich auf eine konkrete vakante Stelle beziehen. Alternativ werden Möglichkeiten für seinen kurz- oder mittelfristigen Personaleinsatz aufgezeigt und mit Empfehlungen ergänzt, welche Personalentwicklungsmaßnahmen zusätzlich umgesetzt werden sollten.

Das Gutachten mit seiner detaillierten Potenzial- und Persönlichkeitsanalyse dient einerseits als Entscheidungshilfe für die weitere Förderung, Entwicklung sowie Einsatz- beziehungsweise Laufbahnplanung oder als Instrument zur internen Bewerberauswahl. Hier vereinen sich wieder die Vorteile des Assessment-Centers und eines klassischen Förderprogramms – ohne deren jeweilige Nachteile in Kauf nehmen zu müssen.

Aufgrund unserer Erfahrungen können durch die Konzeptgestaltung und das Zusammenwirken der einzelnen Elemente der PREGO-Methode sowie die bei den Teilnehmern ausgelöste Gruppendynamik und positive

Grundstimmung, die weitgehend frei ist von Ängsten und Befürchtungen, die sozialen Kompetenzen der Teilnehmer besser sichtbar gemacht werden. Das Gutachten wird damit auf eine noch sicherere Basis gestellt.

Insbesondere die sich in ihrer Schwierigkeit steigernden gruppendynamischen Übungen mit ihren anschließenden Feedback-Runden lassen die Grenzbereiche jedes Teilnehmers sowie dessen Lernfähigkeit und -bereitschaft erkennen. Diese Beobachtungen werden ebenfalls im Gutachten dargestellt und erläutert.

3.1.5 Training

Die Trainingssequenzen bestehen aus Theorie-Input sowie aus Einzel- und gruppendynamischen Übungen. In der sinnvollen Kombination zwischen Theorie und praktischen Übungen, die sich an Realsituationen im Berufsalltag der Förderkandidaten orientieren, werden Hilfen und Möglichkeiten aufgezeigt, die eigene Persönlichkeit, innere Einstellung und das soziale Verhalten zu verändern und zu verbessern.

Der Theorie-Input konzentriert sich auf die Persönlichkeitsentwicklung und das Selbstmanagement. Es wird herausgearbeitet, welche Einflussfaktoren die Persönlichkeit des Menschen bestimmen und welchen Einfluss die genetischen Anlagen und der Prozess der Sozialisation dabei haben. Ohne den Boden unter den Füßen zu verlieren, wird besprochen und erarbeitet, wie die Persönlichkeit und das Sozialverhalten durch eigene realistische Zielsetzungen und Handlungsweisen verändert und verbessert werden können. Der Prozess der Persönlichkeitsentwicklung wird in seinen wichtigsten Phasen dargestellt.

Kurzpräsentationen der Teilnehmer mit abschließendem Feedback werden beispielsweise genutzt, um Selbstsicherheit zu gewinnen, Lernerfahrungen zu sammeln und selbst zu erfahren, wie sich in relativ kurzer Zeit Verhaltensweisen und Fähigkeiten verbessern lassen. Gruppendynamische Übungen verstärken den Prozess des sozialen Lernens. Die Förder- und Potenzialkandidaten lernen, in kritischen Situationen Ressourcen zu mobilisieren.

In der Auseinandersetzung mit dem Thema Selbstmanagement erkennen die Teilnehmer, wie wichtig es ist, ihr berufliches und privates Leben aktiv selbst zu gestalten, und wie die Balance zwischen Beruf, Freizeit, Gesundheit und Sinngebung des Lebens hergestellt werden kann. Dadurch werden bisherige Lebenseinstellungen und Handlungsweisen kritisch reflektiert und Anstöße für neue Weichenstellungen in Berufs- und Privatleben gegeben.

Durch diese Lern- und Trainingsphasen erkennen die Teilnehmer den Nutzen, den sie persönlich aus der Fördermaßnahme ziehen können. Hier wird eine idealtypische Synthese zwischen dem Nutzen für den Arbeitgeber und dem Nutzen für die Teilnehmer erzielt. Sie lernen jetzt, bislang noch nicht so bewusste Prozesse in der eigenen Entwicklung zu verstehen. Und sie erkennen ihre eigenen Handlungsmöglichkeiten zum Verändern der Persönlichkeit, der eigenen Werte, inneren Einstellung und des Verhaltens. Sie erleben bei bestimmten Übungen, ihre Grenzen zu überschreiten. Das sind erstaunliche Momente, in denen das Selbstvertrauen, das Engagement und die Eigenmotivation steigen.

Durch die Trainingsabschnitte erfahren die Teilnehmer nicht nur mehr über ihre Persönlichkeit und ihre Möglichkeiten, diese zu verändern und in ihrer Entwicklung zu dynamisieren, sie gewinnen auch mehr Verständnis und Toleranz gegenüber den Verhaltensweisen anderer Menschen. Das stärkt die Zusammenarbeit und leistet einen wichtigen Beitrag zum Aufbau einer Vertrauenskultur. Auch wenn bei manchen Teilnehmern die Stärken und Fähigkeiten nicht so sehr ausgeprägt sind und sie sich ihrer eigenen Schwächen und Defizite bewusst werden; sie werden damit nicht alleine gelassen, sie erfahren Hilfen und Fördermöglichkeiten und ihr Selbstwertgefühl wird nicht verletzt.

Wir wissen, dass jeder Mensch Stärken und Schwächen hat, und jeder sollte seine Stärken ausbauen können. Die Schwächen kann er entweder akzeptieren oder er erfährt Möglichkeiten der Veränderung. Manchmal kommt es vor, dass für eine Person eine berufliche Laufbahn oder eine Karriere mehr Nachteile und Probleme mit sich bringt als Vorteile. Im Coaching-Gespräch wird gemeinsam über mögliche Alternativen gesprochen. Die Personen erkennen, dass die Wertigkeit eines Menschen nicht funktionsabhängig ist. Die hier anknüpfenden Gespräche nach Abschluss der PREGO-Methode müssen dann mit derselben Sensibilität weitergeführt oder vertieft werden.

3.1.6 Gruppendynamische Indoor- und Outdoor-Übungen

Die gruppendynamischen Übungen der PREGO-Methode sind ein sehr stark belebendes und motivierendes Element. Aus pädagogischer Sicht werden dabei die Sozialkompetenzen der Teilnehmer transparent und können über den gegenseitigen Feedback-Austausch noch verbessert werden. Manche Test- und Auswahlverfahren bieten zu wenig Möglichkeiten, vorhandene Sozial- und Problemlösekompetenzen fundiert festzustellen, geschweige denn sie in einem Auswahlverfahren weiterentwickeln zu können. Wir wissen, wie wichtig es heute ist, dass Führungskräfte oder

Projektleiter über gutes Sozial-, Kommunikations- und Führungsverhalten verfügen. Wir wissen aber auch, dass in in vielen Unternehmen und im öffentlichen Dienst diese Fähigkeiten und Eigenschaften bei Karriereplanungen und Stellenbesetzungen vernachlässigt wurden. Die langfristig wirkenden Ergebnisse sind bekannt.

Die Qualifikationen der Zielgruppe und die speziellen Anforderungen des Auftraggebers bestimmen Art, Umfang und Schwierigkeitsgrad der gruppendynamischen Übungen. Bei der Auswahl greifen wir auf bekannte Übungen zurück oder entwickeln neue, die sicherstellen, dass die im Anforderungsprofil definierten Kriterien qualitativ beobachtet werden können. Der Schwierigkeitsgrad orientiert sich an der Gruppendynamik, den erreichten Lernerfolgen und den festgelegten Zielen.

Wir haben durch unser langjähriges experimentelles Entwickeln im Rahmen von Förderprogrammen, Führungskräfteentwicklungen und Assessment-Centern festgestellt, wie stark und nachhaltig Outdoor-Übungen auf die Teilnehmer wirken. Sie besitzen einen hohen Erlebnischarakter, fördern besonders stark das Team- und Sozialverhalten sowie die Bildung betrieblicher Netzwerkstrukturen. Wir sind immer wieder aufs Neue überrascht, wie lange diese Netzwerkstrukturen in einer Organisation intakt bleiben.

Obwohl es nicht das eigentliche Anliegen der PREGO-Methode ist, Führung und Zusammenarbeit zu verbessern, geschieht es doch immer wieder. Gerade wenn die Teilnehmer bei Outdoor-Übungen vor fast unlösbar scheinenden Aufgaben stehen, wird ein noch höherer Teamgeist und Leistungswille freigesetzt. Der gemeinsame Erfolg schweißt die Gruppe zusammen und motiviert sie, sich weiter zu engagieren. Das Team als Ganzes und die deutliche Mehrheit der Teilnehmer wachsen über ihre Grenzen hinaus. Ihr Selbstbewusstsein wird sehr deutlich gestärkt.

Es werden die besonderen Stärken, aber auch Schwächen erkennbar; beispielsweise wer von sich aus Führungs- und Moderatorenaufgaben übernimmt und in welcher Art und Weise diese ausgeübt werden. Problemlösekompetenz, Kommunikations- und Integrationsfähigkeit sowie die Belastungsfähigkeit der einzelnen Teilnehmer lassen sich kontinuierlich durch mehrere Übungen beobachten. Die Beobachter sehen, ob Lernhilfen oder Feedback angenommen und umgesetzt wurden.

Die Auswahl der Übungen geschieht auch unter dem Aspekt der besonderen Beobachtungsmöglichkeiten bestimmter im Eignungsprofil definierter Anforderungskriterien. Dadurch haben die Beobachter die Möglichkeit, ihren Fokus auf ganz bestimmte persönliche Eigenschaften und Fähigkeiten der Teilnehmer zu richten. Das erhöht die Qualität des Gutachtens.

3.2 Planung, Konzeption und Durchführung

Zur Sicherung des Erfolgs der PREGO-Methode müssen alle Elemente vorhanden sein. Es besteht jedoch immer die Möglichkeit, das Konzept an die besonderen Zielsetzungen des Auftraggebers anzupassen. Zum besseren Verständnis hier der erfolgreiche Prozessablauf zur Durchführung der PREGO-Methode:

- **Ist-Aufnahme vor Ort und Auftragsklärung:** In aller Regel genügt bei erstmaliger Durchführung für den Auftraggeber ein Tag, um das Anforderungsprofil zu bestimmen, die Zielgruppe zu definieren und die Qualifikation der Teilnehmer und ihren bisherigen Werdegang zu besprechen. Ferner ist zu klären, welche spezifischen Eigenschaften durch bestimmte Testverfahren begutachtet werden sollen, zum Beispiel logisch-analytisches Denkvermögen, Kombinationsfähigkeit, Kreativität oder sprachliches Vermögen. Die Anforderungen und Zielsetzungen des Auftraggebers bestimmen die Dauer: mindestens drei, maximal fünf Tage. Bei Veranstaltungen, die länger als drei Tage dauern, können zusätzliche Themen in Theorie und in der Praxissimulation behandelt werden. Diese Informationen und Absprachen bilden die Basis für die Konzeption der PREGO-Methode.
- **Planung und Konzeption:** Im zweiten Schritt werden die notwendigen Termine abgestimmt und eine Tagungsstätte gefunden, die sich für die Outdoor-Aktivitäten eignet. Danach folgen die konzeptionellen Arbeiten.
- **Durchführung:** Durchführung, Inhalt, Zielsetzung und Ablauf wurden bereits näher erläutert. Kapitel 6 enthält ein Praxisbeispiel.
- **Analyse und Besprechung der Gutachten:** Die erstellten Gutachten werden unter Wahrung der notwendigen Vertraulichkeit intern analysiert und anschließend mit dem Teilnehmer besprochen. In diesem Gespräch, das in den meisten Fällen den Charakter eines Förder- und Entwicklungsgesprächs hat, werden erste Orientierungspunkte für den weiteren personellen Einsatz, die Entwicklungsplanung und die weitere Förderung und Qualifizierung festgelegt. Im Bedarfsfall können diese Gespräche von einem der externen Trainer begleitet werden.
- **Konzeption und Durchführung weiterer Förder- und Entwicklungsmaßnahmen:** Es werden individuelle Förder- und Qualifizierungsmaßnahmen eingeleitet, gegebenenfalls Laufbahnplanungen konzipiert, zeitnah terminiert und umgesetzt. Ein Praxisbeispiel gibt es in Kapitel 6.

Wenn die Teilnehmer als Nachwuchs- oder Fördergruppe definiert sind und weiterqualifiziert werden sollen, bietet es sich an, ein länger dauerndes modular aufgebautes Personalentwicklungsprogramm durchzuführen – maximal auf zwei Jahre beschränkt.

3.3 Nutzen und Einsatzmöglichkeiten

Für mehr Anschaulichkeit stellen wir hier die Einsatzmöglichkeiten und den Nutzen nochmals komprimiert zusammen:

- Potenzialerkennung und -förderung von High Potentials, einzelnen Mitarbeitern oder bestimmten Zielgruppen,
- Förderung und Entwicklung von Führungskräften, Führungsnachwuchskräften, Fachspezialisten und High Potentials,
- interne und externe Bewerberauswahl.

Nutzen für Unternehmen/ öffentlichen Dienst	Nutzen für die Mitarbeiter
• Verminderung des Risikos von Stellenbesetzungen (qualifizierte Mitarbeiter und Führungskräfte) • Schaffung einer qualifizierten Plattform für die Ermittlung des individuellen und zielgruppenspezifischen Personalentwicklungsbedarfs • Grundlage für Karriere- und Laufbahnplanungen • stärkere Bindung von Führungskräften, High Potentials und qualifizierten Mitarbeitern • Abgleich der internen Anforderungsprofile mit den Eignungsprofilen der Teilnehmer • langfristige Verbesserung der Führung und Zusammenarbeit • Bildung interner Netzwerkstrukturen • optimalere Nutzung erkannter Potenziale, Stärken und besonderer Fähigkeiten der Mitarbeiter • Entwicklung der Sozialkompetenzen und Förderung des unternehmerischen Denkens und Handelns	• Erkennen der eigenen Stärken, Fähigkeiten, Potenziale und Schwächen • bessere Orientierung für die weitere berufliche Entwicklung • Schaffen von Möglichkeiten, bisher unbekannte Potenziale, Stärken und besondere Fähigkeiten auch einzusetzen und nutzbar zu machen • Wissen, welche Möglichkeiten jeder hat, seine Persönlichkeit zu verändern • Verständnis für Verhaltensweisen anderer • toleranter und verständnisvoller Umgang miteinander • Stärkung des Selbstbewusstseins durch Hinauswachsen über die eigenen Grenzen • Verbesserung des Team-, Kommunikationsverhaltens und der Problemlösekompetenz • Verringerung zwischenmenschlicher Konfliktsituationen

3.4 Evaluierung

Im Rahmen einer Master Thesis haben wir in Auftrag gegeben, die PREGO-Methode zu evaluieren. Der Titel der Diplomarbeit lautet *Situative Expertenbefragung – die PREGO-Methode im Quervergleich zu klassischen Instrumenten der Personalauswahl und -entwicklung,* Verfasserin ist Sabine Sladeczek. Die Aufgabenstellung war, die PREGO-Methode als integratives Verfahren verschiedener klassischer Personalentwicklungsinstrumente gegenüber diesen abzugrenzen.

In einer Befragung von Verantwortlichen der Personalentwicklung verschiedener Unternehmen sollten die Effektivität der Methode, ihre Wertigkeit im Rahmen von Trends in der Personalentwicklung und ihre Wirksamkeit bei veränderten Anforderungen und neuen Situationen ermittelt werden. Der folgende Text enthält Auszüge aus dieser Diplomarbeit.

PREGO-Methode im Vergleich

Ziel der situativen Expertenbefragung war es, die Methode den beschriebenen klassischen Instrumenten der Personalauswahl, -analyse und -entwicklung gegenüberzustellen. Der Fragebogen sollte allerdings nicht als Werbung für die Entwickler verstanden werden, deshalb wurden diesbezügliche Fragen indirekt und ohne Nennung des Titels der Methode gestaltet. Die Unternehmen erhielten mit dem Fragebogen eine Beschreibung der Methode und der verwendeten klassischen, kategorisierten Instrumente. Somit sollte eine Einschätzung seitens der Unternehmen möglich sein, ohne sie je selbst angewandt zu haben.

PREGO-Methode als zielorientierte Maßnahme

Fast 6 Prozent der befragten Unternehmen hatten die Methode bereits zur Personalentwicklung/-förderung angewendet und werteten die erzielten Ergebnisse als positiv. Beim Erörtern der Bereitschaft, ein solches zielorientiertes Verfahren anzuwenden, wurde wieder nicht direkt nach der PREGO-Methode gefragt. Sie wurde allgemein als Personalentwicklungsmethode beschrieben, die als Förder- und Entwicklungsmaßnahme verwendet werden kann. Sie vereint folgende Ziele: Identifizieren und Fördern von Potenzialkandidaten, Mitarbeiterbindung, Stärken von Motivation und Problemlösungskompetenzen in der Gruppe, Verbessern des Betriebsklimas. Die Mehrheit der befragten Unternehmen gab mit 81,5

Prozent an, dass sie eine solche Methode verwenden würden, 5,6 Prozent enthielten sich der Stimme.

Natürlich lösen umfassende Methoden Skepsis bei Unternehmen aus. Die Bedenken betreffen den zeitlichen, administrativen und finanziellen Aufwand. Die Vorbereitung nehme Zeit in Anspruch und Mitarbeiter müssten für mehrere Tage entbehrt werden. Die Relevanz dieser Befürchtungen muss mit dem Nutzen verglichen werden. Kosten für eine kompakte Veranstaltung übersteigen meist die Kosten beispielsweise eintägiger Schulungen. Addiert man jedoch die Einzelkosten verschiedener, nacheinander angewandter Instrumente, sind kompakte Veranstaltungen wesentlich günstiger, so Sabine Sladeczek.

Einschätzungen der befragten Unternehmen und Organisationen

Die PREGO-Methode wird von der Mehrheit der befragten Unternehmen als sinnvoll und effektiv gesehen. Grundsätzlich durchlaufe sie die wesentlichen »Stationen« einer internen Laufbahnförderung von High Potentials. Seminare und Schulungen allein seien zu theoretisch. Die Unternehmen beurteilen die Kombination verschiedener Instrumente mit durchdachtem Ziel als verständlich, kostengünstiger und zeiteffizienter.

Die Methode wird positiv gesehen, da die Erfolgsaussichten der angestrebten Maßnahme im Vergleich zu den klassischen Personalentwicklungsinstrumenten, bedingt durch den »Bündelungseffekt«, wesentlich höher seien. Somit könne sie helfen, die Koordination im Unternehmen zu verbessern und dadurch mehr Synergien zu nutzen. Trotzdem wird vorgeschlagen, dass nicht in jeder Situation und für jeden Fall immer das ganze Instrumentarium »aufgefahren« werden müsse. Häufig sei situationsangemessene Prozessbegleitung nachhaltiger.

Liegt nicht die eigentliche Kostenersparnis in der ständigen Verbesserung der Qualifikationen der Mitarbeiter? Unter dem Gesichtspunkt einer immer konsequenteren Steuerung von Personalkosten gewinnt auch der effizientere Einsatz der »Humanressourcen« an Bedeutung. Der Wettbewerb um Märkte und um qualifizierte Mitarbeiter entscheidet sich schon im Vorfeld der Investition.

Die Größenordnung, aber auch die unternehmerischen Dimensionen von Personalentwicklung zeigen, dass diese nur Erträge erbringen, wenn drei Prämissen erfüllt sind: Personalentwicklung wird als Bestandteil von und Folge aus Unternehmensstrategie betrieben; sie verläuft idealerweise als langfristiger, zielgesteuerter Prozess in einem unternehmensinternen Netzwerk aller Beteiligten und basiert auf einem umfassenden personalwirtschaftlichen Informationsmanagement.

Praxisbezogene Weiterentwicklung von Mitarbeitern ist heute entscheidend für das konkrete Verbessern sozialer Kompetenzen. Die PREGO-Elemente und der modulare Aufbau der Methode bieten nach Aussagen der Experten in dieser Untersuchung wesentliche Vorteile gegenüber anderen Methoden und machen sie zu einem ganzheitlicheren und abgestimmteren Verfahren. Ein umfangreiches Stärken- und Schwächenprofil kann den Mitarbeiter gezielter qualifizieren und reduziert Fehlbesetzungen. Somit eröffnet die PREGO-Methode eine Chance für Arbeitgeber und Mitarbeiter, die jeweiligen individuellen Ziele zu erreichen und sich persönlich weiter zu entwickeln.

Die meisten Unternehmen sehen eindeutig nur Vorteile in der Anwendung. Mit aufeinander abgestimmten Instrumenten sei sie systematisch durchführbar und schaffe durch den Einsatz bewährter und geprüfter Verfahren eine gewisse Validität. Durch das Bündeln mehrerer Personalentwicklungsinstrumente seien die Erfolgschancen erheblich höher, wodurch der Zielerfüllungsgrad steigt. Es könne ein besseres Bild der Mitarbeiter gewonnen werden. Mögliches Führungspotenzial werde erkannt und gefördert. So sei eine gezielte Karriereplanung mit langfristigen Perspektiven möglich.

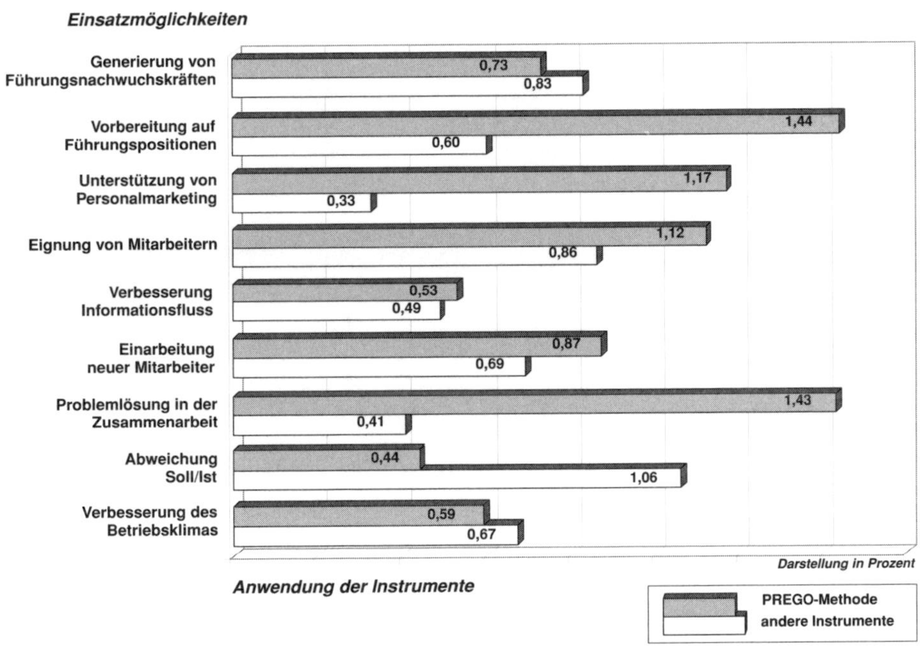

Abbildung 28: Die PREGO-Methode und andere Instrumente im Vergleich

Die PREGO-Methode erscheint den befragten Unternehmen folglich als erheblicher Wertbeitrag. Mit den Erkenntnissen aus den Gutachten könne das Personal entsprechend der vorhandenen Fähigkeiten gezielter eingesetzt werden. Ebenso seien durch die kompakte Anwendung verschiedener, abgeglichener Instrumente Kosteneinsparungen möglich.

In sechs von neun Situationen kann die PREGO-Methode mehrheitlich eingesetzt werden (siehe Abbildung 28). Das liefert einen guten Ansatz für eine alternative Anwendung. Daran zeigen sich die meisten Unternehmen interessiert. Die PREGO-Methode schließt gegenüber klassischen Instrumenten daher positiv ab. Sie ermöglicht eine wesentlich größere Flexibilität mit breitem Handlungsspielraum, abgestimmt auf individuelle Anforderungen des Unternehmens.

4

Spezielle Probleme

In dem Maß, in dem sich Privatwirtschaft und öffentlicher Dienst in den nächsten Jahren neuen Anforderungen stellen müssen, wird auch die betriebliche Personalpolitik und -entwicklung davon betroffen sein. Viele Veränderungsprozesse wurden in der Vergangenheit durch äußere Einflussfaktoren ausgelöst.

Die Dynamik des Wandels hat von Jahrzehnt zu Jahrzehnt ständig zugenommen. Die Globalisierung der Märkte, das Entstehen neuer Wirtschaftsnationen wie beispielsweise China und Indien haben die Spielregeln des Wettbewerbs neu definiert. Sogar Hightech-Produkte können heute weltweit hergestellt und vermarktet werden. Die Qualitätsunterschiede zu den so genannten alten Industrienationen schwinden immer mehr zugunsten der Produkte aus industriellen Schwellenländern. Die Zahl der Unternehmenszusammenschlüsse wächst in diesem globalen Spiel des Wettbewerbs.

Durch diese Entwicklungen steigen Preis- und Kostendruck in den klassischen Industrienationen. Um wettbewerbsfähig zu bleiben, werden die Innovationszyklen immer kürzer. Das sind nur wenige Beispiele für Ursachen, die zu nachhaltigen Veränderungsprozessen in der Wirtschaft und im öffentlichen Dienst geführt haben und weiterhin führen werden.

Solche äußeren Einflussfaktoren lösen oft Veränderungen im Inneren von Organisationen aus, die dann als Prozesse verstanden und gemanagt werden müssen (siehe Abbildung 29). Auch die Personalentwicklung sollte bestimmte Aufgaben stärker prozessorientiert ausrichten. Wir alle wissen, Veränderungen lösen bei den Betroffenen Widerstände, Ängste und Befürchtungen aus. Es ist wichtig, dass Zeit und Geduld für Einzelpersonen aufgebracht sowie ganzheitlich und prozessorientiert agiert wird. Personalentwicklung definiert sich deshalb nicht nur als Kollektiv-, sondern bei veränderten Situationen und damit verbundenen akuten Probleme auch als Individualmaßnahme. Es gilt, Mitarbeiter und Führungskräfte auf neue fachliche und methodische Anforderungen vorzubereiten. Gegebenenfalls müssen Kollektiv- und Individualmaßnahmen auch kombiniert durchgeführt werden, um erforderliche Personalentwicklungsziele zu erreichen.

Personalentwicklung ist nicht nur die Durchführung zielgruppenspezifischer Trainingsmaßnahmen oder das Bearbeiten größerer, von äußeren Einflüssen ausgelöster Veränderungsprojekte. Personalentwicklung besteht vielmehr auch aus einer Vielzahl von Individualmaßnahmen, die von Führungskräften durchgeführt werden.

Wir haben deshalb einige Anwendungsbeispiele von individuell veränderten Anforderungen und der dazu passenden Personalentwicklungsmaßnahmen ausgewählt, die typisch in Unternehmen oder Organisatio-

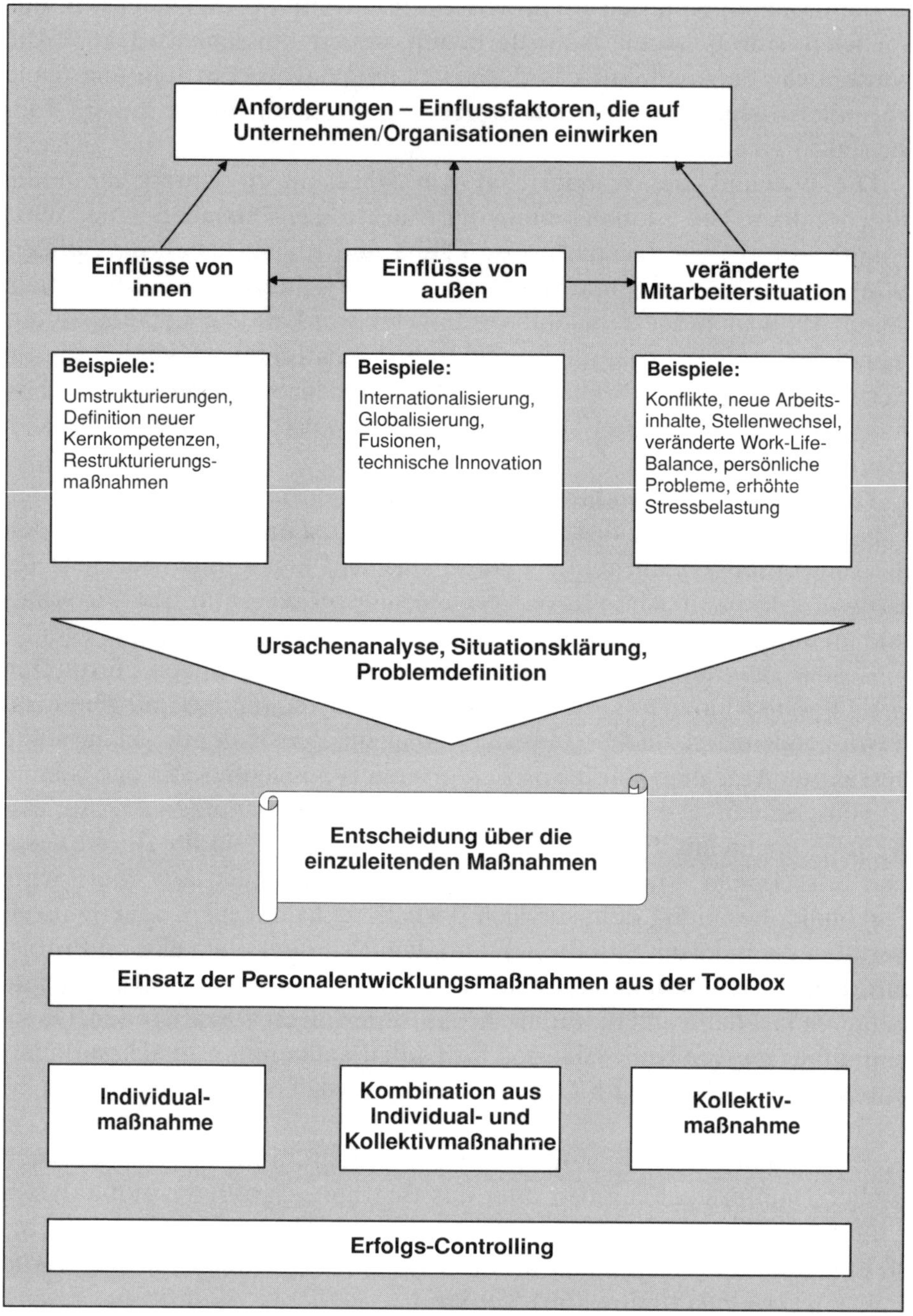

Abb. 29: Prozessablauf zur Umsetzung der veränderten Anforderungen in konkrete Personalentwicklungsaktivitäten

nen auftreten. (Komplexere Aufgabenstellungen werden in Projektbeispielen in Kapitel 6 dargestellt.) Damit soll eine Orientierung gegeben werden, wie insbesondere Vorgesetzte bei auftretenden Veränderungen angemessen durch Verwendung der Toolbox reagieren können.

4.1 Demotivation eines Mitarbeiters

Es gibt immer wieder Situationen im Berufsleben, die sich negativ auf die Motivation des Menschen auswirken. Das können Misserfolge, Reibereien mit Kollegen oder dem Vorgesetzten, Probleme mit dem Zeitmanagement, eine Unterforderung oder Ähnliches sein. Im Normalfall relativiert sich dieses Motivationstief wieder und die Freude an der Arbeit kehrt nach einiger Zeit zurück. Bei einem Mitarbeiter, der über einen längeren Zeitraum demotiviert bleibt, ist jedoch eine innere Kündigung die Folge.

Grund der Demotivation ist in unserem Beispiel, dass der Mitarbeiter bei einer Beförderung nicht berücksichtigt wurde und sich darüber hinaus in seiner momentanen Arbeit unterfordert fühlt. Es zeigt sich nun, dass seine Arbeitsqualität nachlässt. Beispielsweise hält er die vorgegebenen Abgabetermine nicht mehr ein. Auch seine Ergebnisse entsprechen qualitativ nicht dem, was man von ihm erwartet. Spricht der Vorgesetzte ihn auf seine Fehler an, reagiert er mit einer gewissen Gleichgültigkeit. Spätestens wenn klar wird, dass der Mitarbeiter nur widerwillig zur Arbeit kommt, gibt es ein akutes Motivationsproblem. Jetzt besteht Handlungsbedarf.

Ziele der Problemlösung

Das Ziel ist es, dass der Mitarbeiter seine Aufgaben wieder mit Motivation und Engagement erfüllt und wieder gerne zur Arbeit kommt. Sein soziales Umfeld im Betrieb soll Motivationstiefs auffangen und der Umgang mit dem Vorgesetzten sollte von Offenheit und gegenseitiger Wertschätzung geprägt sein. Probleme muss der Mitarbeiter frühzeitig ansprechen und gemeinsam mit anderen Lösungen erarbeiten.

Handlungsaktivitäten der Personalentwicklung und Einsatz der Instrumente

In einem ersten Gespräch fragt der Vorgesetzte den Mitarbeiter, wie er sich in letzter Zeit selbst einschätzt. Er diskutiert mit ihm seine Leistungen und vereinbart für die nächste Zeit konkrete Veränderungen. Darüber hinaus fragt er ihn, unter welchen Bedingungen ihm die Arbeit wieder mehr Spaß machen würde, und versucht, mit dem Mitarbeiter gemeinsam

Veränderungen zu diskutieren und Anreize zu schaffen, damit sein früheres Leistungsniveau wieder erreicht wird.

Wenn in diesem ersten Gespräch der Mitarbeiter klar begründet, dass seine Demotivation aus der fachlichen Unterforderung und aus der Nichtberücksichtigung bei der Beförderung resultiert, ergibt sich die Notwendigkeit eines weiteren Gesprächs, das konkreten Förder- und Entwicklungscharakter hat, um seine volle Leistung wiederherzustellen. Gegenstand dieses Entwicklungsgesprächs ist es, dem Mitarbeiter einen Förderplan über einen Zeitraum von einem Jahr zu erstellen. Dieser enthält auch Maßnahmen für Job-Enrichment und Job-Enlargement. Im Förderplan wird Folgendes verankert:

- Maßnahmen des Job-Enrichments und Job-Enlargements dienen dazu, neue Aufgaben mit anderen Anforderungen und mehr Verantwortung auszuführen.
- Der Vorgesetzte steht als Coach zur Verfügung.
- Die Verantwortung in seinen Tätigkeiten wird erhöht.
- Es erfolgt eine stärkere Einbindung in Projekte und es besteht die Option, nach einigen Monaten praktischer Projektarbeit bei einem neuen Projekt der Einheit zum Beispiel eine Projektleitung zu übernehmen.
- Besuch von externen Seminaren zum Thema Projektmanagement und Moderation.

Zusätzlich wird der Mitarbeiter künftig über Zielvereinbarungen geführt, was ihm einen größeren Handlungsspielraum bietet und anhand messbarer Kriterien einen Soll-Ist-Vergleich der erreichten Ergebnisse ermöglicht. Er kann für sein Tätigkeitsfeld notwendige Entscheidungen frühzeitig treffen. Das Entwicklungsziel ist, dem demotivierten Mitarbeiter die Rahmenbedingungen für ein weitgehend selbstständiges Arbeiten zu schaffen.

Spätestens drei Monate nach diesem Förder- und Entwicklungsgespräch wird ein Bilanzierungsgespräch geführt, in dem folgende Fragen geklärt werden:

- Wie empfindet der Mitarbeiter seine Arbeitssituation und wie schätzt er sie unter den geänderten Bedingungen ein?
- Welche persönlichen Erfolge konnte der Mitarbeiter durch die eingeleiteten Maßnahmen erzielen?
- Welche Schwierigkeiten und Probleme sind aufgetreten? Es werden gegebenenfalls Vereinbarungen zu deren Beseitigung getroffen.

- Wie schätzt der Mitarbeiter seine eigene Motivationslage jetzt ein?
- Wie hat der Vorgesetzte den bislang demotivierten Mitarbeiter in der Zeit nach dem Fördergespräch erlebt?

In diesem Bilanzierungsgespräch kann der Vorgesetzte seine Anerkennung für das geänderte Engagement aussprechen oder weitere notwendige Korrekturen vornehmen.

In diesem Beispiel konnten mit den eingeleiteten Maßnahmen die Motivationsdefizite abgebaut und die volle Leistungsfähigkeit des Mitarbeiters wiederhergestellt werden. Anderenfalls wäre ein ernsthaftes Kritikgespräch notwendig geworden, in dem diesem Mitarbeiter die Auswirkungen seines Verhaltens verdeutlicht und unter Umständen personelle Konsequenzen angekündigt worden wären.

4.2 Mobbing

Kollegen kann man sich meist nicht aussuchen. Schlimm ist es deshalb, wenn ein Mitarbeiter von anderen deutlich zu spüren bekommt, dass man ihn nicht mag und er zunehmend ausgegrenzt wird. Wir fassen dies unter das Stichwort »Mobbing«. Ein Mitarbeiter, der einen anderen mobbt, teilt diesem Aufgaben zu, die er selbst nicht gerne erfüllt, lockt ihn in vorbereitete Terminfallen, gibt notwendige Informationen nicht weiter und so weiter.

In einem konkreten Fall geht es um ein Sekretariat, für das eine neue Kollegin eingestellt wurde. Mit ihrer offenen, humorvollen Art hatte die Neue sehr schnell Freunde gefunden. Jedoch änderte sich das Betriebsklima: Über andere wurde plötzlich schlecht gesprochen und Scherze gingen meist auf Kosten nicht Anwesender. Vorzugsweise wurde die schon langjährig beschäftigte direkte Schreibtischkollegin das Opfer persönlicher Attacken der Neuen. Wenn nun Kollegen ins Zimmer kamen, redeten sie mit dieser nur noch darüber, wie schlecht die Stimmung gewesen sei, bevor sie hier neuen Schwung hereingebracht hätte, und belächelten die Eigenarten der bisherigen Sekretärin.

Der Vorgesetzte bemerkte die Veränderung, denn die langjährige Sekretärin wurde von den anderen Mitarbeitern nicht mehr ernst genommen, zunehmend gemieden und ihr Selbstwertgefühl war auf ein Minimum gesunken. Von typischen sozialen Kontakten wurde sie weitgehend ausgeschlossen. Er musste schnell reagieren, denn die bisherige Sekretärin begann bereits, sich aus wichtigen Aufgaben zurückzuziehen.

Ziele der Problemlösung

Die Mitarbeiter sollen sich als Einheit verstehen und danach handeln. Ziel ist es, ein Teamgefühl zu entwickeln. Die Mitarbeiter sollen ihre Stärken und Schwächen idealerweise so einsetzen, dass Synergieeffekte entstehen. Anzustreben ist eine gerechte Arbeitsverteilung, Konfliktpotenziale und Mobbing sollen reduziert oder besser noch abgestellt werden. Das Klima im Team soll sich in einen wertschätzenden Umgang miteinander verändern.

Handlungsaktivitäten der Personalentwicklung und Einsatz der Instrumente

In einem ersten Mitarbeitergespräch setzt sich der Vorgesetzte mit beiden Sekretärinnen zusammen. Jede soll ihm in Gegenwart der anderen ihre Sicht darstellen. Das Gespräch wird gegenwarts- und nicht vergangenheitsorientiert geführt. Beide bringen Vorschläge ein für die weitere Zusammenarbeit. Mit ihnen wird, vor dem Hintergrund der gemeinsamen Aufgabe, eine Lösung vereinbart. Damit erreicht der Vorgesetzte, dass beide Mitarbeiterinnen zumindest in diesem Gespräch ein gemeinsames Ziel haben und an der gleichen Aufgabe arbeiten.

Da in diesem Mobbingfall auch die Kollegen der Abteilung beteiligt waren, ist zusätzlich eine Teamentwicklungsmaßnahme notwendig. Sie soll ein gemeinsames Teamverständnis als Commitment erreichen. Es enthält Spielregeln, die für alle verbindlich sind und die Art und Weise der Zusammenarbeit regeln sowie das Selbstverständnis, wie künftig die Mitarbeiter miteinander umgehen. Die Teamentwicklung ist notwendig, um die Zusammenarbeit kooperativ, fair und weitgehend konfliktfrei zu gestalten. Sie vollzieht sich in folgenden Schritten:

1. Definition des Auftrags, den das Team zu erfüllen hat. Dadurch wird allen Teammitgliedern verdeutlicht, wie wichtig es ist, dass jeder sich diesem Auftrag verpflichtet fühlt. Nur der Auftrag legitimiert die Existenz eines Teams.
2. Was sind die Ziele des Teams? Abgeleitet aus dem definierten Auftrag werden die strategischen und operativen Ziele definiert. Dadurch werden die Aktivitäten der einzelnen Mitarbeiter auf gemeinsame Ziele ausgerichtet, es wird die Wichtigkeit einzelner Beiträge zum Gesamtergebnis erkannt und damit die gegenseitige Wertschätzung für die Aufgaben anderer gefördert.

3. Welche Erfolge hat das Team bisher erzielt? Hier wird eine Teamidentität geschaffen. Erfolge bewirken ein gesundes Selbstwertgefühl sowie eine Identifikation mit dem Team und dessen Zielen.
4. Was waren die bisherigen Störfaktoren im Team? Konflikte, Störungen, Mängel werden in der Zusammenarbeit aufgelistet und hinsichtlich ihrer Tragweite bewertet.
5. Mit welchen Maßnahmen und Aktivitäten können die Störfaktoren beseitigt werden? Es werden aufgrund der erkannten und bewerteten Störfaktoren Maßnahmen vereinbart, die von allen Mitgliedern getragen werden und die ausschließlich zum Ziel haben, die künftige Zusammenarbeit fair, kooperativ und erfolgreich zu gestalten.
6. Definition des gemeinsamen Teamverständnisses. Es werden Spielregeln und Werte in Form eines Commitments vereinbart, die die Art und Weise der künftigen Zusammenarbeit im Team regeln. Daraus ergibt sich ein gemeinsames Grundverständnis im Umgang miteinander, das als Orientierung für das Teamverhalten gilt.

Übrigens: In der Beraterszene hat sich der englische Begriff »Commitment« eingebürgert. Er bedeutet eine volle, vorbehaltlose Zustimmung mit innerer Überzeugung zu einer Vereinbarung.

Zusätzlich zur Teamentwicklung beginnt nach vier Wochen ein Coaching der gemobbten Sekretärin durch einen externen Berater. Sie wird fachlich und in ihrer Persönlichkeit gestärkt. Vor allem soll sie auch daran gehindert werden, sich von wichtigen Aufgaben zurückzuziehen und diese aus Bequemlichkeit der neuen Kollegin zu überlassen. Dafür wird methodisch Hilfestellung gegeben. Das Coaching erstreckt sich über einen Zeitraum von drei Monaten. Neben persönlichkeitsbildenden Maßnahmen werden auch kommunikative Fähigkeiten verstärkt, damit die langjährige Sekretärin ihre Meinung überzeugender und selbstbewusster zum Ausdruck bringen kann.

4.3 Wiedereingliederung einer Mitarbeiterin nach der Elternzeit

Eine Mitarbeiterin aus dem Einkauf eines Unternehmens mit einer tariflichen Wochenarbeitszeit von 38 Stunden ging für drei Jahre in Elternzeit. Sie wurde von einer neu eingestellten Kollegin mit gleicher Arbeitszeit ersetzt. Die freigestellte Mitarbeiterin war sehr engagiert und motiviert und hielt auch den Kontakt zu ihren Kollegen und Vorgesetzten aufrecht.

In den vergangenen drei Jahren hat keine Qualifizierung stattgefunden, und die Mitarbeiterin möchte ihre Arbeit in Teilzeit mit 20 Arbeitsstunden und einer dreitägigen Beschäftigung pro Woche wieder aufnehmen. Das musste sie rechtzeitig – drei Monate vor Beginn – mit dem Vorgesetzten und der Personalabteilung abklären. Das Unternehmen benötigte die Mitarbeiterin aber derzeit nicht und wollte deshalb eine Wiedereinstellungszusage definieren. Das hätte eine Verlängerung der Freistellung bedeutet und eine Kündigung seitens der Mitarbeiterin in beiderseitigem Einverständnis. Sie wäre dann nach ein paar Jahren wieder eingestellt worden. Der Nachteil: Sie wäre noch weiter weg vom betrieblichen Geschehen gewesen und die Integration wäre noch schwieriger verlaufen.

Die Mitarbeiterin aber bestand auf ihrem Recht, nach der Elternzeit zurückzukehren. Da sich inzwischen die Systemlandschaft jedoch grundlegend geändert hat, ist eine intensive Einarbeitung erforderlich. In der Abteilung stellt sich die Situation wie folgt dar: Um einen Personalüberhang zu vermeiden, muss entweder Personal freigesetzt werden oder es wird innerhalb der Einkaufsabteilung bei der bestehenden Belegschaft die Arbeitszeit um diese 20 Wochenarbeitsstunden reduziert. Bevor die Mitarbeiterin ihren Arbeitsplatz wieder antritt, ergeben sich dort bereits größere Diskussionen und Spekulationen zur Handhabung dieses Themas. Die Wiedereinsteigerin hat selbst Befürchtungen, dass ihre Rückkehr eine Konfliktsituation im Team auslösen könnte.

Ziele der Problemlösung

Das betriebliche Ziel der Wiedereingliederung ist es, dass die Mitarbeiterin ihre bisherige Tätigkeit innerhalb eines Zeitraums von sechs bis acht Wochen vollwertig wieder aufnehmen kann. Die bisherige Wochenarbeitszeit in der Abteilung darf durch die Rückkehr der Mitarbeiterin aus der Elternzeit nicht erhöht werden. Ziel ist auch, die Mitarbeiterin konfliktfrei zu integrieren und zu erreichen, dass sie ihre Arbeit engagiert und motiviert wieder aufnimmt.

Handlungsaktivitäten der Personalentwicklung und Einsatz der Instrumente

Zwei Monate vor Wiedereintritt wird die Mitarbeiterin zu einem Gespräch mit der Personalsachbearbeiterin und dem Vorgesetzten der Einkaufsabteilung eingeladen. Dabei geht es um den zu deckenden Qualifizierungsbedarf und die grobe Vorstrukturierung der Einarbeitung. Es wird vereinbart, dass der Vorgesetzte einen Einarbeitungsplan erstellt und mit den Teamkollegen über die Integration der neuen Kollegin spricht.

Kurz vor dem Berufseinstieg werden durch externe Schulungen die notwendigen fachlichen Kenntnisse vermittelt – und zwar in einer dreitägigen Qualifizierung für die aktuellen Systemkenntnisse. Diese wird durch ein am Arbeitsplatz oder zu Hause eingesetztes E-Learning-Programm ergänzt.

Der Vorgesetzte muss mit den Mitarbeitern besprechen, wie sich das Reduzierungspotenzial von 18 Wochenstunden realisieren lässt. In Einzelgesprächen wird geklärt, in welchem Maße jeder bereit ist, sein persönliches Stundenkontingent zu reduzieren. Die Ergebnisse sind Grundlage für die neue Aufgabenverteilung.

Gleich am ersten Tag erfährt die Mitarbeiterin Details zum Einarbeitungsplan und dass es eine Zielvereinbarung zu den in diesem Jahr schwerpunktmäßig anstehenden Themen geben wird. Im Rahmen des Einarbeitungsprogramms erhält sie einen Betriebspaten, der sie beim Neuanfang unterstützt. Das fördert gleichzeitig ihre soziale Integration.

In den folgenden zwei Monaten finden vier Teamgespräche statt. Es geht darum, die Aufgabenverteilung nach der Einarbeitungszeit zu klären sowie eventuelle Spannungen hinsichtlich der reduzierten Arbeitszeit und der damit verbundenen Arbeitsbelastungen zu thematisieren. Lösungen werden erarbeitet. Mögliche Konfliktpotenziale lassen sich durch die veränderten Arbeitszeiten und die Wiedereingliederung der Kollegin vermeiden.

4.4 Zusammenlegung von Abteilungen

Ein Eigenbetrieb einer größeren Kommune soll neu organisiert werden, um Dienstleistungen zusätzlich zu bündeln. Dafür werden zwei Abteilungen zusammengelegt. Dieser Beschluss der Geschäftsführung hat unter anderem zur Folge, dass einer der beiden Abteilungsleiter ein neues Betätigungsfeld innerhalb des Betriebs findet. Der zweite Abteilungsleiter erfährt in einem Gespräch, dass er mit Beginn der Neuorganisation die Gesamtverantwortung für die zusammengelegte Abteilung tragen soll.

Das Problem: Die Bereiche waren hinsichtlich ihrer Arbeitsprozesse und Führungskultur bislang sehr unterschiedlich. Mit dem neuen Leiter wird deshalb eine schnellstmögliche Neustrukturierung der Abteilung mit neuer Aufgabenverteilung und gemeinsamer Ausrichtung vereinbart.

Ziele der Problemlösung

In sechs Monaten soll jeder Mitarbeiter sein Aufgabenfeld kennen. Die Schnittstellen zu Kollegen müssen bekannt und definiert sein. Sich daraus ergebende Schnittstellenproblematiken sind abzubauen. Ein weiteres Ziel ist es, die auf die Mitarbeiter zukommenden Veränderungen frühzeitig zu kommunizieren und jedem Mitarbeiter das Arbeitsgebiet zuzuteilen, bei dem er seine Qualifikation voll einbringen kann. Gegebenenfalls auftretende Spannungen zwischen den Mitarbeitern der bisher unabhängig voneinander arbeitenden Abteilungen sollen im Sinne der gemeinsamen Ziele und Aufgaben gelöst und eine einheitliche und abteilungsübergreifende Vorgehensweise angestrebt werden.

Handlungsaktivitäten der Personalentwicklung und Einsatz der Instrumente

Zunächst erstellt der Abteilungsleiter eine Ist-Analyse, aus der hervorgeht, welche Aufgaben in den beiden alten Abteilungen wahrgenommen werden und mit welchen Kapazitäten sie zu bewältigen sind. Es wird eine Projektgruppe gebildet, die sich repräsentativ aus Mitarbeitern unterschiedlicher Arbeitsfelder zusammensetzt. Als unabhängiger Berater fungiert ein Mitarbeiter der Personalabteilung, der sich mit der Wertigkeit von Arbeitsinhalten und dem Erstellen von Anforderungsprofilen auskennt.

Die Aufgabenstellung der Projektgruppe lautet:

- Die in der Abteilung notwendigen Arbeitsinhalte werden bestimmt und das Zeitvolumen für deren Erledigung wird bemessen.
- Aus den Arbeitsinhalten und den erforderlichen zeitlichen Kapazitäten werden danach die neuen Stellen in der neu strukturierten Abteilung gebildet.
- Der Mitarbeiter der Personalabteilung unterstützt die Bewertung der neuen Stellen und sorgt für Objektivität.

Das alles ist die notwendige Vorarbeit, um die geeigneten Mitarbeiter den jeweiligen Stellen zuordnen zu können. Der Abteilungsleiter fordert dafür seine Mitarbeiter auf, sich auf die von ihnen gewünschten Stellen zu bewerben und dies durch bisherige Erfahrungen sowie erworbene Qualifikationen zu begründen. Wo der Wunsch des Mitarbeiters sich mit der notwendigen Qualifikation für die Stelle deckt, gibt er seine Zustimmung.

Andernfalls wird die Diskrepanz zwischen Qualifikation und Anforderung der Stelle besprochen.

Bei einigen Mitarbeitern lässt sich das Qualifikationsdefizit mit entsprechenden Personalentwicklungsmaßnahmen verringern. Bei anderen muss der Vorgesetzte direktiv entscheiden. In Fällen, in denen das Qualifikationsdefizit nicht innerhalb eines halben Jahres gedeckt werden kann, werden die noch vorhandenen Stellen zugeordnet und es wird dafür gesorgt, dass Eignungs- und Anforderungsprofil weitgehend im Einklang sind.

Bei diesen Gesprächen ist darauf zu achten, dass keine Motivationsdefizite bei den Mitarbeitern entstehen. Abgeleitet aus den Abteilungszielen werden nach Abschluss der Neustrukturierung Zielvereinbarungen für alle Mitarbeiter vereinbart. In allen zu führenden Mitarbeitergesprächen wird der in der Abteilung entstandene Qualifizierungsbedarf festgestellt. In Absprache mit der Personalabteilung werden die Individual- und Kollektivmaßnahmen definiert, um den Personalentwicklungsbedarf innerhalb eines halben Jahres zu decken.

Dieses Praxisbeispiel verdeutlicht anschaulich, wie wichtig die enge Verzahnung zwischen Organisations- und Personalentwicklung ist und welch hohe Verantwortung der neue Abteilungsleiter in seiner Führungsrolle für das gesamte Projekt trägt. Er braucht ein hohes Maß an sozialer Sensibilität, um auftretende Spannungen, Ängste und Konflikte rechtzeitig zu erkennen, zu beseitigen und ein Scheitern des Projekts zu verhindern. Er muss als Integrationsfigur wirken und Entscheidungen rechtzeitig mit seinen Mitarbeitern kommunizieren.

Der Vorgesetzte muss im beschriebenen Fall einen typischen Veränderungsprozess aktiv gestalten. Wichtig dabei ist, dass er – insbesondere in der Phase der Irritation – seinen Mitarbeitern Hilfestellung gibt, neue Ziele definiert sowie Perspektiven durch den eingeleiteten Veränderungsprozess aufzeigt. Insbesondere in der so genannten kritischen Leidensphase muss er Vorbild sein, seine Mitarbeiter bedarfsorientiert coachen und mit ihnen im intensiven Dialog stehen. Da in einer solchen Phase gehäuft Fehler auftreten, ist es außerdem wichtig, konstruktiv zu kritisieren und den Mitarbeitern Wertschätzung sowie ein gesundes Selbstbewusstsein zu vermitteln. Wenn sich erste Erfolge einstellen, müssen die Mitarbeiter davon erfahren und vermittelt bekommen, welchen Beitrag sie dazu geleistet haben.

4.5 Interne Beförderung zur Führungskraft mit Akzeptanzproblemen

Wird ein Mitarbeiter aus den eigenen Reihen zur Führungskraft befördert, kann es Probleme geben. Umso mehr, wenn sich andere Kollegen ebenfalls berechtigte Hoffnungen auf die Position gemacht haben. In unserem Beispiel meidet ein Mitarbeiter seinen neuen Vorgesetzten und ehemaligen Kollegen und kritisiert ihn auch in Gegenwart anderer. Er weist Vorschläge zur Optimierung seiner Arbeitsinhalte zurück, fühlt sich bevormundet, ist verärgert, wenn der neue Vorgesetzte ihm Aufgaben zuteilt, und übergeht ihn sogar bei Entscheidungen. Diese negativen persönlichen Befindlichkeiten beeinflussen das Arbeitsergebnis. Mit der Zeit merkt der Vorgesetzte, dass das Verhalten des Mitarbeiters auch Einfluss auf das Verhalten der anderen Teammitglieder ihm gegenüber hat. Bevor die Situation eskaliert, wird er aktiv.

Ziele der Problemlösung

Zunächst muss der Vorgesetzte erreichen, dass der nicht beförderte Mitarbeiter seine Enttäuschung über die Entscheidung der Geschäftsleitung nicht persönlich nimmt. Ein weiteres Ziel ist, dass sich die Teammitglieder nicht vom übergangenen Kollegen negativ beeinflussen lassen und die neue Führungskraft akzeptieren.

Handlungsaktivitäten der Personalentwicklung und Einsatz der Instrumente

In einem Gespräch mit dem nicht beförderten Mitarbeiter sorgt der Vorgesetzte für eine Rollenklärung. Er äußert außerdem Verständnis für dessen Enttäuschung. Gemeinsam wird überlegt, ob er sich auf eine andere Art beruflich weiterentwickeln kann. Es müssen seine derzeitigen Aufgaben angesprochen werden, und darauf aufbauend sollte er ein Angebot für Aufgaben mit mehr Verantwortung und Selbstständigkeit erhalten. Die Zielvorstellungen von Mitarbeiter und Vorgesetztem für die Zusammenarbeit werden geklärt und Gemeinsamkeiten herausgearbeitet. Dies geschieht nicht, um vergangenes Verhalten zu bewerten, sondern um ein gemeinsames Werteverständnis und einen optimistischen und realistischen Blick in die Zukunft zu gewinnen. Dazu werden auch die Spielregeln für eine künftige Zusammenarbeit definiert.

Um die Akzeptanz im Team zu erhalten, wird eine Teamentwicklung mit gruppendynamischen Indoor- und Outdoor-Übungen durchgeführt.

Hier soll jeder Teilnehmer – auch der Vorgesetzte – gleichberechtigt an der Aufgabenerfüllung arbeiten.

Damit wird vermittelt, dass innerhalb eines Teams jeder Stärken und Schwächen hat und deshalb für die Problemlösung unersetzlich ist. Der Wille des Teams, die vorgegebene Aufgabe gemeinsam zu schaffen, kann auch den nicht beförderten Kollegen motivieren, denn er erkennt dabei seine Wertigkeit und seine Stärken im Team.

Nach einem Jahr auf der neuen Stelle wird der Vorgesetzte beurteilt. Da er grundsätzlich offen ist für Veränderungen und das auch dem Team gegenüber kommuniziert, erhält er auf diesem Wege nützliche Empfehlungen für eventuell notwendige Verhaltensänderungen. Er macht dabei deutlich, dass er einige seiner Verhaltensweisen verändern, andere jedoch aus bestimmten Gründen beibehalten möchte. Auf diese Weise erfährt die Führungskraft, ob die Mitarbeiter ihn nach einer gewissen Einarbeitungsphase ausreichend akzeptieren.

Im Rahmen der Auswertung der Vorgesetztenbeurteilung findet ein erneutes Feedback-Gespräch mit dem Mitarbeiter statt, der sich durch die Beförderung übergangen fühlte. Hierbei wird geklärt, ob durch die eingeleiteten Maßnahmen inzwischen die notwendige Vertrauensbasis für eine konstruktive Zusammenarbeit erreicht worden ist. In unserem Beispiel war es nicht mehr notwendig, weitere Maßnahmen einzuleiten.

4.6 Ineffiziente Besprechungen

Bei regelmäßig stattfindenden Besprechungen ist es wichtig, dass sie nicht zur Informationsveranstaltung oder zur Diskussionsrunde über Randthemen ausarten. Diese Gefahr besteht, da die Beteiligten sich nur nachlässig vorbereiten und die notwendige strukturierte sowie zielorientierte Gesprächsmoderation fehlt.

In unserem Beispiel hält der Leiter eines Geschäftsfelds mit seinen Mitarbeitern regelmäßig am Montagmorgen eine Arbeitsbesprechung. Die ursprüngliche Idee war, dass sich die Beteiligten gegenseitig zu Neuerungen in ihrem Aufgabenbereich informieren und auf dieser Grundlage gemeinsame Entscheidungen getroffen werden.

Mittlerweile erstrecken sich die Besprechungen aber nahezu auf den gesamten Montagmorgen und dauern mindestens drei Stunden. Zusätzlich werden häufig Themen detailliert besprochen, die nur zwei oder drei der Kollegen betreffen. Und weil Ergebnisse bisher nicht eindeutig festgehalten und nicht immer klare Zuständigkeiten definiert wurden, konnten die Beschlüsse teilweise nicht richtig umgesetzt werden und man musste sie in nachfolgenden Besprechungen wieder aufgreifen.

Die Teilnehmer halten die Besprechung für das Bearbeiten ihrer eigenen Themengebiete nach wie vor für wichtig. Deshalb wurde darüber nachgedacht, wie sie effizienter und effektiver gestaltet werden kann.

Ziele der Problemlösung

Zeitliche und inhaltliche Effizienz in der Regelkommunikation sowie bessere Entscheidungsfindung darüber, welche Themen in die Besprechung gehören und wie auf den alle oder mehrere Teilnehmer betreffenden Gebieten schneller entschieden werden kann, sind vorrangige Ziele. Angestrebt wird außerdem eine klarere und verbindlichere Dokumentation der Besprechungsergebnisse in einem Maßnahmenplan. Die Besprechungszeit soll um mindestens 40 Prozent gekürzt werden.

Handlungsaktivitäten der Personalentwicklung und Einsatz der Instrumente

Mit dem Problem bei der Montagsbesprechung wendet sich der Leiter des Geschäftsfelds an einen Berater, der sich in Techniken für effiziente Besprechungen gut auskennt. Bislang ist vor allem deutlich geworden, dass die bisherige Art und Weise das Unternehmen in der Regel viel Geld kostet.

Der Berater nimmt an einer Besprechung teil, um die Ursachen für die Ineffizienz festzustellen, jedoch ohne über die erkannten Fehler zu diskutieren. Danach soll ein Workshop die Teilnehmer und Moderatoren befähigen, ihre Montagstreffen künftig strukturiert, ergebnisorientiert und zeitökonomisch zu gestalten. Spielregeln werden als Orientierungsrahmen erarbeitet. Das alles geschieht unter der Anleitung des begleitenden Beraters. Er kommt aus der Personalabteilung und übernimmt im Workshop die Moderatorenrolle.

Die Ergebnisse des Workshops sind:

- Die Besprechungen werden von einem Moderator geleitet, der wöchentlich wechselt und jeweils in der vorhergehenden Sitzung festgelegt wird.
- Die Besprechungen werden gründlich vorbereitet. Jeder, der ein Themengebiet ansprechen möchte, muss das im Vorfeld per E-Mail oder telefonisch dem zuständigen Moderator ankündigen.
- Der Moderator im Speziellen, aber auch die anderen Teilnehmer sorgen dafür, dass die Spielregeln eingehalten werden. Sie lauten: Jeder lässt den anderen ausreden. Jeder kommt pünktlich zur Besprechung. Jeder

hält sich an getroffene Absprachen. Diskussionsergebnisse werden visualisiert. Diskussionsbeiträge konzentrieren sich auf das Wesentliche.

- In einem Simultanprotokoll werden ein Themenspeicher für weitere noch zu behandelnde Themen und ein Aktionsplan festgehalten. Es geht nach der Besprechung an alle Teilnehmer.
- Der Themenspeicher wird regelmäßig aktualisiert, indem noch offene Punkte festgehalten und in der zeitlichen Abfolge ihrer Bearbeitung moderiert werden.
- Ergebnisse werden in einem Aktionsplan festgehalten. Er regelt verbindlich, wer sich um die Umsetzung der Maßnahme kümmert und bis wann sie erledigt sein muss.

Der unterstützende Berater nimmt schließlich an einer Besprechung teil, in der bereits die neue Moderation praktiziert wird. Er gibt noch Hilfestellung und sorgt für die richtige Anwendung der neuen Erkenntnisse.

4.7 Hohe Fluktuationsrate

Fluktuation hat unterschiedlichste Ursachen. Sie reichen von einer schlechten Unternehmenskultur über negative Prognosen für den weiteren Unternehmenserfolg bis zu persönlichen Gründen wie schlechter Bezahlung, geringen Aufstiegsmöglichkeiten und dergleichen.

In unserem Beispiel wird seit der Fusion zweier Unternehmen darüber beraten, wie die Mitarbeiter idealerweise neu eingesetzt werden können. Da sich zwei Produktionsstätten am gleichen Ort zusammenschließen, ergeben sich Kosten senkende Synergieeffekte. Daraus resultierende niedrigere Produktpreise führen voraussichtlich zu erhöhtem Umsatz bei gleichzeitig geringer Aufstockung des Personalbestands – Personal muss also nicht reduziert werden.

Dennoch kursieren im Haus Gerüchte über einen bevorstehenden Personalabbau. Angeblich haben einige Abteilungen bereits konkrete Pläne zum neuen Einsatz ihrer Mitarbeiter ausgearbeitet. Genaues ist den Mitarbeitern jedoch nicht bekannt. Die Diskussionen ziehen immer weitere Kreise. Nun drohen die qualifizierten Mitarbeiter – insbesondere mit Hochschulausbildung in der Fachrichtung Maschinenbau und Informatik – zu kündigen. Sie können damit rechnen, schnell Angebote anderer Unternehmen zu erhalten.

Ziele der Problemlösung

Eine vorzeitige, ungewollte Fluktuation soll verhindert werden, da gute Mitarbeiter wesentlich zum Unternehmenserfolg beitragen. Ziel muss es deshalb sein, sie zu binden und dafür zu sorgen, dass die besonderen Leistungsträger nicht das Unternehmen verlassen. Zusätzlich ist zu definieren, welche Mitarbeiter High Potentials und somit auf lange Sicht förderungswürdig sind.

Handlungsaktivitäten der Personalentwicklung und Einsatz der Instrumente

Die High Potentials müssen frühzeitig identifiziert werden. Sie lassen sich am besten mit einer guten Karrierechance halten. Das kann durch Assessment-Center, Auswahlgespräche oder mit der PREGO-Methode geschehen. In diesem Fall werden in Auswahlgesprächen die entsprechenden Fragen und Aufgaben mit Hilfe von situativen Fallbeispielen gestellt. Anschließend wird ein Förderprogramm aufgesetzt, das die Mitarbeiter auf die künftigen Aufgaben vorbereitet und erkannte Defizite beseitigen oder mindern soll.

Um den Teamgedanken in den Vordergrund zu stellen und das Arbeitsklima zu verbessern, finden Teamgespräche statt. Wichtig dabei ist, die Gerüchte um den bevorstehenden Personalabbau anzusprechen und die Mitarbeiter um Geduld zu bitten. Die Vorgesetzten versichern, dass es gemäß ihrem Kenntnisstand keinen Personalabbau geben wird und dass insbesondere die Leistungsträger weiterhin benötigt werden, ja sogar Förderungen erhalten sollen. Er verspricht, seine Mitarbeiter sofort zu informieren und gemeinsam mit ihnen über die nächsten Handlungsschritte zu beraten.

Die Führungskräfte vereinbaren mit den Leistungsträgern, sie sofort über Veränderungsabsichten in Kenntnis zu setzen. Situativ wird ihnen angeboten, an speziellen Förderprogrammen teilzunehmen. Das kann beispielsweise die Integration in das Projekt der Organisationsentwicklung nach der Fusion sein. Damit würde zwar zeitweise die eigentliche Arbeitskraft verloren gehen, aber sie erhalten frühzeitig Informationen und sind in die Entscheidungen eingebunden. Damit reduziert sich das Risiko ungewollter Fluktuation.

In Einzelfällen müssen neue Mitarbeiter nach entsprechendem Auswahlverfahren frühzeitig als Ersatz für kündigende Mitarbeiter eingestellt werden. Da es eine große Zahl an qualifizierten Bewerbern gibt und sich der Betrieb sicher sein möchte, dass der neue Mitarbeiter auch auf sozialmethodischer Ebene zu ihm passt, ist ein Assessment-Center dafür am besten geeignet.

4.8 Übernahme eines Großprojekts

Der Leiter eines größeren Projekts muss immer das Endziel im Auge behalten, darf nicht die Übersicht verlieren und muss die anfallenden Aufgaben angemessen auf Projektmitarbeiter verteilen. Im folgenden Beispiel geht es um ein neues, umfangreiches Projekt mit Teilnehmern aus unterschiedlichen Abteilungen. Ein Mitarbeiter aus der Konstruktion übernimmt erstmals die Leitung eines größeren Projekts. Er ist durch seine gute fachliche Qualifikation aufgefallen und scheint besonders geeignet, weil er komplexe Aufgaben häufig selbstständig ausführen konnte und über sein eigentliches Arbeitsfeld schon weit hinausgewachsen ist.

Zu Beginn des Projekts spricht der künftige Projektleiter eigene Unsicherheiten an: er kenne die Arbeit der Projektleitung nicht und habe Befürchtungen, wegen der Komplexität der Aufgabenstellung die Übersicht zu verlieren. Zudem sieht er Schwierigkeiten bei der Verteilung von Aufgaben an die anderen Projektmitglieder voraus.

Ziele der Problemlösung

Angestrebt wird eine Qualifizierung des Projektleiters zur Planung, Steuerung und Durchführung eines komplexen Projekts. Ihm soll Unterstützung bei der Auswahl geeigneter Projektmitarbeiter, der Zeiteinteilung sowie der Kapazitäten- beziehungsweise Kostenplanung gewährt werden.

Handlungsaktivitäten der Personalentwicklung und Einsatz der Instrumente

In einem ersten Gespräch überträgt der Vorgesetzte dem Mitarbeiter die Verantwortung für das Projekt und erläutert grob den Projektauftrag. Dabei teilt er ihm mit, dass er für ein Dreivierteljahr von seiner bisherigen Tätigkeit freigestellt ist und danach wieder in seiner Abteilung arbeiten kann. Der Vorgesetzte beteuert, dass er sich für die Aufgabe niemand Besseren vorstellen kann, und betont gleichzeitig die damit verbundenen Entwicklungschancen.

Drei Tage später hat sich der Mitarbeiter entschieden, die Aufgabe zu übernehmen. Besprochen wird nun, wo er für sich selbst Entwicklungsbedarf sieht. Aber auch aus Sicht des Vorgesetzten wird überlegt, welche

Qualifizierungsmaßnahmen notwendig sind. Beschlossen werden Qualifizierungen in Projekt- und Zeitmanagement sowie in Moderation und Führung.

Mit dem Auftraggeber des Projekts gibt es ein Auftragsklärungsgespräch, in dem das Budget und die personellen Kapazitäten besprochen und der angestrebte Endtermin definiert werden. Detailliertere Planungen finden im weiteren Verlauf zusammen mit den Projektmitarbeitern statt.

Für die Auswahl der Mitarbeiter, die das Projekt neben ihrer eigentlichen Tätigkeit bearbeiten sollen, gliedert der neue Projektleiter die Arbeitsinhalte und holt sich über den Betriebs- oder Personalleiter Informationen ein, welcher Kollege für welches Thema ideale Qualifikationen besitzt. Die Kollegen fragt er, ob sie am Projekt teilnehmen möchten. Gemeinsam mit den Mitarbeitern definiert er schließlich die Kosten und die benötigten Kapazitäten. Außerdem wird eine genaue Zeitleiste erstellt, die das Projekt von Beginn bis Ende in die zu bearbeitenden Schritte einteilt und an der sich alle orientieren müssen.

Zudem findet eine Teamentwicklung statt, die zunächst der Teamfindung und Standortbestimmung im Projektteam dient. Dabei werden neben den Spielregeln auch die Grundlagen für eine effektive Projektarbeit erarbeitet. Dazu zeigen alle Projektmitglieder ihre besonderen Stärken auf, die sie für besondere Arbeitspakete prädestinieren. Das macht den Personalentwicklungsbedarf sichtbar, der mit Individualmaßnahmen, insbesondere Coaching, abgedeckt wird.

Weil qualifizierte und erfahrene Projektmitarbeiter mit weniger erfahrenen gemeinsam Aufgabenpakete bearbeiten, können Qualifizierungsdefizite bei bestimmten Arbeitsinhalten aufgehoben werden. Zusätzlich werden zur Projektorganisation folgende Beschlüsse getroffen:

- Regelmäßigkeit der gemeinsamen Projektbesprechungen,
- Regelung des Informationsaustausches (zu welchen Anlässen und in welchen Abständen),
- Reaktion auf Störungen (Arbeitsengpässe, Terminschwierigkeiten),
- Dokumentation der Projektergebnisse,
- Präsentation und Kommunikation von Zwischenergebnissen an den Auftraggeber.

4.9 Pensionierung einer Führungskraft

In unserem Beispiel wurde die Laufbahn- und Nachfolgeplanung frühzeitig angestoßen. Daher ist es nicht schwierig, einen Nachfolger in den eigenen Reihen zu finden. Die Aufgaben der Führungskraft, die in Ruhestand geht, verlangen entsprechende fachliche Qualifikationen. Weil die Geschäftsleitung die Stelle aus den eigenen Reihen besetzen möchte, muss sie früh genug damit anfangen, den geeigneten Nachfolger darauf vorzubereiten. Zur Diskussion stehen fünf Mitarbeiter. Ziel ist, in diesem frühen Stadium zu analysieren, wer für diese Führungsaufgabe geeignet ist.

Ziele der Problemlösung

Die Nachbesetzung aus den eigenen Reihen ist ein wohlbegründetes Ziel der Geschäftsleitung, denn das motiviert die Mitarbeiter. Außerdem erhöht sich die Sicherheit für die richtige Wahl, wenn Arbeitsweisen und Eigenheiten des Mitarbeiters bereits bekannt sind. Damit steht das Finden und Vorbereiten des bestqualifizierten Nachfolgers im Mittelpunkt der Handlungsaktivitäten.

Handlungsaktivitäten der Personalentwicklung und Einsatz der Instrumente

In einer Runde der Geschäftsleitung werden zunächst Potenzialkandidaten benannt und Einschätzungen abgegeben, die insbesondere das fachliche Know-how berücksichtigen. Da die Gefahr besteht, dass diese überbewertet werden, entscheidet man sich für ein anschließendes Auswahlverfahren.

Mit der PREGO-Methode lassen sich geeignete interne Mitarbeiter hervorragend definieren. Zwar decken sie nur sozial-methodische und nicht fachliche Fähigkeiten ab, doch können Stärken und Schwächen aufgezeigt und eine Aussage darüber getroffen werden, in welcher Zeit und mit welcher weiteren Qualifizierung ein Kandidat das Ziel erreicht.

Aufgrund der im Rahmen der PREGO-Methode erkannten Stärken und Schwächen und der systematischen Auswertung der Mitarbeiterbeurteilungen legt sich die Geschäftsleitung auf einen Potenzialkandidaten fest. Mit ihm werden zur Definition der neuen Aufgabe Zielvereinbarungen getroffen, aufgrund deren sich die Leistungsfähigkeit erhöht und die damit auch eine weitere Vorbereitung auf die neue Aufgabe sind. Das kann beispielsweise die Übernahme von Projektaufgaben und Projektleitungen sein.

Unabhängig davon finden in regelmäßigen Abständen Mitarbeitergespräche mit der Geschäftsleitung statt, in denen die neuen Anforderungen erläutert und Ziele daraus abgeleitet werden. Sie haben den Charakter von Coaching-Gesprächen, in denen der Mitarbeiter Näheres über seine Handlungsfelder erfährt.

Ein Seminar mit dem Schwerpunkt Führung ist unerlässlich. Ein zweitägiges externes Führungsseminar bereitet den Mitarbeiter deshalb gezielt auf seine neue Führungsaufgabe und -rolle vor. Anhand eines gezielten Einarbeitungsplans wird er systematisch drei Monate vor Ausscheiden des bisherigen Abteilungsleiters mit den neuen Aufgaben vertraut gemacht. Diese Einarbeitung unterliegt der Verantwortung des alten Abteilungsleiters.

5

Controlling und Erfolgssicherung

Die Aufgabe des Controllings besteht darin, die Wirksamkeit und den Kosten-Nutzen-Effekt der durchgeführten Personalentwicklungsmaßnahmen zu überprüfen. In diesem Kapitel werden nun zwei Aspekte beleuchtet: das Controlling hinsichtlich der budgetierten und tatsächlich entstandenen Kosten sowie die Wirksamkeit der angewandten Kosten und des daraus resultierenden Beitrags zum Unternehmenserfolg.

5.1 Controlling der Kosten

Basis für eine wirksame Kostenplanung, -kontrolle und -steuerung ist das Jahresbudget für Personalentwicklung. Grundlage des Personalentwicklungsbudgets ist der auf Jahresbasis ermittelte Bildungsbedarfsplan. Je genauer dieser geplant wurde, umso sicherer steht das Budget auf festen Füßen. Welche Kosten sind zu berücksichtigen, um ein Jahresbudget erstellen zu können?

Externe Kosten	
Trainer- und Referentenhonorar	= Anzahl der Tage x Tagessatz/Trainer
Reisekosten Trainer und Referenten	= Anzahl Trainings x kalk. Reisekosten
Seminar- und Lehrgangsgebühren	= Anzahl besuchter externer Bildungsveranstaltungen x Seminar- und Lehrgangsgebühren
Lizenzgebühren für die Nutzung von Planspielen, Testverfahren oder Ähnlichem	
Hotelkosten bei auswärtiger Durchführung von Seminaren, Workshops und Coachings	= Tagespauschalen aller Teilnehmer x Anzahl Tage
Reisekosten für den Besuch von Bildungsveranstaltungen	= Reisekosten aller Teilnehmer x besuchte Veranstaltungen
Lehr- und Unterrichtsmaterialien	

Das sind die meisten Kostenarten, die im Laufe eines Jahres extern aufgewandt werden müssen. Bei den Seminar- und Lehrgangsgebühren legt man die voraussichtlich geschätzten Kosten zugrunde.

Beim Ermitteln der internen Kosten wird es schwieriger. Hier gehen Unternehmen und Verwaltungen unterschiedliche Wege. Kleinere Organisationen erfassen die Kosten gar nicht, andere tun es unterschiedlich detailliert. Nachstehend ein Überblick über mögliche anfallende interne Kosten:

Interne Kosten	
Ausfallkosten für die fehlende Arbeitskraft im Unternehmen durch die Teilnahme an Qualifizierungsmaßnahmen	= Arbeitsentgelt pro Tag x aufgewandte Tage
interne Trainer- und Referentenhonorare	= Tages- oder Stundensatz x aufgewandte Tage/Stunden
Personal- und Personalzusatzkosten der Kostenstelle Personalentwicklung	
interne Raum- und Bewirtungskosten	= Tagespauschale x aufgewandte Tage für Seminare, Workshops, Coachings und Service
interne Beratungsleistungen, Coachings etc.	= Stundensatz pauschal x aufgewandte Stunden

Das sind die meisten Kostenarten, die im Laufe eines Jahres intern aufgewandt werden.

Die auf Jahresbasis ermittelten Personalentwicklungskosten werden im Budget zusammengefasst. Monatlich oder vierteljährlich sind den Planzahlen die Ist-Zahlen gegenüberzustellen. Mögliche Planabweichungen können relativ zeitnah festgestellt und bei Handlungsbedarf Steuerungsmaßnahmen eingeleitet werden. Das kann zu der Entscheidung führen, dass beispielsweise die in der zweiten Jahreshälfte geplanten Seminare nicht wie vorgesehen in einem Hotel stattfinden, sondern in den eigenen Schulungsräumen.

Die Personalentwicklung muss mit ihrem budgetierten Kostencontrolling unter Umständen Planungen revidieren oder bei ihren Aktivitäten andere Prioritäten setzen und/oder kostengünstigere Lösungen suchen. Das Controlling über Budgets kann in dreierlei Hinsicht wahrgenommen werden.

1. Die Kosten für die geplanten Personalentwicklungsmaßnahmen werden in einem zentralen Budget erfasst und verursachergerecht an die Empfänger oder deren Abteilungen weiterbelastet. Durch die interne Kostenverrechnung wird das Budget der Personalentwicklung am Jahresende auf Null gesetzt.
2. Jeder Bereich erstellt nach Abstimmung mit der Personalentwicklung sein eigenes Jahresbudget und ist auch für dessen Einhaltung zuständig. Die Personalentwicklung stellt diesen Organisationseinheiten nur die Planungsgrundlagen zur Verfügung, zum Beispiel Seminargebühr bei externer Unterbringung pro Tag und Person.

3. Bei den klassischen Personalentwicklungsmaßnahmen wie Besuch von Seminaren, Lehrgängen, Trainings und Coachings wird wie unter Punkt 2 verfahren. Lediglich die Kosten für besondere PE-Verfahren, wie zum Beispiel Förder- und Traineeprogramme für Nachwuchskräfte und High Potentials, werden über ein Zentralbudget der Personalentwicklung oder über die Unternehmensführung gesteuert.

Die Budgetierung und das Controlling schaffen Kostentransparenz für alle Beteiligten, Personalentwicklung, Kostenstellenverantwortliche (Führungskräfte) und die eigentlichen Nutznießer der Personalentwicklungsmaßnahmen. Sie liefern die Basis für Alternativentscheidungen, zum Beispiel interne/externe Seminare und Trainings, Auswahl externer Seminar- und Trainingsanbieter.

Das Kosten-Controlling ist ein wichtiges Instrument, um ökonomisch mit den zur Verfügung stehenden Ressourcen umzugehen, und liefert damit einen wichtigen Beitrag zur Wirtschaftlichkeit. Ein in diesem Sinne installiertes Controlling ist jedoch noch kein Garant für die Qualität und Effizienz der durchgeführten Personalentwicklungsmaßnahmen.

5.2 Erfolgs- und Qualitätssicherung

Wir werden oft von potenziellen Auftraggebern gefragt: »Wie rechnet sich dieses Invest für uns?«, »Welche Rendite wirft diese Maßnahme ab?« oder »Was bringt uns diese Qualifizierungsreihe an Kostenersparungen ein?« Aus Gründen der Seriosität müssen wir bei manchen Fragen einfach passen. Auch wenn in Fachzeitschriften gelegentlich so genannte Renditeformeln dargestellt werden: Sie dienen mehr als Verkaufsinstrument für Trainer denn als schlüssige und richtige Antwort für Unternehmen, die ihre Investition begründen und gegebenenfalls rechtfertigen müssen.

Die Rendite einer Bildungsinvestition lässt sich sehr gut an den so genannten Hard Facts festmachen. Dazu zählen beispielsweise Verkaufstrainings. Die Umsatzzahlen und die Deckungsbeiträge vor und nach dem Training sind messbar, wenn es keine Sondereinflüsse gab. Die Trainingskosten sind genau kalkuliert worden und lassen sich entsprechend ins Verhältnis setzen. Ähnlich verhält es sich mit dem Thema Krankenstand. Das Senkungspotenzial kann nach einer gründlichen Ist-Analyse ermittelt und den Qualifizierungskosten gegenübergestellt werden. In diesen Bereichen lässt sich eine Renditeberechnung oder sogar eine Vorkalkulation des Amortisierungsgrads auf relativ sicherer Basis vornehmen.

Anders verhält es sich bei den so genannten Soft Facts, wie zum Beispiel der Führungskräfteentwicklung, Kommunikations- und Moderationstrainings oder zielgruppenspezifischen Förderprogrammen zum Verbessern der Sozialkompetenzen. Wir alle wissen, dass Trainings, Coachings sowie Förder- und Traineeprogramme, wenn sie professionell gestaltet werden, nicht nur Mitarbeitern, High Potentials und Führungskräften Nutzen bringen, sondern auch einen wichtigen Beitrag zu verbesserter Wirtschaftlichkeit und Wettbewerbssicherung leisten. Nur Indizes für die Erfolgs- und Wirtschaftlichkeitsberechnung auf sicherer Datenbasis fehlen.

Der wirtschaftliche Nutzen von Personalentwicklungsmaßnahmen definiert sich in den meisten Fällen über deren Qualität. Nachstehend nennen wir einige Kriterien, die maßgeblichen Einfluss auf den Erfolg von Personalentwicklungsmaßnahmen haben:

- Zielgruppenspezifische und individuelle Planung nach gründlicher Ist-Analyse der Problemsituation und Zieldefinition. Vermeiden Sie Schnellschüsse, planen Sie gründlich.
- Interne oder externe Trainer oder Coachs müssen Profis sein. Sie sollten ihre Kompetenzen nachgewiesen haben, über einen reichhaltigen Methodenmix verfügen und mit der betrieblichen Situation und der Unternehmenskultur vertraut sein. Trainer und Coachs sind in der Lage, durch ihre Persönlichkeit eine Vertrauensbasis zu ihren Kunden (Mitarbeitern und Führungskräften) aufzubauen. Im Zweifelsfall gehen Sie auf Nummer sicher und vermeiden Sie zu große Risiken.
- Der organisatorische Rahmen ermöglicht erfolgreiches Lernen. Einer Ihrer schönsten Konferenzräume kann durchaus ein schlechter Seminarraum sein. Sparen Sie nicht an der falschen Stelle; es zahlt sich nicht aus.
- Mitarbeiter und Führungskräfte sind auf Qualifizierungsmaßnahmen vorbereitet worden und der Lerntransfer ist sichergestellt.
- Lernsituationen brauchen Zeit – insbesondere, wenn es um soziales Lernen und persönlichkeitsbildende Maßnahmen geht. Lernen ist ein Prozess. Unterliegen Sie nicht der Versuchung, aus einem maßgeschneiderten dreitägigen Führungsseminar einen eintägigen Führungsworkshop zu machen. Sie sparen zwar Kosten, aber die Effizienz sinkt überproportional.
- Führungskräfte müssen Motor, Lernbegleiter, Unterstützer und Vorbild bei der Personalentwicklung sein.
- Change-Prozesse können nur zusammen mit der Personalentwicklung gestaltet werden.

Kontrolle und Sicherung des Seminar-, Trainings- oder Lehrgangsbesuchs

Alle Personalentwicklungsmaßnahmen, ob selbst geplante Seminare oder solche von externen Bildungsinstituten, sollten klare Aussagen über die Qualifizierungsziele und -inhalte und die angewandten Methoden haben. Bei Unklarheit ist beim Veranstalter nachzufragen. In Feedback-Gesprächen oder über Seminarbewertungen kann ein Abgleich zwischen Soll (Erwartungen) und Ist (tatsächliches Ergebnis) erfolgen. Eventuelle Konsequenzen für die weitere Zusammenarbeit mit Trainern und Bildungsinstituten können gezogen werden. Eine gute Möglichkeit, die Qualität eines eingesetzten internen oder externen Referenten oder Trainers zu ermitteln, sind Teilnehmerbefragungen über formalisierte Fragebögen. In Abbildung 30 finden Sie Aufbau und Inhalt eines von uns bei Trainings eingesetzten Seminarbewertungsbogens.

Aus unserer Sicht sollte ein Seminarbewertungsbogen nicht zu umfangreich und detailliert gestaltet sein, sonst verlieren die Seminarbesucher die Lust am Ausfüllen oder es geschieht zu oberflächlich. Eine zu kurz gefasste Seminarbewertung liefert zu wenige Anhaltspunkte für Verbesserungen und weitere Anregungen. Die Bewertungsbögen werden von den Teilnehmern entweder zum Seminarabschluss oder einige Tage später ausgefüllt.

Das kann Vor- und Nachteile haben. Beim Seminarabschluss kann unter Umständen die Stimmung so euphorisch sein, dass die Teilnehmer beim Ausfüllen der Bögen die »rosarote Brille« aufhaben. Bei einer zu späten Teilnehmerbefragung sind vielleicht einige Details bereits vergessen. Wir präferieren folgende Vorgehensweise:

- Eine persönliche Feedback-Runde zwischen Teilnehmern und Trainer, in die auch der Beitrag zum Lerntransfer eingebunden ist. Das gibt dem Referenten eine unmittelbare Rückkopplung der Teilnehmerzufriedenheit und ist eine Orientierung bei weiteren Veranstaltungen. Die Feedback-Runde kann ergänzt werden durch eine anonyme Punktabfrage, die sich auf die Stimmung, das Lernklima und die persönlichen Lernkenntnisse bezieht.
- Im Laufe einer Woche nach Besuch einer Bildungsveranstaltung senden die Teilnehmer die zum Seminarende ausgehändigten Bewertungsbögen an die Personalentwicklung zurück oder die Teilnehmer erhalten online den Fragebogen zum Ausfüllen.

Die Feedback-Bögen sollten so aufgebaut sein, dass sie Platz für persönliche Anregungen oder weitere Personalentwicklungswünsche bieten. Ob die Teilnehmerbefragungen schriftlich oder online erfolgen, ist in erster

Seminarbewertungsbogen

Wie bewerten Sie das Seminar?

Seminar:

vom: **bis:** **in:**

1. Dieses Seminar hat mir gefallen:

sehr gut ☐ **gut** ☐ **nicht gut** ☐

2. Wie beurteilen Sie das Seminar?

(Bitte kreuzen Sie das Zutreffende an)	**sehr gut** 1	2	3	4	**mangelhaft** 5
• Vortrags- und Darstellungsweise	☐	☐	☐	☐	☐
• Anregung zur Mitarbeit	☐	☐	☐	☐	☐
• Qualität des Inhalts	☐	☐	☐	☐	☐
• Qualität der Arbeitsunterlagen	☐	☐	☐	☐	☐
• Möglichkeiten zur praktischen Umsetzung	☐	☐	☐	☐	☐

3. Welche Seminarinhalte waren für Sie am wertvollsten?

4. Welche Seminarinhalte waren für Sie weniger wertvoll?

5. An welchen Seminarthemen sind Sie noch interessiert?

6. Würden Sie an noch einem weiteren Seminar bei diesem Trainer teilnehmen?

ja ☐ nein ☐

7. Ihre weiteren Anmerkungen zum Seminar:

Vielen Dank für Ihre Mitarbeit und alles Gute!

Abbildung 30: Seminarbewertungsbogen

Linie eine Frage der internen Organisation. Auf jeden Fall sind die Seminarbewertungen systematisch auszuwerten – als wichtiger Beitrag zur ständigen Qualitätsverbesserung von Personalentwicklungsmaßnahmen. Die statistisch ausgewerteten Teilnehmerbewertungen liefern fundierte Aussagen für den weiteren Einsatz der Trainer, Referenten, Coachs oder Prozessbegleiter.

Feedback-Gespräche nach Abschluss einer Bildungsmaßnahme zwischen Vorgesetzten und Teilnehmern leisten nicht nur einen wichtigen Beitrag zum Lerntransfer und damit zum eigentlichen Erfolg der Personalentwicklungsmaßnahme, sondern sind eine zusätzliche Möglichkeit, den Erfolg einer Qualifizierungsmaßnahme zu beurteilen. Die darin gewonnenen Erkenntnisse des Vorgesetzten über die Qualität der Maßnahme sollten idealerweise an die Personalentwicklung weitergegeben werden, damit dort im Bedarfsfall Aktivitäten zur Qualitätsverbesserung eingeleitet werden können.

Eine weitere Möglichkeit, die Qualität von Personalentwicklungsmaßnahmen zu verbessern und deren Erfolg zu kontrollieren, sind persönliche Interviews – gezielt oder nach dem Zufallsprinzip –, die von den zuständigen Mitarbeitern der Personalabteilung/-entwicklung mit dem Teilnehmer von Bildungsmaßnahmen durchgeführt werden. Das ist dann vorteilhaft, wenn Pilotveranstaltungen stattgefunden haben und weitere Folgeveranstaltungen geplant sind.

Solche Interviews stärken auch die Vertrauensbasis und die Zusammenarbeit zwischen der Personalentwicklung und ihren »internen Kunden«. Durch die Vergabe von Diplomarbeiten können bestimmte Seminartypen, zum Beispiel Führungstrainings, wissenschaftlich evaluiert werden. Die Ergebnisse führen zu verbesserten Qualifizierungsmaßnahmen. Dieses Instrument können allerdings aus Zeit- und Kostengründen mehr oder weniger nur Großunternehmen nutzen.

Ein weiterer Faktor, an dem der Erfolg einer Weiterbildungsmaßnahme gemessen werden kann, ist der Umsetzungsgrad der Seminarerkenntnisse in den betrieblichen Alltag. Der Praxistransfer sollte bereits während der Maßnahme initiiert werden, damit die Wirkung nicht im Alltag verpufft. Hierzu eignet sich beispielsweise folgender Aktionsplan:

AKTIONSPLAN
zur Umsetzung der Seminarerkenntnisse in die Praxis

Welche wichtigsten Seminarerkenntnisse werde ich in die Praxis umsetzen?	**Bis wann? (Datum)**
sofort:	
innerhalb von 2 Monaten:	
innerhalb eines Jahres:	
Welche Schwierigkeiten sind bei der Umsetzung zu erwarten?	**Was will ich dagegen tun?**
Was benötige ich für die Umsetzung und wer kann mir dabei helfen?	
Mit wem werde ich über mein Vorhaben sprechen?	**Bis wann?**
Mit wem aus meiner Trainingsgruppe werde ich Erfolge und Schwierigkeiten bei der Umsetzung besprechen? (Anruf, Treffen)	
Woran kann ich erkennen, ob ich meine Ziele erreicht habe?	

Ort, Datum____________ **Unterschrift** ________________

Abbildung 31: Aktionsplan zur Umsetzung der Seminarerkenntnisse

Im Idealfall wird ein solcher Aktionsplan im Betrieb kommuniziert. Er kann persönliche Belange Einzelner oder des Arbeitsumfelds beinhalten. Wichtig ist, dass der Vorgesetzte mit dem Mitarbeiter möglichst zeitnah nach der Personalentwicklungsmaßnahme bespricht, welche Erkenntnisse zu Verbesserungen umgesetzt werden können. Der Vorgesetzte sollte dazu seine persönliche Unterstützung anbieten.

Selbst bei viel Kreativität wird es keine verlässliche Rendite- oder Investitionsrechnung für Personalentwicklungsmaßnahmen geben, insbesondere wenn es sich bei den Qualifizierungsthemen um die so genannten Soft Tools handelt. Unternehmen werden aber dennoch den Erfolg von Personalentwicklungsaktivitäten spüren, wenn nicht direkt, dann indirekt. Erfolg und Effizienz beeinflussen folgende Indikatoren positiv oder negativ:

- Mitarbeiterzufriedenheit, die durch Mitarbeiterbefragungen festgestellt wird,
- Anzahl und Intensität von Konflikten,
- Innovationsfähigkeit und -bereitschaft,
- Kundenreklamationen,
- Image des Unternehmens in der Öffentlichkeit und bei der Bewerberrekrutierung,
- Fluktuationsrate und Fehlzeitenquote,
- Anzahl der eingereichten Verbesserungsvorschläge,
- Entwicklung von Projektkosten und Schnelligkeit der Projektabwicklung.

6

Praxisbeispiele

Wir möchten dem Anspruch gerecht werden, Ihnen ein modernes und praxisorientiertes Standardwerk der Personalentwicklung an die Hand zu geben, das für Sie als Leser Impuls- und Ideengeber für Ihre eigene Personalentwicklungsarbeit ist. Es soll Ihnen Orientierung geben, wie bestimmte Projekte und Aufgabenstellungen der Personalentwicklung praktisch umgesetzt werden können.

Wir haben deshalb interessante und herausfordernde Projekte der Personalentwicklung für Sie ausgewählt, die wir in den letzten fünf Jahren für unsere Auftraggeber durchgeführt haben. Damit möchten wir verschiedene Facetten praktischer Personalentwicklungsarbeit darstellen und Ihnen somit eine große Bandbreite der Anwendung in Unternehmen, Behörden, Verwaltungen und Organisationen bieten.

Unsere Projektbeispiele sind alle in der Praxis durchgeführt worden. Sie können die einzelnen Schritte von der Zielsetzung bis zur Umsetzung nachvollziehen. In unserer Darstellung erkennen Sie immer wieder, dass Personalentwicklung nie Selbstzweck sein darf, sondern immer für Arbeitgeber und Arbeitnehmer Vorteile und beiderseitigen Nutzen bringen muss. Dies soll Ihnen Mut machen, die wichtigen Dinge richtig zu tun.

6.1 Visionsbildung

Das im Folgenden dargestellte Projekt wurde für ein europaweit agierendes mittelständisches Unternehmen der Serviceindustrie durchgeführt. Ziel war, alle Unternehmensressourcen stärker auf den Wettbewerb auszurichten. Die Notwendigkeit ergab sich aus den sich stark verändernden politischen und ökonomischen Rahmenbedingungen in Deutschland und Europa. Die ersten grundlegenden und richtunggebenden strategischen Schritte zur Implementierung sowie Kommunikation einer neuen Vision und darauf aufbauenden Unternehmenswerten wurden zusammen mit der erweiterten Geschäftsführung erarbeitet.

6.1.1 Ausgangssituation und Zielsetzung

In einer Zeit immer kürzer werdender Produktzyklen, in der ein zunehmend globaler Wettbewerb weitere Anpassungen und Veränderungen im Unternehmen notwendig macht, brauchen Mitarbeiter Orientierung. Sie soll ihnen die langfristigen Entwicklungsperspektiven des Unternehmens aufzeigen und helfen, kurzfristige Aktivitäten besser zu verstehen.

Eine Vision ist eine realistische, attraktive und glaubwürdige Beschreibung der Zukunft des Unternehmens. Ziel ist, alle Aktivitäten der gesamten Organisation am Erreichen dieser Vision auszurichten (siehe

Abbildung 32). Die einmal erarbeitete Vision ist zugleich Grundlage für die Strategie und die Unternehmenskultur, die unabdingbar notwendig ist, um die in der Vision beschriebenen Ziele zu erreichen.

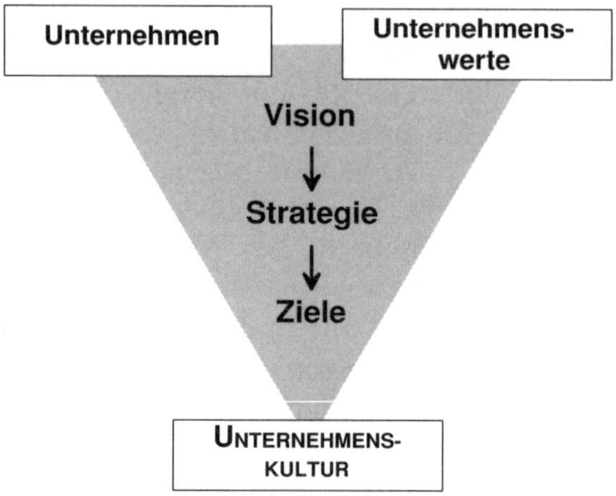

Abbildung 32: Einflussfaktoren auf die Unternehmenskultur

Mit diesen Aktivitäten wird ein langfristig wirkender Change-Prozess ausgelöst, der alle Unternehmensbereiche einbezieht. Die Unternehmenskultur wird beschrieben durch die von den Mitarbeitern gelebten Unternehmenswerte, wie zum Beispiel Eigenverantwortlichkeit, Risikobereitschaft oder unternehmerisches Denken.

Klares Projektziel ist die Kommunikation und Auseinandersetzung mit der Unternehmensvision, der Unternehmensstrategie und den definierten Unternehmenswerten aller Führungskräfte und Mitarbeiter in Deutschland sowie in den europäischen Niederlassungen. Es wird ein langfristig und nachhaltig wirkender Kulturwandel angestrebt, der das Unternehmen zukunftsfähig und wettbewerbsfähig macht und die Expansion in Europa weiter voranzutreiben hilft.

6.1.2 Projektdefinition und -durchführung

Vision und Werte wurden zeitlich synchron entwickelt. Es war der Wunsch der Geschäftsführung, sie aus einem Guss zu erarbeiten und das Konzept auch ganzheitlich zu implementieren. Wir zeigen nun, wie das mit einem vertretbaren Aufwand erreicht werden konnte.

Es gibt unterschiedliche Wege, eine Unternehmensvision zu entwickeln oder eine künftige Unternehmenskultur zu beschreiben. In unserem Fall haben wir einen ganzheitlichen Ansatz gewählt, der sicherstellt, dass keine relevanten Details übersehen werden und die erarbeitete Vision am Ende auch zum Unternehmen passt. Der Entwicklungsprozess wird durch eine workshopähnliche Herangehensweise gestaltet.

Daran beteiligt war der erweiterte Führungskreis (Geschäftsführung und zweite Führungsebene) des mittelständischen Unternehmens. In drei klar unterscheidbaren Arbeitsphasen, die systematisch und logisch aufeinander aufbauen sowie die kreativen und innovativen Potenziale anregen, werden die Grundlagen für die Formulierung einer Unternehmensvision sowie der dazugehörigen Unternehmenswerte gelegt:

- **Durchführung eines Visionsaudits:** Analyse der aktuellen Situation des Unternehmens, seiner Struktur sowie der augenblicklich eingeschlagenen Entwicklungsrichtung.
- **Klärung von Visionsumfang und -kontext:** Betrachtung interner und externer Einflussgrößen auf die Unternehmensentwicklung, die für die Visionsentwicklung bedeutsam sind.
- **Auswahl der geeigneten Vision:** Beschreibung der zu deren Umsetzung geeigneten Unternehmenskultur in Form von Unternehmenswerten.

Im Rahmen des **Visionsaudits** werden Fragen diskutiert und geklärt wie zum Beispiel der Auftrag des Unternehmens, Charakteristika und Rahmenbedingungen der betreffenden Branche (inklusive Wettbewerbsanalyse), die derzeit dominierende Unternehmenskultur, Stärken und Schwächen der Organisation sowie die aktuelle Unternehmensstrategie. Dieses Assessment des Status quo stellt sicher, dass die zu erarbeitende Vision niemals den Bezug zur Unternehmensrealität verliert. Darüber hinaus gibt das Visionsaudit Messgrößen an die Hand, die später bei der neu erarbeiteten Vision als Beurteilungskriterien verwendet werden können.

Eine Vision wird immer auch gekennzeichnet sein durch Begrenzungen und Beschränkungen, die zum Beispiel in der Natur oder der Größe des Unternehmens liegen. Das **Klären von Fragen des Visionsumfangs und -kontexts** ist daher ein wichtiger Schritt auf dem Weg zu einer realistischen, zum Unternehmen passenden Vision. Dazu gehört auch die Identifikation aller Einflussgruppen, die ein Interesse am Unternehmen haben (zum Beispiel Kunden, Mitarbeiter, Eigentümer), sowie die Klärung ihrer Interessenlagen und Erwartungen. Chancen und Risiken in der Zukunft, mögliche veränderte Erwartungen verschiedener Interessengruppen (Kunden, Eigentümer, Staat) oder Entwicklungen in Wissenschaft und Technik helfen, den Rahmen und Umfang einer Vision festzulegen und zu beschreiben.

Sind geeignete Grundlagen für ein umfassendes Verständnis zukünftiger Entwicklungen des Unternehmens geschaffen, mögliche Einflussgrößen in diesem Prozess definiert und unterschiedliche Entwicklungsrichtungen diskutiert worden, geht es darum, die **Auswahl der geeigneten Vision** voranzutreiben. In einem kreativen Prozess werden denkbare Zukunftsvorstellungen erarbeitet – bezogen auf Produkte und Dienstleistungen, Kunden und Märkte, geografische Abdeckungen, Innovationen in neuen Technologien, Solldefinitionen von Geschäftsprozessen zur Erbringung der europaweiten Dienstleistungen und vieles mehr.

Die verschiedenen Visionsoptionen werden anschließend dahingehend beurteilt, ob sie zum Beispiel den Anforderungen an eine gute Vision standhalten (zukunftsorientiert, anspruchsvoll, inspirierend, herausfordernd), die Messkriterien für den künftigen Erfolg des Unternehmens erfüllen oder bereits vorhandene Stärken und Synergien maximal nutzen. Die attraktivste und am besten geeignete Version einer Zukunftsvision für das Unternehmen wird dann konkret ausformuliert, so dass sie an die Mitarbeiter und das Unternehmensumfeld kommuniziert werden kann. Natürlich ist das erst der Startpunkt für die Umsetzung der Unternehmensvision.

In unserem Beispiel schloss sich an den Prozess der Visionsentwicklung ein Prozess der Strategieentwicklung beziehungsweise -überarbeitung an. Hier wurde sichergestellt, dass die für ein Erreichen des in der Vision beschriebenen Zustands richtigen und wichtigen Aktivitäten angegangen werden. Dafür schufen die vorausgegangenen Diskussionen bereits eine gute Grundlage. Geht es bei der Strategie um das, *was wir tun*, so geht es bei den Unternehmenswerten darum, *wie wir es tun*. Einstellung, Fähigkeiten und Kompetenzen der Mitarbeiter sind gleichermaßen wichtig, um den visionären Zustand zu erreichen und adäquate Unternehmensziele zu verfolgen.

Wir empfehlen deshalb für ähnliche Aufgabenstellungen, direkt im Anschluss an die erarbeitete Zukunftsvision die **Beschreibung einer geeigneten Unternehmenskultur** voranzutreiben. Die Rahmenbedingungen für die zukünftige Entwicklung des Unternehmens noch im Kopf, ist es für die Beteiligten dann relativ unkompliziert, Einstellungen und Verhaltensweisen von Mitarbeitern zu beschreiben, die unabdingbar sind, um das langfristige Ziel zu erreichen. Unternehmenswerte wie Eigenverantwortung, Integrität, Risikobereitschaft oder unternehmerisches Denken und Handeln beschreiben messbare Anforderungen an die Mitarbeiterschaft und bilden damit eine Grundlage für die angepeilte Unternehmenskultur.

Auch hier gilt, dass die Beschreibung der Unternehmenskultur nur der Beginn eines bedeutsamen Veränderungsprozesses ist. Veränderungen der Unternehmenskultur sind langfristig angelegte Prozesse, die durch Change-Management, intensive und nachhaltige Kommunikation sowie

Trainingsmaßnahmen begleitet werden müssen, um die erfolgreiche Implementierung sicherzustellen.

Die Visionsentwicklung und die begleitende Definition der Unternehmenswerte erstreckte sich in unserem Beispiel über einen Zeitraum von sechs Monaten. Die Kommunikation der Vision und der Unternehmenswerte dauerte etwa ein Jahr. Kommunikationsplattform dafür sind beispielsweise Teamtrainings, die funktions- und hierarchieübergreifend durchgeführt werden. In diesen Seminaren wird unter anderem detailliert und anwendungsbezogen (in Kategorien beobachtbarer Verhaltensweisen) die Bedeutung der Unternehmenswerte für die jeweilige Funktion, die Aufgabe oder den Arbeitsplatz thematisiert.

6.1.3 Nutzen und Erfolg

Es ist im Nachhinein schwer zu unterscheiden, ob die gesteigerten Marktanteile in diesem Servicebereich und eine Umsatzsteigerung – preisbereinigt – um 6 Prozent innerhalb eines Jahres auf allgemeine unternehmerische Aktivitäten oder auf den eingeleiteten Change-Prozess zurückzuführen sind. Wahrscheinlich wird eine Kombination aus vielen Faktoren die Wirklichkeit am besten abbilden.

Vor Projektbeginn wurde mit einer breit angelegten Mitarbeiterbefragung unter anderem die Mitarbeiterzufriedenheit gemessen. Ein Jahr nach dem Projekt wurde sie europaweit mit identischer Fragestellung wiederholt. Die Ergebnisse zeigen eine deutliche Veränderung in die gewünschte Richtung. Das lässt sich beispielsweise damit erklären, dass unter den Mitarbeitern Aufbruchstimmung erzeugt werden konnte.

Die Unternehmensvision war eine richtungweisende Ausgangsbasis für die Definition strategischer Unternehmensziele. Diese wurden auf allen Hierarchieebenen und in allen Unternehmensbereichen operationalisiert. Die Qualität der Führung und der Zusammenarbeit hat sich – das hat die zweite Mitarbeiterbefragung eindeutig ergeben – deutlich verbessert. Das Unternehmen ist für die Zukunft gut aufgestellt.

6.2 Führungskräfteentwicklung

Auch Logistikunternehmen stehen unter starkem Wettbewerbsdruck. Sie können nur erfolgreich sein, wenn sie nachweisen, dass ihre logistischen Leistungen qualitativ besser und kostengünstiger sind als in Eigenregie durchgeführt. Nur unter solchen Voraussetzungen sind Produktions- und Handelsbetriebe bereit, ihre Logistik fremd zu vergeben.

Unser Projektbeispiel erläutert, welche Schritte und Maßnahmen unternommen wurden, um in den Jahren 1998 bis 2000 rund 120 gewerbliche Führungskräfte, Meister und Vorarbeiter zu qualifizieren. Parallel wurde eine breit angelegte hausinterne Qualifizierungsoffensive für die gewerblichen Mitarbeiter durchgeführt. Diese Maßnahmen sind zwar nicht Gegenstand unserer Projektbeschreibung, die Qualifizierungsinhalte und -ziele wurden jedoch aufeinander abgestimmt.

Nachdem der Qualifizierungsstau abgearbeitet war, wurden ab 2001 nur noch die gewerblichen Führungskräfte qualifiziert, die im Rahmen der Personalentwicklungsplanung in Kürze eine Vorgesetztenaufgabe als Vorarbeiter oder Meister in einer der Niederlassungen in Deutschland oder im benachbarten Ausland übernehmen sollten.

6.2.1 Ausgangssituation und Zielsetzung

Das Lohnniveau der gewerblichen Mitarbeiter in Logistikunternehmen liegt in aller Regel unter dem Niveau von produzierenden Betrieben der Metall-, Elektro- und Chemieindustrie. Daraus ergeben sich für die Branche gewisse Preisvorteile, allerdings wird ein relativ hoher Anteil ungelernter Arbeitskräfte und Leiharbeitnehmer beschäftigt. Das führt zwangsläufig – wenn nicht gegengesteuert wird – zu Qualitätsproblemen, zumal sich die Technologie in modernen, leistungsfähigen Dienstleistungsunternehmen auf einem hohen Stand befindet.

Auch in unserem Projektbeispiel war die Qualifikation der meisten Vorarbeiter und Meister unzureichend. Nur wenige gewerbliche Führungskräfte, die den intern verliehenen Meistertitel trugen, hatten auch eine qualifizierte Meisterausbildung absolviert. Aus diesen Gründen bestand Handlungsbedarf für das relativ große Logistikunternehmen mit Niederlassungen in ganz Deutschland und im deutschsprachigen Ausland.

6.2.2 Modular aufgebautes Konzept zur Führungskräfteentwicklung

Die modular aufgebaute Qualifizierung der gewerblichen Führungskräfte orientierte sich an dem definierten Anforderungsprofil. Aufgrund der systematischen Führungskräfteentwicklung waren die Teilnehmer in der Lage, durch ein gemeinsames Führungsverständnis ihre Führungswerkzeuge so einzusetzen, dass in den Niederlassungen die Führung und Zusammenarbeit optimiert, die Motivation und Arbeitszufriedenheit der gewerblichen Mitarbeiter gesteigert, die Prozessqualität verbessert und die beeinflussbaren Kosten gesenkt wurden. Ein wichtiger Schwerpunkt lag darin, das unternehmerische Denken und Handeln der gewerblichen Führungskräfte und ihrer Teams zu fördern.

Jede Niederlassung musste nach den definierten Grundsätzen und Zielvorgaben der Unternehmensleitung wirtschaftlich arbeiten, ansonsten drohten Stilllegungen oder Teilstilllegungen. Da trotz Einsatz modernster Technologie das Unternehmen seine Dienstleistungen sehr personalintensiv erbringt, kam es umso mehr darauf an, die Mitarbeiter bestmöglich einzusetzen und ihre Ressourcen zu nutzen.

Definition des Anforderungsprofils

Nach Abstimmung mit der Personalabteilung über die grundsätzlichen Ziele und die Vorgehensweise der geplanten Führungskräfteentwicklung wurde in einem zweitägigen Workshop das Anforderungsprofil einer gewerblichen Führungskraft definiert und darauf aufbauend die notwendigen Qualifizierungsziele und -inhalte für ein insgesamt sechstägiges Basistraining festgelegt. Die Teilnehmer des Workshops waren Vertreter des Personalwesens, der Personalentwicklung, des Betriebsrats, der Niederlassungsleitung sowie Vorarbeiter und Meister aus verschiedenen Niederlassungen. Inhalte und Methodik der Qualifizierungen waren so zu gestalten, dass das definierte Anforderungsprofil den Orientierungsrahmen für die Qualifizierungsmaßnahmen bildet.

Aus Kapazitäts- und Kostengründen wurden in den Jahren 1998 bis 2000 alle gewerblichen Führungskräfte nur im sechstägigen Basismodul geschult. Die Aufbautrainings erfolgten erst 2001 (Abbildung 33).

Die **Basistrainings** dauerten für jede Seminargruppe, die auf zwölf Personen beschränkt war, zwei mal drei Tage. Zwischen dem ersten und zweiten Qualifizierungsteil lag ein zeitlicher Abstand von drei Monaten. So hatten die Teilnehmer ausreichend Zeit, ihre Lernerkenntnisse in die Praxis umzusetzen und zu Beginn des zweiten Teils ihre Lernerfahrungen nochmals zu reflektieren.

Bestandteil jedes Qualifizierungsbausteins war für jedes Themenfeld, Aktionspläne zur Umsetzung der Lernerfahrungen in die Führungspraxis zu erstellen. Das Qualifizierungskonzept sah vor, dass die Teilnehmer ihre Aktionspläne mit dem zuständigen Vorgesetzten – meist dem Betriebsleiter – besprechen. Dabei wurde die Unterstützung für die Teilnehmer durch ihren Vorgesetzten festgelegt.

Außerdem sollte jeder Vorgesetzte nach Seminarabschluss ein Teamgespräch gestalten, in dem er seine Mitarbeiter über die Qualifizierungsthemen informiert, Umsetzungsmöglichkeiten vereinbart und seine geänderte Sichtweise als Führungskraft erläutert. Damit konnten ein hoher

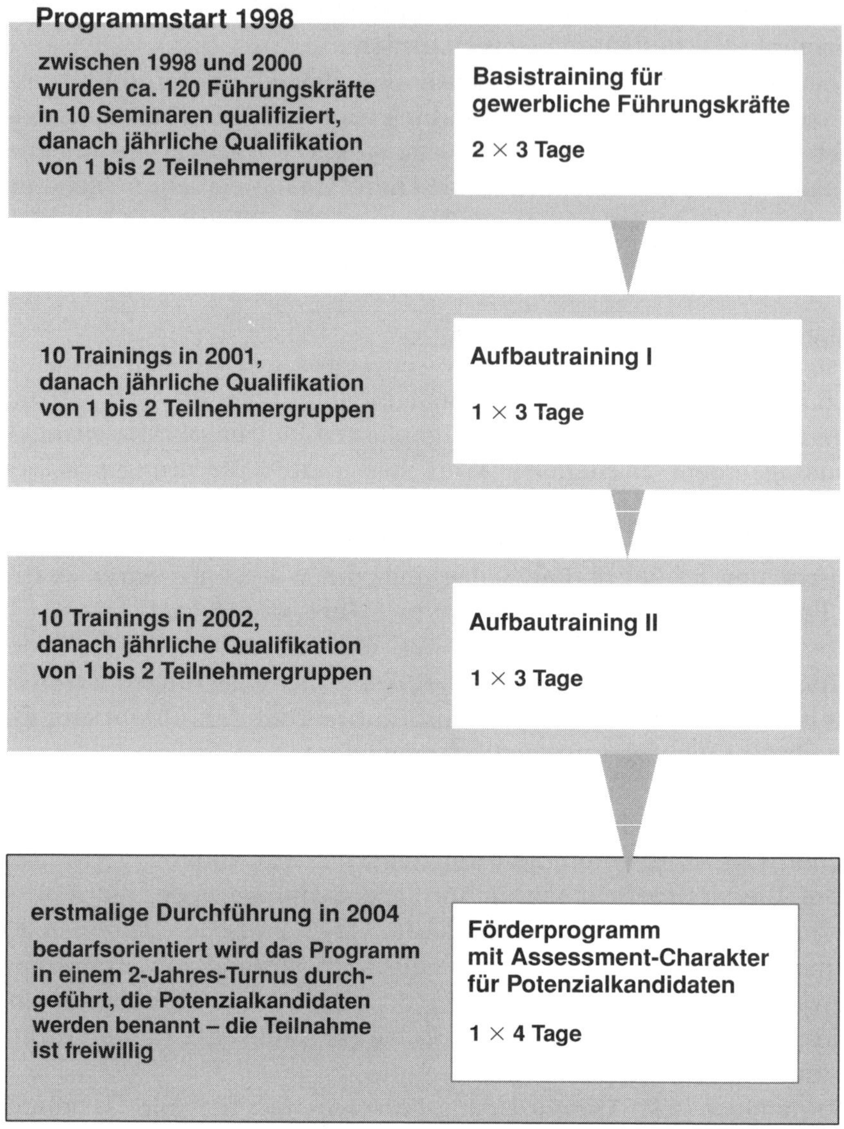

Abbildung 33: Darstellung des Konzepts zur Führungskräfteentwicklung

Umsetzungsgrad der Führungskräfteentwicklung und auch eine relativ große Veränderungsbereitschaft in den persönlichen Verhaltensweisen der teilnehmenden Führungskräfte erreicht werden.

Als Coaching-Partner standen den Führungskräften in den Niederlassungen die Qualitätsbeauftragten zur Verfügung. Zu Beginn jedes weiteren Qualifizierungsmoduls erfolgte die Reflexion des Praxistransfers.

Zusätzliche Hilfe und Unterstützung erhielten die Teilnehmer durch den Trainer oder ein gemeinsames Team-Coaching.

Das Training enthielt abwechslungsreiche Methoden – vom Trainerinput über Gesprächssimulationen, Diskussionen, Gruppenarbeiten, das Bearbeiten leichterer Fallstudien bis zum Team-Coaching. Beim Gestalten der Seminarreihen war stets zu beachten, dass die meisten Teilnehmer ohne klassische Meister- oder ähnliche Ausbildung waren. Die wenigsten hatten in den letzten zehn Jahren eine Führungskräfteschulung besucht. Das hieß in der praktischen Umsetzung: Beschränkung der Theorie auf ein Mindestmaß, Verzicht auf Theoriemodelle, die eine besondere Abstraktionsfähigkeit voraussetzen, stattdessen konkretes Arbeiten an Situationen mit hoher Praxisrelevanz.

Im Rahmen des sechstägigen Basistrainings wurden die wichtigsten **Grundlagen der Mitarbeiterführung, Selbst- und Mitarbeitermotivation** – stets ausgerichtet auf das definierte Anforderungsprofil einer gewerblichen Führungskraft – vermittelt. Durch die Auseinandersetzung mit dem Anforderungsprofil erkannten die Teilnehmer ihren persönlichen Lern- und Entwicklungsbedarf. Weitere Themenbereiche waren:

- **Gesprächsführung und Kommunikation.** Ziel: Die Teilnehmer müssen in der Lage sein, die wichtigsten Führungsaufgaben im Gespräch mit ihren Mitarbeitern erfolgswirksam umzusetzen. Sie können schwierige Mitarbeitergespräche wie Kritikgespräche führen.
- **Zusammenarbeit im Team und zwischen Teams.** Ziel: Gestaltung einer effektiven Zusammenarbeit im eigenen und mit anderen Teams (Schichten). Die Teilnehmer kennen die Erfolgsfaktoren und wissen, wie sie Teams zu Hochleistungen bringen können. Sie verbessern durch gruppendynamische Übungen ihr eigenes Team- und Kommunikationsverhalten.
- **Konfliktmanagement.** Ziel: rechtzeitiges Erkennen und konstruktives Lösen von Konflikten im Team.
- **Grundlagen des Arbeitsrechts.** Ziel: arbeitsrechtlich korrektes Führen von Mitarbeitern.
- **Unternehmerisch denken und handeln.** Ziel: Die Teilnehmer kennen die beeinflussbaren Kosten in ihrer Niederlassung und wissen, wie sie diese reduzieren können. Sie erwerben ein Grundverständnis für wirtschaftliches Handeln und das Steuern mit unternehmerischen Kennzahlen.
- **Kundenorientiert denken und handeln.** Ziel: Verankerung der Kundenorientierung als persönliche Denk- und Werthaltung. Die Teilnehmer

erfahren, wie wichtig kundenorientierte Verhaltensweisen im persönlichen oder telefonischen Umgang mit Kunden sind.
- **Problemlösung im Team.** Ziel: Die Teilnehmer wissen, wie sie mit der richtigen Methodik und Systematik betriebliche Probleme und Schwachstellen definieren und mit ihrem Team umsetzbare Lösungen erarbeiten. Der Grundgedanke eines kontinuierlichen Verbesserungsprozesses (KVP) ist bekannt. Die Teilnehmer beherrschen die wichtigsten Aufgaben eines Moderators, um Problemlösungen im Team moderieren zu können.

Aufbautraining I und II

Die eigentliche Systematik der modularen Führungskräfteentwicklung begann im Jahr 2001. Etwa 120 gewerbliche Führungskräfte sind in den vorangegangenen drei Jahren in den sechstägigen Basistrainings qualifiziert worden. Bei allen konnte ein gemeinsames Führungsverständnis gebildet werden. Die Wahrnehmung der Führungsaufgaben ist am Anforderungsprofil ausgerichtet.

In den Jahren 2001 und 2002 wurden alle Teilnehmer des Basistrainings durch die dreitägigen Aufbautrainings I und II weiterqualifiziert. An bewährten Grundprinzipien hielt man weiterhin fest. Nach jedem Themenschwerpunkt gab es wieder einen Aktionsplan für das Umsetzen der Lernerfahrungen in die betriebliche Praxis. Die Umsetzung und Auseinandersetzung damit erfolgte in gleicher Weise wie bei den Basistrainings.

Neue Mitarbeiter, die eine Funktion als gewerbliche Führungskraft übernehmen sollten, durchliefen generell in drei Jahren nachstehende Qualifizierungsbausteine:

- Basistraining: 2 × 3 Tage.
- Aufbautraining I: 3 Tage.
- Aufbautraining II: 3 Tage.

Dieses Führungskräfteentwicklungsprogramm war nach drei Jahren abgeschlossen.

Die methodische Vorgehensweise wurde auch in den Aufbautrainings weitgehend beibehalten. Die Themen und Ziele der Aufbautrainings I und II wurden in einem eintägigen Workshop erarbeitet. Er war ähnlich zusammengesetzt wie der Workshop, der das Anforderungsprofil und die Qualifizierungsinhalte für das Basistraining erarbeitet hatte. Der Einstieg in die Aufbautrainings I und II erfolgte wieder über die Reflexion des Lerntransfers.

Themenschwerpunkte des Aufbautrainings I

Neben der Reflexion des Lerntransfers und dessen Umsetzung in die betriebliche Praxis ging es darum, die mitarbeiterorientierte Kommunikation zu vertiefen.

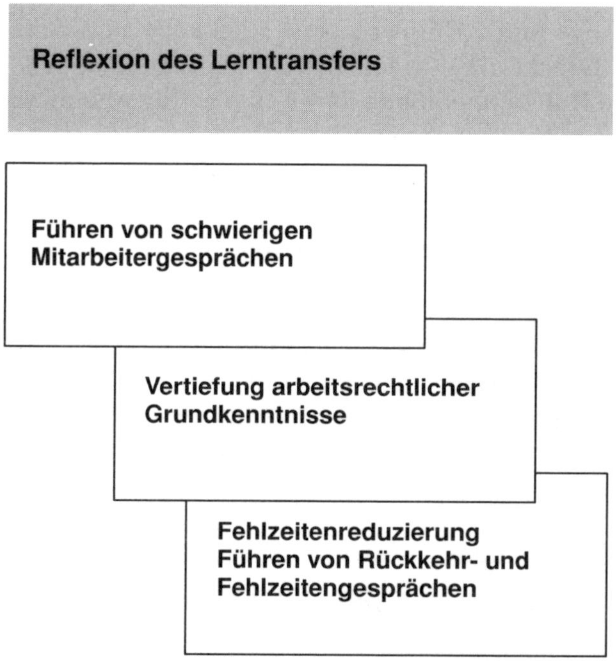

Abbildung 34: Die inhaltlichen Schwerpunkte des Aufbautrainings I

Ziele:

- Verbessern der persönlichen Kommunikationsfähigkeit der Führungskräfte, Aufarbeiten kritisch erlebter Führungs- und Gesprächssituationen als Hilfe zur Selbsthilfe. Die im Basistraining vermittelten arbeitsrechtlichen Grundkenntnisse werden vertieft. Insbesondere wird das disziplinarische Instrument einer Führungskraft unter dem arbeitsrechtlichen Aspekt behandelt. Der Führungsauftrag bei erkennbarem Alkoholmissbrauch oder Alkoholsucht wird geklärt.
- Gewinnen von Sicherheit beim Anwenden disziplinarischer Führungsinstrumente, insbesondere unter Beachtung der arbeitsrechtlichen Aspekte. Das Zusammenspiel zwischen Führungskraft und dem Personalwesen ist geklärt.
- Fehlzeitenreduzierung – Rolle und Möglichkeiten einer gewerblichen Führungskraft. Dieses Thema bildete den zeitlichen Schwerpunkt des

dreitägigen Aufbautrainings I. Ursachen und Auswirkungen hoher und/ oder häufiger Fehlzeiten wurden besprochen. Die Teilnehmer haben erfahren, wie sie in differenzierter Form situative und personenorientierte Rückkehr- und Fehlzeitengespräche führen müssen.

- Kennen und Anwenden der persönlichen Handlungsinstrumente im Umgang mit dem erkrankten Mitarbeiter. Die Teilnehmer sind in der Lage, situative und erfolgswirksame Rückkehr- und Fehlzeitengespräche unter Beachtung der sozialen Ausgewogenheit und der gültigen rechtlichen Rahmenbedingungen zu führen. Sie wissen, wie sie motivationsbedingte Fehlzeiten reduzieren und einen aktiven Gesundheits- und Unfallschutz betreiben können.

Themenschwerpunkte des Aufbautrainings II

Neben der Reflexion des Lerntransfers in die Führungspraxis stand bei den Themenschwerpunkten die Persönlichkeitsentwicklung der Teilnehmer im Vordergrund (siehe auch Abbildung 35). Die bisherigen Qualifizierungsthemen waren primär auf die Erfüllung betrieblicher Management- und Führungsaufgaben ausgerichtet. Das hatte zwangsläufig bei den gewerblichen Führungskräften einen Entwicklungsprozess ausgelöst.

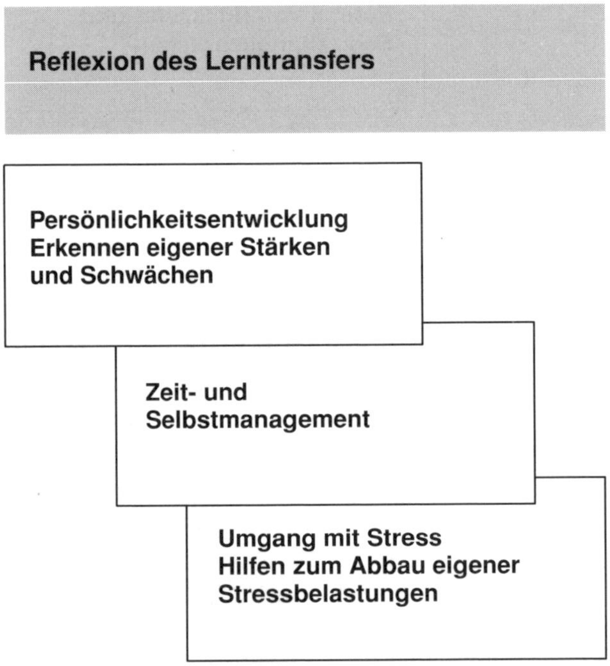

Abbildung 35: Die inhaltlichen Schwerpunkte des Aufbautrainings II

Die Personalentwicklungsverantwortlichen des Logistikunternehmens waren sich der Wirkung persönlichkeitsbildender Entwicklungsmaßnahmen für das Unternehmen und seiner Mitarbeiter bewusst. Deshalb fand diese Führungskräfteentwicklung auch mit diesem Themenschwerpunkt ihren vorläufigen Abschluss.

Das Aufbautraining II gab den Teilnehmern Instrumente an die Hand, mit denen sie ihr persönliches Zeitmanagement verbessern und ihre Arbeitseffizienz erhöhen. Im Themenbereich Selbstmanagement wurden Möglichkeiten diskutiert und erarbeitet, wie die Teilnehmer ihr Leben besser in Balance bringen und dadurch ihre beruflichen und privaten Ziele erreichen können. Sie erkennen die Stärken und Schwächen ihrer Persönlichkeit und erfahren, wie sie ihre Stärken und besonderen Fähigkeiten ausbauen oder ihre Schwächen abbauen.

Die Teilnehmer lernen den Umgang mit betrieblichen Veränderungen und erfahren, wie sie ihre Fähigkeiten und Stärken dabei einbringen können. Sie gewinnen ein besseres Verständnis für ihr eigenes Persönlichkeitsprofil und durch die Kenntnis unterschiedlicher Persönlichkeitstypen entwickelte sich auch ein verständnisvoller und wertschätzender Umgang mit ihrem sozialen Umfeld.

Die Teilnehmer wurden außerdem befähigt, mit Stress und dessen negativen Folgen besser umzugehen. Sie können ihre persönliche Stressbelastung selbst analysieren. Im Training wurden Hilfen erarbeitet, um individuelle Stressbelastungen abzubauen und die Leistungsfähigkeit damit zu erhöhen.

Als Gestalter dieses Konzepts zur Führungskräfteentwicklung wissen wir, wie motivierend dieses Aufbautraining II auf die Teilnehmer gewirkt hat. Sie haben Hilfen zur Selbsthilfe erfahren sowie Handlungsmöglichkeiten zur gezielten Weiterentwicklung ihrer Persönlichkeit kennen gelernt. Nicht das Anforderungsprofil einer Führungskraft, die Anforderungen des Unternehmens an ihre gewerblichen Führungskräfte, sondern die Führungskraft selbst stand im Mittelpunkt des Seminargeschehens. Diese Tatsache hat dazu beigetragen, dass die Identifikation mit der neuen Führungsrolle und die emotionale Bindung an das Unternehmen sich deutlich verbessert haben.

Förderprogramm mit Assessment-Charakter für Potenzialkandidaten

Im Laufe der gesamten Führungskräfteentwicklung haben sich Teilnehmer herauskristallisiert, die das Potenzial für eine höhere Funktion haben, zum Beispiel als Betriebsleiter in einer Niederlassung oder Gruppen-/Abteilungsleiter in der Zentrale. Diese Potenziale zeigten sich aufgrund der Lerntransfergespräche und einer regelmäßigen betrieblichen Leistungsbeurteilung. Auf freiwilliger Basis hatten diese Potenzialkandidaten die Möglichkeit, sich einem viertägigen Förderprogramm mit Assessment-Charakter zu unterziehen. Anhaltspunkte für die inhaltliche und methodische Gestaltung solcher Personalentwicklungsmaßnahmen finden Sie in Kapitel 2 und 3.

6.2.3 Nutzen und Erfolg

Da in unserem Projektbeispiel keine Mitarbeiterbefragung den Zufriedenheitsgrad, das Betriebsklima und die Motivation der Mitarbeiter erfasst hat, lässt sich keine konkrete und seriöse Aussage über die Wirksamkeit der Soft Facts treffen. Wenn jedoch die Zufriedenheit, die Leistungsbereitschaft und -fähigkeit der Mitarbeiter und gewerblichen Führungskräfte nicht wahrnehmbar gestiegen wäre, hätte es mit Sicherheit keine Fortsetzung der Führungskräfteentwicklung und insbesondere keine Aufbaustufen I und II gegeben.

Die Leistungen der Niederlassungen – auch in produktiver Hinsicht – konnten unter anderem auch dadurch verbessert werden, dass fast zeitgleich in den Jahren 1997 bis 2002 umfangreiche fachliche Qualifizierungen der gewerblichen Mitarbeiter stattfanden.

Die Ergebnisse bei den Hard Facts sehen wie folgt aus:

- reduzierte jährliche Kosten um etwa 6 Prozent über fünf Jahre hinweg,
- gesenkte Reklamationsrate um zirka 12 Prozent,
- Senkung der betrieblichen Fehlzeiten um 22 Prozent,
- reduzierte Überstunden – Stand 1998 zu 2004 – um 45 Prozent durch Arbeitszeitflexibilisierung, erhöhte Mitarbeiterqualifizierung und verstärkte Teambildung, dadurch gleichzeitig flexiblerer Mitarbeitereinsatz möglich,
- gesteigerte Auslastung der Lagerkapazität in fünf Jahren um 12 Prozent durch verbesserte Arbeitsprozesse und Optimierungen im Sinne von KVP.

6.3 Traineeprogramm

Das folgende Traineeprogramm ist sowohl für Großunternehmen als auch für den Mittelstand geeignet. In mittelständischen Betrieben lassen sich zusätzlich Kunden und Lieferanten als Trainees einbeziehen. Wir haben das Projekt konzeptionell mit einem Automobilzulieferer erarbeitet. Es wurde dort als Pilot durchgeführt und soll in den Folgejahren fortgesetzt werden.

6.3.1 Ausgangssituation und Programminhalt

Im Laufe eines Jahres stellt das Unternehmen fünf neue Mitarbeiter ein. Im darauf folgenden Jahr startet für sie das Traineeprogramm über einen Zeitraum von zwölf Monaten. Drei der Neuen kommen direkt von der Fachhochschule oder Universität. Die beiden anderen haben nach ihrer Ausbildung ein bis zwei Jahre Berufserfahrung sammeln können – allerdings nicht in der gleichen Branche.

Zunächst werden übers Jahr hinweg regelmäßige Treffen vereinbart. Dann wird der Gruppe ein von der Unternehmensleitung vorgegebenes Projekt übertragen. Es ist Kern der Teamarbeit während der gesamten Laufzeit des Traineeprogramms und dient dem besseren gegenseitigen Kennenlernen. Darüber hinaus fördert es auch die Netzwerkbildung und die höhere Präsenz der Gruppe im Unternehmen. Deshalb soll das Projekt für das Unternehmen auch einen übergeordneten Nutzen und Wert haben. Die jeweiligen Fachabteilungen stellen die Trainees für die Koordination des gemeinsamen Projekts und darüber hinaus – individuell abgestimmt – für die tatsächliche Arbeit am Projekt frei.

Im Laufe der Traineezeit wird ein Seminarprogramm speziell auf diese Personengruppe zugeschnitten. Konkret sehen die regelmäßigen Treffen der Mitglieder folgendermaßen aus: Innerhalb eines Jahres finden zehn Treffen statt. Sie dauern viermal einen Tag intern und dreimal zwei Tage außerhalb des Unternehmens mit Übernachtung. Die zweitägigen Veranstaltungen dienen vorwiegend der Netzwerkbildung und Persönlichkeitsentwicklung.

Drei weitere Einsätze werden zudem außerhalb der eigenen Abteilung beschlossen. Sie finden in Absprache mit dem Vorgesetzten in den Abteilungen statt, wo die meisten Schnittstellen mit dem eigentlichen Aufgabengebiet bestehen. Die Dauer beträgt jeweils zwischen zwei und sechs Wochen. Es bleibt dem Trainee und dessen Vorgesetztem überlassen, über welchen Zeitraum sich diese Einsätze schließlich erstrecken, abhängig davon, welche Aufgaben dort durchgeführt werden können.

In Rückmeldebögen erhält der Trainee einen Nachweis über seine Tätigkeiten und eine Bescheinigung über seine Leistung in der fremden Abteilung. Diese ist Grundlage und Anlass für ein persönliches Gespräch zwischen Vorgesetztem und Trainee nach der Einsatzzeit.

Konzept im Überblick

Einsatzplan des Trainees mit der Abteilung	Seminarblock Netzwerkbildung und Persönlichkeitsentwicklung	Projekt mit übergeordnetem Nutzen für Unternehmen
tägliche Arbeit	**externe Veranstaltungen**	**punktuell übers Jahr**
unterbrochen durch Einsätze in anderen Abteilungen oder bei Kunden oder Lieferanten	mehrtägige Veranstaltungen zu persönlichkeitsfördernden Themen	eintägige Veranstaltungen zur Projektkoordination in der Gruppe
Rückmeldebögen zum Einsatz – Gespräche zwischen Vorgesetztem und Trainee	Einsatz verschiedener interner oder externer Referenten und/oder gegenseitiger Bericht der Trainees zur eigenen Arbeitssituation beziehungsweise deren Arbeitsinhalten	individuelle Arbeit am Projekt in Vorbereitung auf vereinbarte Aufgabenerfüllung bis zur nächsten Gruppensitzung

6.3.2 Durchführung

Zu Beginn des Traineeprogramms am 1. Februar 2004 sind die fünf neuen Mitarbeiter bereits eingestellt. Am 3. Februar findet eine erste eintägige Informationsveranstaltung statt. Eingeladen wurden die Trainees von der Personalabteilung. Das Programm sieht folgende Punkte vor:

- Begrüßung durch den Betreuer des Programms (Mitarbeiter der Personalabteilung) und einen Vertreter der Geschäftsführung, der das zu bearbeitende Projekt vorstellt.
- Die Trainees stellen sich mit kurzem Lebenslauf, ihrer gegenwärtigen Funktion im Unternehmen und ihren besonderen Fähigkeiten vor, die sie für die Erfüllung des Projekts mitbringen.
- Es werden Spielregeln zur Zusammenarbeit und nächste Schritte im Projekt vereinbart sowie die neuen Termine besprochen.

In den folgenden zweitägigen Veranstaltungen ist der Betreuer ebenfalls dabei. Die übrigen eintägigen Treffen werden von den Trainees selbst gestaltet und betreffen das Projekt.

Projektziel

Aufgabe für die Trainees ist es, im Rahmen dieses Projekts ein neues Marketingkonzept zu erstellen. Dazu ist zum Beispiel ein Internet-Auftritt zu gestalten, in dem die Produkte beschrieben werden. Dies soll insbesondere auch das Werben neuer Kunden mit dem Aufbau eines Direktvertriebs beinhalten. Das Ergebnis wird schließlich der Unternehmensleitung präsentiert, die über die Umsetzung entscheidet.

Seminarblock

In den zweitägigen Veranstaltungen geht es insbesondere um persönlichkeitsfördernde Maßnahmen. Zum Beispiel werden folgende Themen beschlossen: Gesprächsführung mit Kunden, Arbeitstechnik und Zeitmanagement, Zusammenarbeit im Team. Im Seminar wechseln Theorie-Input und praktische Übungen ab.

Es wird beispielsweise über verschiedene Verhandlungstechniken in Kundengesprächen berichtet. Nun werden dahingehend Kundengespräche zu bestimmten Themenbereichen geübt, indem immer zwei Personen aktiv sind und die anderen das Gespräch mit beobachten und dann Rückmeldung zum Gesprächsverlauf geben.

Auf diese Weise kann das Erlernte gleich praktisch vertieft werden und es gibt einen Wechsel zwischen Indoor- und Outdoor-Übungen. So sind die zwei Tage aufgelockert. Als Informationsblöcke gibt es zusätzlich folgende Möglichkeiten:

- Die Trainees referieren gegenseitig zum Aufgabenbereich ihrer eigenen Abteilungen.
- Am Abend wird ein interner Referent eingeladen, zum Beispiel zum Thema Qualitätssicherung.

Einsatzplan mit der eigenen Abteilung

Die tägliche Arbeit der Trainees findet in der Abteilung statt. Darüber hinaus wird in Zusammenarbeit mit dem Vorgesetzten ein Einsatzplan erstellt, der vorsieht, dass der Trainee zeitweise aus der eigenen Abteilung in eine funktional angrenzende Abteilung versetzt wird, um dort die Arbeitsinhalte kennen zu lernen. Beispielsweise arbeitet ein Trainee der Produktionsplanung für einen Monat in der Abteilung Logistik und für sechs Wochen in der Qualitätssicherung. Das fördert das Erkennen prozessualer Abläufe und der unternehmensübergreifenden Zusammenhänge.

Nach jedem Einsatz des Trainees in einer anderen Abteilung führt der zuständige Vorgesetzte mit ihm ein Gespräch auf Grundlage des ausgefüllten Rückmeldebogens. Die Erkenntnisse aus den Beobachtungen, die darin festgehalten sind, werden dem Trainee im persönlichen Gespräch erläutert und dienen seiner persönlichen Weiterentwicklung.

Rückmeldebogen zum Praxiseinsatz von Frau/Herrn ______________

von __________ bis ____________

Abteilung ______________________ Verantwortliche(r) ________________

Frau/Herr ________________ bearbeitete folgende Aufgabenschwerpunkte:

____

____

____

____

Die Aufgaben wurden von Frau/Herrn ____________________ zur

- ☐ vollsten Zufriedenheit
- ☐ vollen Zufriedenheit
- ☐ Zufriedenheit
- ☐ geringen Zufriedenheit

bearbeitet.

Wir bewerten die Leistungen im Einzelnen wie folgt

Leistungen des Trainees	**gute Leistung**	**Qualifizierungsbedarf**	**Anmerkung**
fachliche Kompetenzen			
Engagement			
Kundenorientierung			
Teamfähigkeit			
Zweckmäßigkeit der Arbeitsweise			
Anwendung von Kenntnissen			
Lernfähigkeit			

Anmerkungen der Abteilung:

____

____

____

Anmerkungen des Trainees:

____

____

____

Unterschrift Betreuer (Abteilung) *Unterschrift Trainee*

Zur Kenntnis genommen:
Unterschrift Vorgesetzte(r) des Trainees

Daraus abzuleitende Qualifizierungs- bzw. Personalentwicklungsmaßnahmen oder vereinbarte weitere Einsätze:

____

____

Abbildung 36: Rückmeldebogen für Trainees

6.3.3 Nutzen

Das Traineeprogramm wurde hier zwar am Beispiel eines Automobilzulieferers beschrieben, ist jedoch branchenunabhängig einsetzbar. Trotz der vielen Elemente war es für das Beispielunternehmen nicht über die Maßen teuer und kann somit unabhängig von der Größe des Unternehmens angewendet werden. Denn der Kostenvorteil liegt darin, dass

- die Trainees überwiegend in der eigenen Abteilung arbeiten,
- es »nur« drei Seminarblöcke gibt und
- der überwiegende Teil von Traineetagen einem Projekt gewidmet ist, das einen Nutzen für das Unternehmen darstellt.

Durch die konzeptionelle Gestaltung des Traineeprogramms entstehen eine Netzwerkbildung und ein Zusammengehörigkeitsgefühl der neuen Mitarbeiter über diesen Zeitraum hinweg. Die Bindung an das Unternehmen erhöht sich. Die verschiedenen Bausteine des Traineeprogramms lassen Raum für ein Kennenlernen der Unternehmenskultur, die gegenseitige Netzwerkbildung und die Möglichkeit zur persönlichen Weiterentwicklung.

- **Kennenlernen der Unternehmenskultur:** Durch das übergeordnete Projekt sind die Trainees dazu aufgefordert, Kontakte zu unterschiedlichen Abteilungen aufzunehmen und deren Arbeitsweisen zu erfahren, aber auch die Wege der Informationsbeschaffung oder der interdisziplinären Problemlösung kennen zu lernen. Zusätzlich wird durch die Möglichkeit, in anderen Abteilungen aktiv zu arbeiten, der Blickwinkel auf das Produkt, ausgehend von der eigenen Tätigkeit, erweitert.
- **Gegenseitige Netzwerkbildung:** In allen Phasen des Traineeprogramms wird darauf Wert gelegt, dass die Entscheidungen über die zu behandelnden Themen von den Trainees gemeinsam getroffen werden. Es wird relativ viel Spielraum für eine sich bildende Gruppendynamik in den Seminarblöcken vorgesehen und es bleibt auch Zeit für persönliche Gespräche miteinander.
- **Persönliche Weiterentwicklung:** Nicht nur in den Seminarblöcken, wo Theorieinput und Gruppenarbeit ineinander greifen, sondern auch durch die Projektarbeit lernen die Trainees voneinander und können durch ihre unterschiedlichen Arbeitsweisen voneinander profitieren. Die eigene Wahl der Arbeitsmethoden und Inhalte des Seminars ermöglicht, Veränderungen aktiv zu lernen und praktisch zu üben. Im persönlichen Gespräch mit dem Vorgesetzten anhand der Rückmelde-

bögen nach den diversen Einsätzen in den anderen Abteilungen werden ebenfalls persönliche oder methodische Entwicklungspotenziale des Trainees ermittelt und gefördert.

Darüber hinaus wird durch das gezielte Einarbeiten und das intensive Kennenlernen des Betriebs, kombiniert mit den Möglichkeiten zur eigenen Persönlichkeitsentwicklung, die Bindung an das Unternehmen nachhaltig gestärkt. Das intensive Beobachten und Bewerten der Fähigkeiten der Trainees eröffnet ihnen attraktive Zukunftsperspektiven und eine Laufbahnentwicklung, die ihre besonderen Stärken und Begabungen berücksichtigt.

6.4 Potenzialerkennung und -förderung nach der PREGO-Methode

In den letzten zehn bis zwölf Jahren ist in Deutschlands Kommunen ein eindeutiger Trend erkennbar: Dienstleistungen wie Abfallentsorgung, Straßenreinigung, Grünflächenerhaltung, Friedhofsgärtnereien, Wasserversorgung, Kanalerhaltung und -reinigung werden entweder ganz oder teilweise privatisiert oder als kommunaler Eigenbetrieb aus der Stadt- oder Gemeindeverwaltung ausgegliedert.

Wenn solche Dienstleistungen weiterhin in kommunaler Regie – aber in anderer Organisationsform – für Bürger und private Kunden erbracht werden sollen, ergeben sich zwei Alternativen: Entweder sie werden in einem kommunalen Dienstleistungsbetrieb zusammengefasst oder es bilden sich daraus verantwortlich handelnde Eigenbetriebe. Beide Modelle haben die gleiche Aufgabenstellung: Sie müssen wirtschaftlich und kundenorientiert, also zumindest kostendeckend arbeiten und dürfen das Budget der Gemeinde, der Stadt oder des Landkreises nicht mehr belasten. Sie stehen ebenso wie privatwirtschaftliche Unternehmen unter Wettbewerbsdruck. Ihre Existenz ist auf Dauer gefährdet, wenn sie sich im Wettbewerb nicht behaupten können.

Unser Projektbeispiel bezieht sich auf ein kommunales Entsorgungsunternehmen mit etwa 350 Mitarbeitern. Es wird seit 1992 als Eigenbetrieb geführt und kümmert sich um die Entsorgung und Straßenreinigung einer Stadt mit zirka 200.000 Einwohnern.

6.4.1 Ausgangssituation und Zielsetzung

Im Rahmen der Organisationsentwicklung vom Amt für Stadtreinigung und Abfallentsorgung zum Eigenbetrieb gab es zwei einschneidende

Prozesse, die wir begleiten durften. Die Betriebsorganisation wurde kunden- und prozessorientiert ausgerichtet, die Hierarchien verschlankt und Kompetenzen eindeutig geregelt. Intensive Qualifizierungen galten den Führungskräften, den Mitarbeitern in der Verwaltung und den gewerblichen Mitarbeitern. Diese Maßnahmen haben den Betrieb wirtschaftlich erfolgreich gemacht. Das zeigt sich im erweiterten Dienstleistungsportfolio und dem trotz starker privater Konkurrenz erhöhten Marktanteil im Privat- und Firmenkundengeschäft.

Die Betriebsleitung, die Führungskräfte in der Verwaltung und der Personalrat waren davon überzeugt, dass die private Konkurrenz noch stärker auf den regionalen Markt einwirken wird. Da aufgrund der Struktur der Aufgaben in diesem Entsorgungsunternehmen die Mitarbeiter einen sehr hohen erfolgskritischen Faktor darstellen, galt es nun, umso stärker die vorhandenen Mitarbeiterpotenziale zu erkennen und zu fördern. Ziel war es, bisher nicht genutzte Fähigkeiten im Rahmen von Personalentwicklungsplanung für den Betrieb nutzbar zu machen. Schließlich bringen Mitarbeiter und Führungskräfte nur dann Spitzenleistung, wenn sie Aufgaben wahrnehmen, in denen sie ihre besonderen Stärken und Fähigkeiten entfalten können.

Außerdem sollten Potenzialkandidaten ermittelt werden, die im Rahmen der mittelfristigen Personaleinsatzplanung Vorgesetztenfunktionen in der Verwaltung und den Bereichen Abfallentsorgung, Straßenreinigung und Werkstatt übernehmen können. Dafür wurde die PREGO-Methode als geeignetes Instrument gewählt. Mit ihrer Hilfe erhält man nicht nur eine qualifizierte Aussage über die Potenziale der Teilnehmer und ihre besonderen Stärken, Fähigkeiten und Schwächen. Es werden auch Möglichkeiten zur Persönlichkeitsbildung aufgezeigt und Empfehlungen zur weiteren individuellen Personalentwicklungsplanung ausgesprochen.

6.4.2 Projektablauf

In einem intensiven Vorgespräch mit dem Betriebs- und Personalleiter, dem Personalratsvorsitzenden und der Frauenbeauftragten wurden die Zielsetzungen sowie der organisatorische Rahmen geklärt. Danach ging es darum, aus den betrieblichen Anforderungen Kriterien für ein Anforderungsprofil abzuleiten. Da an den geplanten Maßnahmen zur Potenzialerkennung und -förderung unterschiedliche Mitarbeitergruppen teilnahmen, verzichtete man auf die zielgruppenspezifische Definition eines Anforderungsprofils.

Die PREGO-Methode sollte sowohl für Mitarbeiter und Vorgesetzte im gewerblichen Bereich als auch in der Verwaltung angewandt werden. In den Jahren 2002 und 2003 gab es insgesamt fünf Förderprogramme: drei für Mitarbeiter und Führungskräfte der Verwaltung und zwei für Mitarbeiter und Vorarbeiter in den operativen Betriebsteilen. Die Auswahl der Teilnehmer erfolgte über zwei unterschiedliche Wege:

1. Jede Führungskraft konnte aus ihrem Verantwortungsbereich Mitarbeiter zur Teilnahme vorschlagen.
2. Die Termine wurden ausgeschrieben. Die interessierten Mitarbeiter aus der Verwaltung und dem gewerblichen Bereich konnten sich bewerben.

Diese nicht typische Vorgehensweise hat Vor- und Nachteile.

- **Vorteile:** Jede Führungskraft hat ein Vorschlagsrecht. Jeder Mitarbeiter kann selbst aktiv werden und für seine eigene Weiterentwicklung sorgen. Von Vorgesetzten übersehene Potenzialkandidaten gehen nicht unter.
- **Nachteile:** Übersteigen die Bewerbungen den Kreis der Teilnehmer (5 Veranstaltungen mit maximal 10 Teilnehmern), so wird ein internes Auswahlverfahren notwendig. Die Auswahlkommission muss Kriterien für die Auswahl definieren, transparent machen und mit den nicht berücksichtigten Mitarbeitern die Gründe für die Nichtteilnahme erläutern.

In unserem Fall haben die Vorteile die Nachteile überwogen.

Vor Beginn jeder Maßnahme zur Potenzialerkennung und -förderung wurden die Teilnehmer nochmals gründlich über Ziele, Inhalte und methodisches Vorgehen während der drei Tage informiert. So konnten Bedenken und Befürchtungen größtenteils schon im Vorfeld entkräftet werden. Da von Anfang an klar war, dass die geplanten Fördermaßnahmen nicht dazu dienen, das Personal zu reduzieren, und keiner seine Tätigkeit durch ein nicht befriedigendes Gutachten wechseln muss, haben die positiven Stimmen deutlich die negativen übertroffen. Die Personalentwicklungsmaßnahme ist insbesondere auch durch das Engagement des Personalrats im Betrieb positiv bewertet worden. Daran zeigt sich wieder, wie wichtig ein abgestimmtes internes Vorgehen zwischen Management, Personalabteilung und der Arbeitnehmervertretung ist.

Programm zur Potenzialerkennung und -förderung nach der PREGO-Methode	
Dauer:	3 Tage
Ziele und Inhalte:	Wahrnehmung der eigenen Persönlichkeit und Erkennen der eigenen Stärken und Schwächen. Selbstbild-/Fremdbildanalyse mit dem Ziel, Veränderungsprozesse im Sozial-, Führungs- und Teamverhalten auszulösen. Mit Hilfe von ausgewählten gruppendynamischen Indoor- und Outdoor-Übungen werden Stärken und Schwächen des eigenen Sozial- und Kommunikationsverhaltens transparent gemacht. Es werden im Training Hilfen erarbeitet, um die eigenen Stärken herauszuarbeiten und die Schwächen abzubauen. Im persönlichen Entwicklungs- und Fördergespräch erfahren die Teilnehmer die Ergebnisse des PREGO-Persönlichkeitstests. Des Weiteren werden ihnen die Beobachtungen während des Förderprogramms gespiegelt. Sie erhalten Hilfestellungen, wie sie ihre Persönlichkeit sowie ihr Sozial- und Kommunikationsverhalten verbessern können. Ihre Stärken und besonderen Fähigkeiten (Potenziale) werden mit ihren beruflichen Zielvorstellungen abgeglichen. Die Teilnehmer erhalten Tipps, wie sie ihre Potenziale in ihrer weiteren beruflichen Entwicklung sinnvoll umsetzen können. Der individuelle Personalentwicklungsbedarf wird erkannt und definiert. In theoretischen Inputs wird den Teilnehmern vermittelt, wie sie ihre Persönlichkeit weiterentwickeln, ihr Sozial- und Teamverhalten verbessern und ihr Leben ausbalancieren können.
	Durch die PREGO-Methode wird ein Netzwerk von persönlichen Beziehungen gebildet, das eine tragfähige und erfolgreiche Basis für die spätere Zusammenarbeit im Betrieb – über die einzelnen Funktionsbereiche hinweg – bildet.
Methodik:	Theorieinput, gruppendynamische Indoor- und Outdoor-Übungen, Coaching- und Entwicklungsgespräche.

Elemente des Förderprogramms:	*Persönlichkeitstest:* Ein speziell für die PREGO-Methode entwickelter wissenschaftlich fundierter und validierter Test. Er ermöglicht jedem Teilnehmer eine Stärken- und Schwächenanalyse und liefert Kernaussagen zu seinem Persönlichkeitstyp. *Coaching-Gespräch:* Analyse der im Training gemachten Beobachtungen und Auswertungen/Erläuterungen des PREGO-Persönlichkeitstests. Die Ergebnisse bilden die Basis für eine potenzialorientierte Entwicklungsplanung. Für die Teilnehmer dient das Gespräch als Orientierung für ihre weitere berufliche Entwicklung. *Eignungsprofil:* Aus den Erkenntnissen der PREGO-Methode werden Eignungsprofile für jeden Teilnehmer erstellt. Diese können mit den Anforderungsprofilen im Betrieb abgeglichen werden. *Begutachtung:* Die Begutachtung umfasst eine detaillierte Analyse des Persönlichkeitstyps mit einer Stärken-/Schwächenanalyse, die Erläuterungen des Eignungsprofils, Erkenntnisse aus den Verhaltensweisen während der gruppendynamischen Übungen, Empfehlungen für die Entwicklungsplanung sowie des erkannten Qualifizierungsbedarfs. *Training:* Input durch Theorie und Praxis zur Weiterentwicklung sozialer Kompetenzen. *Gruppendynamische Indoor- und Outdoor-Übungen:* Diese Übungen sind speziell auf die PREGO-Methode zugeschnitten und berücksichtigen die besonderen Anforderungen und Zielsetzungen des Auftraggebers. Der Schwierigkeitsgrad orientiert sich an der Gruppendynamik, den erreichten Lernerfolgen und den festgelegten Zielen. Die Outdoor-Übungen dienen zur Steigerung des Erlebnischarakters und Förderung des Team- und Sozialverhaltens sowie zur Bildung betrieblicher Netzwerkstrukturen.

Die dargestellten Elemente der PREGO-Methode sind in Kapitel 3 ausführlich erläutert.

Ziel- und Inhaltsbeschreibung bildeten den Orientierungsrahmen für die dreitägigen Veranstaltungen. Im Förderprogramm selbst hatten die Teilnehmer über eine Erwartungsabfrage Gelegenheit, ihre besonderen Wünsche, Erwartungen, Ziele, aber auch Befürchtungen einzubringen.

An unserem Projektbeispiel lässt sich eindrucksvoll erläutern, wie hoch das Engagement von Menschen sein kann, wenn sie die Ziele und die Notwendigkeit von Personalentwicklungsmaßnahmen bereits vor Beginn einer Maßnahme kennen und wenn sie ohne Angst und Befürchtungen agieren können.

Die gruppendynamischen Indoor- und insbesondere die Outdoor-Übungen entwickelten bereits am ersten Tag einen nachhaltigen und sich dynamisierenden Teamentwicklungsprozess. Über die gemeinsame Aufgabenstellung wurden die Teilnehmer offener zueinander, erste Stärken und Schwächen in ihrer Persönlichkeit kamen zum Vorschein. Feedback-Gespräche erhöhten diese Offenheit und förderten damit das Sozialverhalten der Teilnehmer.

Die gruppendynamischen Übungen steigerten sich in ihrem Schwierigkeitsgrad. Durch die bisherigen Erfolge wuchs die Zuversicht und damit auch die Motivation, noch höher gesteckte Ziele anzugehen. Die Stärken eines harmonierenden Teams, das die Spielregeln des menschlichen Miteinanders einhält und in das jeder seine Stärken und besonderen Fähigkeiten einbringt, wurden eindrucksvoll sichtbar. Durch den offenen und angstfreien Umgang miteinander traten Persönlichkeitsprofile und das soziale Verhalten deutlich zutage. Die Teilnehmer fühlten sich als Lernpartner und nicht als Konkurrenten, die sich in einem Assessment-Center beweisen mussten. Diese Art der Lernerfahrung hat in diesem Betrieb zu einer Netzwerkstruktur geführt, welche die Qualität der Zusammenarbeit deutlich verbessert hat.

Insbesondere die zwei Fördermaßnahmen für gewerbliche Mitarbeiter lösten eine extrem hohe Motivation für ihr Engagement aus. Grund dafür ist, dass man diesen Personenkreis bei der Personalentwicklungsmaßnahme nicht ausklammerte und es auch keine Abstriche am Konzept und den organisatorischen Rahmenbedingungen, wie zum Beispiel Hotelunterkunft, gab.

Aufgrund der eher schlechten wirtschaftlichen Lage und angespannten Arbeitsmarktsituation in dieser Region haben viele Mitarbeiter mit einer qualifizierten Ausbildung – nach einer Phase der Arbeitslosigkeit – eine Anstellung in diesem Entsorgungsbetrieb gefunden, entweder in der Straßenreinigung oder bei der Müllabfuhr. Diese Mitarbeiter verfügten teilweise über Qualifikationen, Stärken und Fähigkeiten, die das Unternehmen bislang noch nicht genutzt hatte. Mit der PREGO-Methode wurden diese Fähigkeiten erkannt, in der Begutachtung beschrieben und für die mittelfristige Personalentwicklungsplanung transparent gemacht.

Gerade diese beiden Veranstaltungen machten deutlich, wie Menschen, die »nur« über einen Hauptschulabschluss verfügen, mehr oder weniger im Stillen ihre Fähigkeiten entwickelt haben. In der Vergangenheit wurden personelle Entscheidungen meist zu stark an der schulischen Ausbildung ausgerichtet und nicht an vorhandenen Potenzialen und

Fähigkeiten. Die Teilnehmer erkannten, welche Chancen sie mittelfristig im Betrieb haben, wenn ihre Potenziale bekannt sind, die sie zu einer höherwertigen Tätigkeit befähigen.

Neben den gruppendynamischen Übungen erhielten die einzelnen Teilnehmer auch eigene Aufgaben. Durch diesen sinnvollen Mix konnten wir Beobachtungen sammeln, um die definierten Kriterien des Eignungsprofils zu bewerten. Die Erkenntnisse aus dem PREGO-Persönlichkeitstest, die Ergebnisse der Test- und Einzelaufgaben, die Beobachtungen während der Gruppendiskussionen und die ausgewählten gruppendynamischen Übungen bildeten die Basis für die Begutachtung jedes Einzelnen.

In den Coaching-Gesprächen wurden diese Ergebnisse erläutert und den Teilnehmern zusätzliche Hilfestellung für ihre weitere berufliche Entwicklung gegeben. Durch die Vertraulichkeit eines solchen Vier-Augen-Gesprächs zwischen Trainer und Teilnehmer ließen sich auch persönliche Dinge ansprechen und klären. Auf diese Weise war die Begutachtung nach Abschluss der Maßnahme auch keine Überraschung mehr.

Der chronologische Ablauf zur Potenzialerkennung und -förderung nach der PREGO-Methode gestaltete sich wie folgt:

- Definition des Eignungsprofils, Klärung der Ziele und Themenschwerpunkte sowie des notwendigen organisatorischen Rahmens.
- Interne Information und Kommunikation über die in 2002 und 2003 geplanten Fördermaßnahmen einschließlich Auswahl und Benennung der Teilnehmer.
- Vorbesprechung der Maßnahme mit jeder Teilnehmergruppe kurz vor Beginn, Klärung offener Fragen und nochmalige Erläuterung von Zielen, Ablauf und Elementen des Förderprogramms nach der PREGO-Methode durch die Personalleitung.
- Durchführung der dreitägigen Veranstaltung.
- Interne Nachbesprechung durch die Personalleitung und die jeweilige Teilnehmergruppe.
- Erstellung der Gutachten durch die Trainer.
- Besprechung der Gutachten zwischen Personalleitung und einem der beiden durchführenden Trainer, Klärung offener Punkte.
- Betriebsleiter beziehungsweise Personalleiter besprechen die Gutachten mit den Teilnehmern.
- Bedarfs- und potenzialorientiert werden Personalentwicklungsmaßnahmen eingeleitet.

6.4.3 Nutzen und Erfolg

Für den Betrieb wurde die Basis für die mittelfristige Personaleinsatzplanung geschaffen, und es konnte der Kreis der Kandidaten definiert werden, die für eine Führungsposition in Frage kommen. Die Gutachten liefern eine fundierte Grundlage für die weiteren individuellen Qualifizierungen. Bereits kurz nach Abschluss der PREGO-Methode konnten durch gezielte Job-Rotationen Teilnehmer innerhalb des Betriebs potenzialorientierter eingesetzt werden.

Was sich nicht messen lässt, sind die erhöhte Motivation und die gesteigerte Mitarbeiterzufriedenheit. Deutlich spürbar, wenn auch nicht durch Kennzahlen nachweisbar ist auch die verbesserte Zusammenarbeit im Betrieb. Die gebildeten Netzwerkstrukturen sind nach wie vor intakt. Der Erfolg der Maßnahme wird unter anderem auch dadurch untermauert, dass die beschriebene Art der Potenzialerkennung und -förderung mittlerweile auch bei anderen Entsorgungsbetrieben in dieser oder in modifizierter Form praktiziert wird.

In 2004 wurde noch einmal ein modifiziertes Konzept nach der PREGO-Methode für die Mitarbeiter durchgeführt, die in den letzten drei Jahren neu eingestellt wurden oder aus der Elternzeit wieder zurückgekehrt sind. Durch diese Fördermaßnahme konnten die erkannten Potenziale und besonderen Fähigkeiten rechtzeitig bei der Personaleinsatzplanung berücksichtigt und diesem Personenkreis frühzeitig Perspektiven für ihre weitere Entwicklung im Betrieb aufgezeigt werden.

6.5 Nachwuchsförderprogramm

Zukunftsorientierte Personalentwicklung vor dem Hintergrund der demografischen Entwicklung in Deutschland heißt, vorausschauend zu denken und zu handeln, das Risiko von personellen Fehlbesetzungen zu reduzieren und den definierten Nachwuchs an Führungskräften und Spezialisten möglichst aus den eigenen Reihen zu gewinnen, ihn gezielt zu fördern und damit stärker an das Unternehmen zu binden. Das sind Leitgedanken eines unserer Kunden, über dessen Projektbeispiel wir nachfolgend berichten. Das Projekt lief erstmals in den Jahren 2002 bis 2004 und wird seither jährlich mit einer weiteren Fördergruppe fortgesetzt.

6.5.1 Ausgangssituation und Zielsetzung

Ein Dienstleistungs- und Handelsunternehmen mit Sitz in einer deutschen Großstadt und einem über Deutschland und die angrenzenden Nachbarländer verteilten Filialnetz (Beschäftigtenzahl: etwa 920 Mitarbeiter) hat im Rahmen seiner strategischen Unternehmensausrichtung beschlossen, den Führungsnachwuchs und den Bedarf an wichtigen Spezialisten weitgehend aus den eigenen Reihen zu decken. Die Mitarbeiter erhalten bei entsprechender Eignung die Gelegenheit, an dem systematisch ausgerichteten und modular aufgebauten zweijährigen Nachwuchsförderprogramm teilzunehmen.

Voraussetzung ist die Benennung durch die jeweiligen Vorgesetzten im Rahmen einer jährlich stattfindenden potenzialorientierten Mitarbeiterbeurteilung. Selbstanmeldungen werden nur berücksichtigt, wenn Personalleitung, direkter Vorgesetzter und nächsthöherer Vorgesetzter einvernehmlich zustimmen. Eine weitere Voraussetzung ist die Teilnahme an einem dreitägigen Förderprogramm mit integrierter Potenzialanalyse nach der PREGO-Methode (siehe Kapitel 3). Hier werden die besonderen Stärken beziehungsweise Schwächen und Potenziale der Mitarbeiter erkannt.

Konkrete Zielsetzung dieses jährlich mit einer Gruppe startenden Nachwuchsförderprogramms ist es, die im Rahmen der PREGO-Methode erkannten Fähigkeiten und Potenziale weiter auszubauen und den Teilnehmern das Führungs- und Managementwissen an die Hand zu geben, mit dem sie im Anschluss eine qualifizierte Führungs- oder Spezialistenfunktion innerhalb des Unternehmensverbunds wahrnehmen können.

Die weitere Beobachtung und Unterstützung dieses Personenkreises durch die externen Referenten in den jeweiligen Qualifizierungsmaßnahmen und eine interne Mentorenbetreuung schließen das Risiko der personellen Fehlbesetzung einer strategisch wichtigen Führungs- oder Spezialistenfunktion weitestgehend aus. Durch das gezielte Auswahl- und Förderprogramm werden ein potenzialorientierter Personaleinsatz ermöglicht und eine höhere Bindung dieses Personenkreises an das Unternehmen erreicht.

Über individuelle personen- oder funktionsbezogene Personalentwicklungsmaßnahmen erfolgt eine Zusatzförderung außerhalb des definierten zweijährigen Nachwuchsförderprogramms. Dadurch wird ein Pool von Potenzialkandidaten geschaffen, deren Fähigkeiten und Eignung bekannt sind. Besetzungen von Führungspositionen bis zur zweiten Führungsebene und wichtiger Stabs- und Spezialistenfunktionen innerhalb des Unternehmensverbunds werden nur mit Mitarbeitern aus diesem Nachwuchs- und Förderpool besetzt.

6.5.2 Durchführung

Die Erarbeitung des Personalentwicklungskonzepts, in dem die strategische Ausrichtung der Personalentwicklung des Unternehmens dargestellt ist, wurde unter externer Beteiligung im Jahre 2001 abgeschlossen. Danach fanden für alle Führungskräfte der zweiten und dritten Führungsebene (Bereichs- und Abteilungsleiter) zweitägige Schulungsmaßnahmen mit workshopartigem Charakter statt. Die wesentlichen Ziele dabei waren die thematische Auseinandersetzung mit dem Personalentwicklungskonzept und die Befähigung der Führungskräfte, eine potenzialorientierte Mitarbeiterbeurteilung vorzunehmen.

Bereits in dem dreitätigen Förderprogramm zur Potenzialerkennung wurden die Möglichkeiten der Kandidaten zur eigenen Persönlichkeitsentwicklung thematisiert. Deshalb wird dieser ansonsten sehr wichtige Themenkomplex im weiter gehenden Nachwuchsförderprogramm nicht mehr schwerpunktmäßig behandelt. Allerdings werden Beobachtungen und Erfahrungen während des Trainings mit den Teilnehmern in Coaching-Gesprächen reflektiert und weitere Hilfestellungen zur Entwicklung der eigenen Persönlichkeit gegeben.

Das Nachwuchsförderprogramm erstreckt sich über einen Zeitraum von zwei Jahren. Die Teilnehmerzahl ist auf zehn beschränkt, es besteht aus zehn Qualifizierungsmodulen mit 18 Qualifizierungstagen. Die Trainings werden außerhalb des Unternehmens durchgeführt, interne Beobachter sind nicht zugegen. Nach jedem Qualifizierungsbaustein beurteilt der Referent kurz Verhalten, Leistung, Engagement und methodische sowie geistige Fähigkeiten jedes Teilnehmers. Diese Kurzbeurteilungen werden nach der Trainingsmaßnahme von der Personalleitung mit jedem Teilnehmer besprochen. Ein sich daraus ergebender weiterer Personalentwicklungsbedarf wird definiert und dessen Umsetzung vereinbart.

Mit dem Auftraggeber ist abgesprochen, dass in jedem Qualifizierungsmodul Aufgaben für den betrieblichen Lerntransfer mit den Teilnehmern definiert werden. Die Personalleitung, die in diesem Fall auch für die Personalentwicklung zuständig ist, kennt diese Aufgaben. Zwischen den externen Referenten, der Personalabteilung und den betrieblichen Mentoren wird abgestimmt, wie der Lerntransfer unterstützt und bewertet werden kann.

Die Art und Weise, wie diese Aufgabenstellungen umgesetzt wird und welche Erfolge dabei erzielt werden, geht in die jährliche Potenzialbeurteilung des Förderkreises ein. Damit erreicht man eine enge Verzahnung zwischen den seminaristischen Aktivitäten und dem Lerntransfer in die Praxis. Situativ finden von Zeit zu Zeit notwendige Koordinationen zwischen Potenzialkandidaten, deren Mentoren, der Personalleitung und den externen Trainern statt. Via Hotline können sich die Teilnehmer des Nachwuchsförderprogramms mit ihren Trainern abstimmen.

Das gesamte Förderprogramm ist in seiner Zielsetzung so angelegt, dass eine systematische, ganzheitliche, auf die Anforderungen des Unternehmens ausgerichtete Weiterentwicklung der Teilnehmer mit einem hohen Praxisbezug erfolgt. Die Personaleinsatzplanung der Teilnehmer ist auf die speziellen Gegebenheiten des Nachwuchsförderprogramms ausgerichtet und unterstützt somit die Wirksamkeit und Nachhaltigkeit der Nachwuchs- und Potenzialförderung.

Qualifizierungsmodule des Förderprogramms mit den wichtigsten Zielen

Die zehn Qualifizierungsmodule inklusive Zeitaufwand und Zielen zeigt die folgende Tabelle.

Modul 1:	**Führung und Motivation**
Dauer:	2 Tage.
Ziel:	Die Teilnehmer entwickeln ein gemeinsames Führungsverständnis, das sich an den Unternehmenswerten und dem Führungsleitbild orientiert. Sie kennen die Führungswerkzeuge und wissen diese situativ und erfolgswirksam einzusetzen. Die Teilnehmer erfahren, wie sie sich selbst und andere motivieren können.
Modul 2:	**Kommunizieren, Argumentieren, Präsentieren**
Dauer:	3 Tage.
Ziel:	Durch das Training werden die Teilnehmer befähigt, schwierige Mitarbeiter- und Teamgespräche erfolgreich zu führen. Sie erkennen die Stärken und Schwächen in ihrem eigenen Kommunikationsverhalten und lernen, es anhand von Praxissimulation zu verbessern. Sie können selbstsicherer und überzeugender gegenüber Kollegen, Mitarbeitern und Kunden argumentieren. Arbeitsergebnisse können professioneller präsentiert werden.
Modul 3:	**Zusammenarbeit im Team und zwischen Teams**
Dauer:	2 Tage.
Ziel:	Durch gruppendynamische Übungen lernen die Teilnehmer, ihr Teamverhalten zu verbessern. Sie knüpfen dabei an ihre Erfahrungen während des Förderprogramms an. Die Teilnehmer kennen die Erfolgs- und Störfaktoren von Teams und wissen, wie sie den Teamentwicklungsprozess positiv gestalten können. Sie erarbeiten ihre eigenen Spielregeln zur Zusammenarbeit, die Orientierung für ihr späteres Teamverhalten sind.

Modul 4:	**Arbeitsrechtlich korrekt führen**
Dauer:	2Tage.
Ziel:	Die Teilnehmer lernen die Grundlagen des deutschen Arbeitsrechts. Sie wissen, welche arbeitsrechtlichen Bestimmungen sie bei der Wahrnehmung ihrer eigenen Führungsaufgaben beachten müssen. Sie kennen ihren rechtlichen und disziplinarischen Handlungsspielraum in kritischen Führungssituationen wie zum Beispiel arbeitsvertragliche Verletzungen, Schlecht- oder Minderleistungen, Fehlzeiten, Alkoholmissbrauch oder -sucht.
Modul 5:	**Arbeitsmethodik und Zeitmanagement**
Dauer:	2Tage.
Ziel:	Aufgrund der Trainingserfahrungen können die Teilnehmer Teambesprechungen effizienter und zeitökonomischer gestalten. Sie lernen anhand praktischer Übungen die Aufgaben eines Moderators kennen. Die Teilnehmer sind in der Lage, betriebliche Probleme mit Hilfe von Moderationstechniken und einer sinnvollen methodischen Strukturierung schnell und effizient zu lösen. Sie kennen ein breites Spektrum von Möglichkeiten, ihre Zeit und ihren Tagesablauf optimal zu organisieren.
Modul 6:	**Betriebswirtschaftlich denken und handeln**
Dauer:	2 Tage.
Ziel:	Mittels eines einfach strukturierten Unternehmensplanspiels, welches das betriebliche Geschehen eines Dienstleistungsbetriebs simuliert, wird das unternehmerische und betriebswirtschaftliche Denken und Handeln der Teilnehmer gefördert. Sie treffen unternehmerische Entscheidungen für ihr Dienstleistungsunternehmen über mehrere Geschäftsperioden hinweg. Durch eigenes Erfahren und Theorieinput erwerben die Teilnehmer betriebswirtschaftliche Kenntnisse, die sie Abläufe, strategische Unternehmensentscheidungen und betriebswirtschaftliche Zusammenhänge besser verstehen lassen. Sie kennen das Beziehungsgeflecht zwischen Mikro- und Makroökonomie.
Modul 7:	**Projektmanagement**
Dauer:	2 Tage.
Ziel:	Anhand einer praktischen Fallstudie lernen die Teilnehmer die Grundlagen des Projektmanagements kennen. Durch Theorie und praktisches Erfahren werden sie mit den Aufgaben eines Projektleiters oder Mitglieds eines Projektteams vertraut gemacht. Sie lernen den Phasenverlauf eines Projekts und sind in der Lage, Projekte zu planen, Ziele und Projektaufträge zu formulieren und Projekte in ihrem Phasenverlauf zu steuern. Die Teilnehmer beherrschen die wichtigsten Instrumente eines effizienten Projektmanagements und können Projektsitzungen moderieren.

Modul 8:	Selbst- und Stressmanagement
Dauer:	1 Tag.
Ziel:	Aufbauend auf den bereits während des Förderprogramms erworbenen (Selbst-)Erkenntnissen erfahren die Teilnehmer, wie sie ihr Leben in Balance bringen und damit ihre beruflichen und persönlichen Ziele besser und leichter erreichen können. Sie erhalten Hilfen zur Selbsthilfe für ihr Selbstmanagement. Den Teilnehmern wird bewusst, welchen Stressbelastungen sie im beruflichen Alltag und in ihrem Privatleben ausgesetzt sind. Sie erfahren, wie sie ihre Stressbelastung reduzieren und hohe Arbeitsanforderungen erfolgreich managen können.
Modul 9:	**Persönliches Change-Management**
Dauer:	1 Tag.
Ziel:	Dieses Qualifizierungsmodul gibt den Teilnehmern die Möglichkeit, zu lernen und zu erfahren, wie sie mit gegenwärtigen und künftigen betrieblichen Veränderungsprozessen persönlich umgehen und ihr soziales Umfeld dabei einbeziehen können. Sie wissen, wie sich Veränderungsprozesse aktiv mitgestalten lassen und welche inneren Einstellungen dazu notwendig sind. Sie kennen die Anforderungen, die an sie als zukünftige Führungskräfte bei Veränderungsprozessen gestellt werden.
Modul 10:	**Selbstreflexion des Nachwuchsförderprogramms**
Dauer:	1 Tag.
Ziel:	Gemeinsam mit den betrieblichen Mentoren und der Personalleitung reflektieren die Teilnehmer die Ergebnisse, Erkenntnisse und Erfahrungen des Nachwuchsförderprogramms. Die Entwicklungsperspektiven für jeden Teilnehmer sind geklärt. Die Ergebnisse des bisherigen Lerntransfers werden bewertet, noch offene Fragen besprochen und der Nutzen des Programms für das Unternehmen und die Teilnehmer herausgearbeitet.

Zeitlicher Ablauf des Nachwuchsförderprogramms

Ein Beispiel für den zeitlichen Ablauf des Nachwuchsförderprogramms finden Sie in der Tabelle, dargestellt am Beispiel der ersten Projektgruppe.

Zeitplan	
1. Meilenstein: 1. Halbjahr 2001	• Erarbeitung des strategischen Personalentwicklungskonzepts.
2. Meilenstein: 2. Halbjahr 2001	• Workshops für Führungskräfte der zweiten und dritten Leitungsebene zur Kommunikation des PE-Konzepts und zur Befähigung, jährliche Potenzialbeurteilungen durchzuführen.

3. Meilenstein: Frühjahr/ Sommer 2002	• Start der ersten Gruppe mit dem dreitägigen Förderprogramm nach der PREGO-Methode. • Feststellung des individuellen Förder- und Entwicklungsbedarfs aufgrund der Erkenntnisse der PREGO-Methode – dokumentiert in den Teilnehmergutachten. • interne Besprechung der Gutachten mit jedem Teilnehmer in einem Vier-Augen-Gespräch. • Erarbeitung eines Grobkonzepts für die Personaleinsatzplanung in den nächsten zwei Jahren.
4. Meilenstein: Herbst 2002	• gemeinsames Erarbeiten des modular aufgebauten Nachwuchsförderprogramms. • Implementierung von internen Mentoren zur Betreuung und Förderung der Teilnehmer.
5. Meilenstein: Beginn Herbst/ Winter 2002 Ende: Sommer 2004	• Umsetzung des Nachwuchsförderprogramms.

6.5.3 Nutzen und Erfolg

Im Gegensatz zu Personalentwicklungsmaßnahmen, die durch objektive Kennzahlen messbar sind – zum Beispiel Fehlzeiten, Umsatzzahlen, Ausschussquoten, Produktivität oder Anlagenverfügbarkeit –, kann der Erfolg eines solchen Nachwuchsförderprogramms nicht eindeutig in Euro und Cent nachgewiesen werden. Folgende Kriterien lassen sich jedoch als Erfolgsfaktoren unseres Projektbeispiels werten:

- Die erste Pilotgruppe, die 2002 begann und ihren Abschluss Mitte 2004 fand, wird nur mit geringfügigen inhaltlichen Änderungen weitergeführt. Bereits im Frühjahr 2003 startete mit der dreitägigen PREGO-Methode die zweite Fördergruppe.
- Die Mentoren und die betrieblichen Vorgesetzten erkannten bei den Teilnehmern ausnahmslos Veränderungen bei Engagement und Arbeitsmethodik.
- Von der ersten Nachwuchsgruppe wurden bereits vier Teilnehmer noch vor Abschluss des letzten Qualifizierungsmoduls in eine Führungsfunktion übernommen.
- Zwei betriebliche Vorgesetzte der vierten Leitungsebene (Disponenten), die über besonders gute kommunikative und rhetorische Fähigkeiten verfügten, übernahmen etwa ein halbes Jahr nach Abschluss des Nachwuchsförderprogramms eine Gruppenleiterfunktion im Außendienst.

- Die Resonanz auf den ersten Pilotdurchgang war so positiv, dass für die zwei folgenden Förderprogramme nahezu doppelt so viele Anmeldungen vorlagen, wie letztlich berücksichtigt werden konnten.
- Das Risiko einer personellen Fehlbesetzung hat sich nach Aussage der Geschäftsleitung auf ein Mindestmaß reduziert, da die Teilnehmer des Nachwuchsförderprogramms zwei Jahre auf Herz und Nieren geprüft wurden und sowohl von den externen Referenten als auch von den betrieblichen Mentoren und Vorgesetzten in regelmäßigen Abständen beurteilt wurden.
- In einem Fall wurde aufgrund der Erkenntnisse des Nachwuchsförderprogramms eine bereits von der Geschäftsleitung geplante Ernennung zum Meister nicht vollzogen. Dieser Mitarbeiter übernahm wegen noch fehlender sozialer Kompetenz bis auf weiteres eine qualifizierte Funktion als Auditor in der Qualitätssicherung.
- Alle Teilnehmer des ersten Nachwuchsförderprogramms sind noch bei ihrem Auftraggeber tätig.

6.6 Führungskräfte-Coaching

Der folgende Coaching-Prozess fand in einem mittelständischen Dienstleistungsunternehmen statt, das sich in einer Phase der Veränderung hin zu mehr Wettbewerbsorientierung und Profitabilität befand. Diverse Schulungsprogramme begleiteten diesen Prozess, ergänzt durch spezifische Programme zur Auswahl und Förderung von Führungsnachwuchskräften. Aus diesen entstanden aufgrund der Gutachten schriftliche Lern- und Entwicklungshinweise, die mit den Teilnehmern, ihren Vorgesetzten und den Trainern besprochen wurden und zu weiteren Vereinbarungen im Hinblick auf Persönlichkeitsentwicklung führten.

6.6.1 Ausgangssituation und Auftragsklärung

Der Coachee (Klient) war ein junger Abteilungsleiter, der vor zwei Jahren aus der Stellvertreterfunktion heraus zum Nachfolger des aus Altersgründen ausgeschiedenen Vorgängers kommissarisch eingesetzt wurde. Den Auftrag für das Führungs-Coaching gab die Geschäftsleitung. Sie war mit den Leistungen und Einstellungen des Coachees (auch nach den Feedbacks aus den besuchten Qualifizierungsmaßnahmen) nicht zufrieden, befand das Potenzial und die Qualifikation in fachlicher Hinsicht jedoch als ausreichende Basis für einen Verbleib in der Funktion. Eine beratende und unterstützende Hilfestellung über die betrieblichen Maßnahmen hinaus durch ein persönliches Coaching wurde deshalb als zwingend notwendig erachtet.

Auftragsklärung

Zwei Vorgespräche waren notwendig, um den Auftrag mit der Geschäftsleitung zu besprechen und eine vorläufige Vereinbarung zu treffen (noch ohne Einbezug des Coachees!).

Aufgabenstellung und Gestaltung der Rahmenbedingungen

- Ermittlung des individuellen Qualifizierungsbedarfs des Coachees (unter Berücksichtigung der vorhandenen Entwicklungsempfehlungen).
- Analyse der Probleme aus seiner Sicht (individuell/in der Abteilung).
- Darstellung der Analyseergebnisse und Vorschlag für einen Maßnahmenplan.

Die Beratungstermine und das methodische Vorgehen wurden direkt mit den Betroffenen (Abteilungsleiter und Mitarbeiter) im Rahmen der vereinbarten Kapazitäten festgelegt. Dazu zählten Information, Absprachen und die Durchführung von Interviews.

Coach und Auftraggeber waren sich über die Risiken eines solchen Führungs-Coachings bewusst. Deshalb gab es Absprachen über folgende Punkte:

- Diskretion
- differenzierte Situations- und Bedarfsanalyse
- Termineinhaltung
- schriftlicher Abschlussbericht
- keine Bloßstellungen, sondern fürsorglicher Umgang mit allen Beteiligten (Schutz vor entwürdigenden Angriffen)
- Prozessstart erst nach Zustimmung des betroffenen Abteilungsleiters (Coachee)
- keine Information/Rückmeldung an Geschäftsleitung ohne Einbindung des Coachees.

Auftragsklärung mit dem Coachee

Nach der internen Abstimmung zwischen Geschäftsleitung und Coachee wurde der Auftragsklärungsprozess direkt mit ihm fortgesetzt. Ziel dieses zweistündigen Erstgesprächs war, sich kennen zu lernen, den Auftrag der

Geschäftsleitung auf Akzeptanz zu prüfen und sowohl inhaltlich als auch methodisch eine Vereinbarung zu treffen. Damit konnte das notwendige Commitment – zwar noch mit Unsicherheiten, aber tragfähig – erreicht werden. In einem gemeinsamen Folgetermin mit der Geschäftsleitung wurde der Auftrag dann vervollständigt und verabschiedet.

Ein Coaching-Auftrag ohne Commitment ist sehr wahrscheinlich zum Scheitern verurteilt. Ein erfahrener Coach wird daher gerade auf diesen Aspekt sehr großen Wert legen und gegebenenfalls einen Auftrag sogar ablehnen, wenn diese Voraussetzung nicht gemeinsam mit dem Klienten zu erreichen ist.

6.6.2 Prozessablauf in der Analysephase

Die ersten beiden zweieinhalbstündigen Gespräche fanden dann mit dem Coachee in neutraler Atmosphäre statt. Ziel war hier, den individuellen Qualifizierungs- und Beratungsbedarf zu erfassen und die Situation der Abteilung, ihrer Mitarbeiter und des betrieblichen Umfelds zu analysieren.

Typisch für eine solche Phase ist, dass der Interviewpartner die Verantwortung (im Sinne von Schuld) für die Situation und die Umstände bei den anderen (Geschäftsleitung, Nachbarabteilungen, Kollegen, Mitarbeitern etc.) sucht. Bereits hier definiert der Coach durch sein eigenes Verhalten maßgeblich die weitere Prozesskultur. Ein neutrales, explorierendes Verhalten, welches großzügig mit Aufmerksamkeit, aber sehr zurückhaltend mit Zustimmung umgeht, ist hier oft angemessen. Denn die neutrale Rolle des Coachs ist für seine Arbeit und damit für seine Akzeptanz und die Prozessqualität unabdingbar.
Ein Coach, der sich zum Anwalt einer Seite (Interessenvertretung) macht, taugt als Coach nicht mehr (Anwalt ist nun mal eine gänzlich andere Rolle!). Er wird dann Teil des Problems und verstößt im wörtlichen Sinne gegen seinen Auftrag.

Ergebnisse der Analysephase

Mit Fokus auf den Abteilungsleiter: Erkannt wurde ein umfassender Qualifizierungsbedarf des Coachees im Bereich Führung (Führungsinstrumente und ihre Anwendung), methodische Qualifikation (Problemlöse- und Arbeitstechniken, Visualisierung) und vor allem im ganzen Feld der Kommunikation. Auf der anderen Seite wurde auch deutlich, dass die eigene Rolle als Führungskraft noch nicht vollständig reflektiert und durchdrungen war, geschweige denn gelebt wurde. Der (innere) Wechsel vom Kollegen zum Vorgesetzten hatte nicht nachhaltig stattgefunden, der notwendige kulturelle Wandel in der Abteilung vom früheren, sehr autoritär agierenden Abteilungsleiter zum jungen, eher kooperativ eingestellten und lockeren Führungsstil war noch nicht vollzogen. Als neuer Abteilungsleiter konnte er den Anspruch nach mehr Eigenverantwortung und -initiative nicht vermitteln, die Mitarbeiter reagierten unverständig und forderten die alten Entscheidungsprozesse wieder ein. Konflikte in der Mannschaft wurden nicht bearbeitet, sondern über letztlich wirkungslose Appelle kaschiert.

Mit Fokus auf die Mitarbeiter: Im Rahmen einer abteilungsinternen Regelkommunikation wurden die ersten Analyseergebnisse den Mitarbeitern (soweit sie diese betrafen, detaillierter, soweit sie den Abteilungsleiter betrafen, eher grundsätzlich) vorgestellt und diskutiert. Ergebnis war eine Bestätigung der Einschätzung von Geschäftsleitung und Abteilungsleiter. Es ergaben sich aber auch wichtige Ergänzungen aus Sicht der Mitarbeiter und die klare Forderung nach einem Teamentwicklungsprozess.

> Hier zeigt sich beispielhaft, dass sich ein Coaching-Prozess im systemischen Sinne nicht auf eine Person alleine beschränken darf, da Wirkung und Gegenwirkung von menschlichem Verhalten nun einmal mit allen Beteiligten zu tun haben.

Im später noch erwähnten Teamentwicklungsprozess wurde dem Coachee von den ehemaligen Kollegen und jetzigen Mitarbeitern der Auftrag zur Führung der Abteilung explizit erteilt – eine wichtige Voraussetzung, um sich aus der alten Rolle zu verabschieden und sich der neuen vorbehaltlos zu stellen.

Überarbeitung des Coaching-Auftrags mit der Geschäftsleitung

Aufgrund der durchgeführten Analyse konnte nun der Coaching-Auftrag der Geschäftsleitung verfeinert werden. Zum einen wurde er für den Abteilungsleiter um Trainings-/Schulungsinhalte ergänzt und der zeitliche und kapazitive Rahmen definiert. Zum anderen vereinbarte man für die Mitarbeiter einen Teamentwicklungsprozess, der sich organisch in den Fortschritt des Coaching-Prozesses einzufügen hatte.

6.6.3 Coaching-Prozess

Auf Basis der Analyseergebnisse wurde mit dem Coachee eine erste Phase über sechs Monate mit jeweils einer zweieinhalbstündigen Sitzung pro Monat vereinbart. Anschließend sollte dieser Rhythmus auf zwei Monate für ein weiteres halbes Jahr ausgedehnt werden.

Methodik und Vorgehensweise:

- Bericht über die Umsetzungserfahrungen seit der letzten Beratungssitzung,
- Herausarbeiten der Lernerfahrungen,
- Definition der aktuellen Themen inklusive Priorisierung,
- Bearbeitung dieser Themen einschließlich theoretischer Ergänzungen,
- Erstellen eines Aktionsplans (beziehungsweise Ergänzen des vorhandenen),
- Simulation von Führungsaufgaben/Probehandeln mit Feedback und Alternativentwicklungen.

Die Herausforderung in diesem Coaching-Prozess bestand in der umfassenden Aufgabe und damit Komplexität für alle Beteiligten. Im Folgenden werden daher die sich über die Zeit verändernden Coaching-Rollen dargestellt. Die Abbildung 37 gibt dazu erste Hinweise.

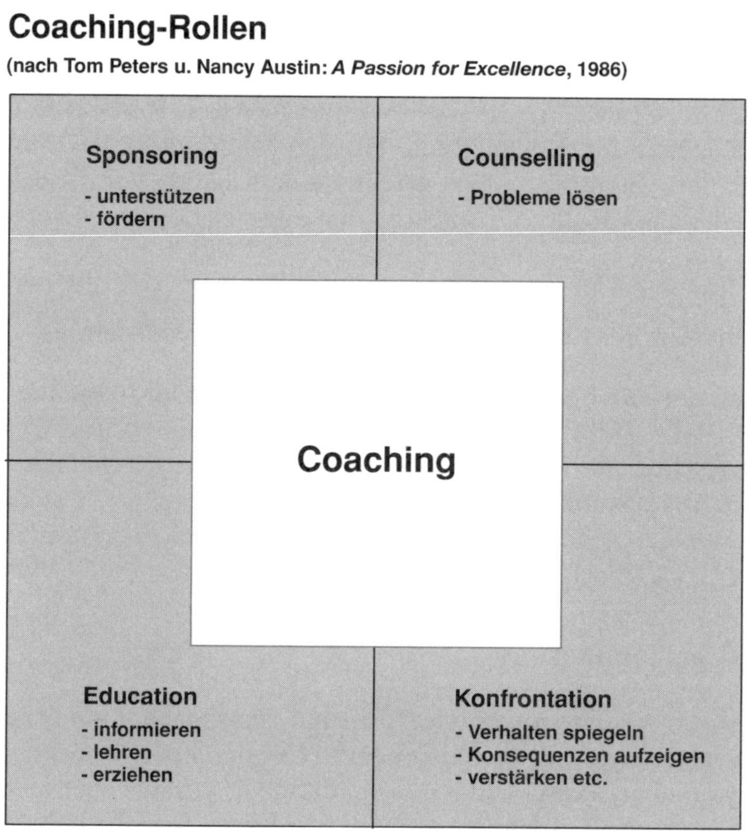

Abbildung 37: Die Coaching-Rolle

Counsellings

Die ersten Sitzungen hatten die aktuellen Problemfälle des Abteilungsleiters zum Thema. Da die Zeit nicht ausreichte, alle Themen im Detail zu besprechen, wurden über eine Priorisierung die wesentlichen (leidvollsten) herausgenommen und daran das bisherige Lösungsverhalten des Abteilungsleiters analysiert sowie gemeinsam Alternativen entwickelt.

Kurze Theorieinputs ergänzten und untermauerten diesen Prozess und gedankliche Simulationen verhalfen zu etwas Sicherheit. Da einige Probleme sehr drückten, gab es dafür konkrete Hinweise und Tipps zum Vorgehen von Seiten des Coachs. Außerdem wurde ein aktueller Konflikt im Team vom Coach selbst bearbeitet, für den er einen Parallelauftrag als Konfliktmanager erhielt.

> In der frühen Phase des Coachings erwarten Klienten oft konkrete Unterstützung bei ihren aktuellen Problemsituationen. Im Sinne einer Krisenintervention ist es eventuell notwendig, detaillierte Hinweise für den betrieblichen Alltag zu geben. Ganz im Sinne von »Ratschläge sind auch Schläge« ist hier jedoch sehr viel Bedacht und Vorsicht notwendig.
> Coaching hat das Ziel, die Eigenständigkeit und Selbstverantwortung des Klienten zu stärken und seine Handlungsfähigkeit auf Dauer zu sichern. Probleme löst somit letztendlich immer der Coachee. Hinweise, Vorschläge und gemeinsam entwickelte Alternativen unterstützen ihn dabei. Kriseninterventionen des Coachs werden gemeinsam geplant und anschließend analysiert, um den notwendigen Lerntransfer zu sichern und die Stellung des Coachees im eigenen Verantwortungsbereich zu stärken.

Erziehung und Training

Aufgrund der definierten Lernbedarfe und des Prozessfortschritts wurden in die Sitzungen zunehmend theoretische Inhalte aufgenommen. Auf Basis einer angepassten Zusammenfassung von Malik, *Führen – Leisten – Leben* (2000, Heyne-Verlag), wurden die aktuellen Probleme immer wieder mit den dort dargestellten Aufgaben, Werkzeugen und Grundsätzen abgeglichen und gemeinsam Handlungsansätze beziehungsweise -alternativen entwickelt.

Der Charme dieser Vorgehensweise lag darin, dass durch ein begleitendes Literaturstudium des Coachees die gemeinsamen Sitzungen zur Interpretationshilfe dienten und ein direkter Bezug zu Theorie und Praxis hergestellt werden konnte.

Im Coaching kann der Führungsalltag direkt und unmittelbar mit der Theorie verwoben werden. Dies sind Vorteile gegenüber einem klassischen Führungstraining. Lernen wird somit als hilfreich und konkret erlebt und damit auch angenommen. Darüber hinaus schafft die neue Sicherheit im beruflichen Alltag Erfolgserlebnisse und Motivation für eine Fortsetzung des eigenen Entwicklungsprozesses.

Konfrontation

Am Ende der ersten Coaching-Sequenz (nach etwa vier Monaten) vertrat der Coachee zunehmend den Standpunkt, die betrieblichen Rahmenbedingungen ließen keine weiteren Fortschritte in den abteilungsübergreifenden Prozessen zu (die Kollegen sitzen aus, die Geschäftsleitung duldet und unternimmt nichts). Auch im Mitarbeiterverhalten sei nur bedingt eine Änderung möglich, denn auch hier stünden die Betriebskultur und die nur eingeschränkten Möglichkeiten eines Vorgesetzten einer notwendigen Veränderung entgegen.

In dieser Phase war es dann unumgänglich, dass auch der Coach sein Interventionsverhalten änderte. Zunehmend fanden jetzt konfrontative Elemente Einzug in die Sitzungen. Verhalten, Einstellungen und Ansprüche des Coachees wurden gegenübergestellt und die Konsequenz des eigenen Tuns kritisch hinterfragt.

Ziel war hier, die Rückzugsposition des Coachees (die anderen sind schuld, lassen nicht zu etc.) aufzuweichen, die eigene Verantwortung mit den eigenen Möglichkeiten als Vorgesetzter zu kombinieren und sowohl die in jedem Betrieb vorhandenen Handlungsspielräume zu verdeutlichen als auch das eigenverantwortliche Handeln zu fördern.

Mit wachsender Sicherheit verstärken sich im Laufe der Zusammenarbeit Tendenzen, einmal gefundene Lösungen zu verallgemeinern und die Schuld für mangelhaften Fortschritt bei anderen zu suchen. Auch die innere Haltung (»ich tue ja was, jetzt sind die anderen auch mal dran«) führt unter Umständen zu einem Ermüdungseffekt. Diesen gilt es aufzuheben, zumal viele neue Ansätze im Führungsverhalten von den Mitarbeitern und Kollegen erst einmal kritisch beobachtet werden und noch keine nachhaltige Wirkung in der Organisation erzielen.
Die Zusammenarbeit zwischen Coach und Coachee schafft typischerweise auch eine Vertrauensbasis, welche Konfrontation auch zunehmend zulässt (gemäß einem alten chinesischen Sprichwort: »Freunde erkennt man daran, dass sie einem auch unbequeme Rückmeldungen geben«).

Ein weiterer wichtiger Punkt in dieser Phase ist, dass die enge und fruchtbare Zusammenarbeit einen Eindruck des gegenseitigen Kennens und einer gewissen emotionalen Nähe erzeugt. Konfrontation schafft hier für beide Seiten wieder die notwendige professionelle Distanz, ohne die ein Coach schnell auch die Weltbilder des Klienten kauft, sich damit zu seinem Werkzeug macht und als Coach nicht mehr taugt. Ein Supervisor (das sind die Coachs der Coachs) fragt dann gerne (ebenfalls provokant): »Können Sie Ihrem Klienten aufgrund dieser gegenseitigen Vernetzung und Nähe überhaupt noch helfen oder sind Sie bereits Teil seines Problems geworden?«

Sponsoring

Nachdem über die gemeinsame Arbeit zunehmend Sicherheit und ein neues Selbstverständnis in das Führungsverhalten des Coachees Einzug gehalten haben, konnte eine weitere Form der Intervention (beziehungsweise des Coaching-Rollenrepertoires) eingesetzt werden, nämlich das Sponsoring. Sich neuen Aufgaben zu stellen, diese auszuprobieren und sich in bislang unbekannten Situationen zu versuchen ist eine wichtige Erweiterung des typischen Führungsverhaltens, insbesondere wenn diese Herausforderungen auf dem Gebiet der sozialen Kompetenz liegen und sich die Führungskraft nicht mehr hinter den geliebten Sachaufgaben verstecken kann.

Auch das strategische Tun war nun zunehmend Teil des Coaching-Prozesses: Zielvereinbarungsprozesse zu initiieren und zu managen, sich dem Thema mittel- und langfristiger Personalentwicklung zu widmen, Mitarbeiter nach Neigungen und Qualifikationen zu fördern sowie kritische Rückmeldungen zu Arbeitseinsatz und -motivation zu geben. Auch die Weiterentwicklung der Abteilungskultur einschließlich Verbesserung der internen Abläufe und notwendiger Neuordnung von Strukturen wurde besprochen und in Aktionsplänen konkretisiert und verbindlich gestaltet.

In dieser Phase halfen Hinweise und Feedbacks des Coachs an die Organisation (zum Beispiel Rückmeldungen an die jeweiligen Vorgesetzten) dem Klienten, die neu gewonnenen Kenntnisse und Fähigkeiten wirkungsvoll umzusetzen. Der Coach wurde hier zum Förderer, ganz im Sinne des klassischen Förderns durch Fordern.

Mut zu machen, die Stärken zu fokussieren, die Überwindung alter Schwächen und Unsicherheiten zu thematisieren und den Coachee »an der Ehre zu packen« sind durchaus sinnvolle Interventionen am Ende eines erfolgreichen Coaching-Prozesses. Der Coachee ist mündig geworden, hat trotz aller noch vorhandenen Unsicherheiten viel dazugelernt und seine Rolle im (Führungs-) Leben neu definiert.

Diese neue Autonomie zu erleben ist wichtiger Stabilisator für das neue Verhalten. Selbstsicherheit, Durchsetzungsvermögen und Souveränität sind gewachsen. Jetzt dürfen, ja müssen auch neue Herausforderungen her, welche mit Hilfe des Coachs gesucht und vereinbart werden.

Teamentwicklung

Parallel zum Coaching hatte die Teamentwicklung eine hohe Bedeutung für den Erfolg des Gesamtprozesses – für den Klienten unmittelbar über die darin wahrgenommene Rolle und das Mitarbeiter-Feedback und mittelbar über die Umsetzungsarbeit im Betrieb und die damit verbundenen Erfahrungen und Lernchancen. Für die Mitarbeiter wurde durch diesen Prozess und die integrierten Supervisions- (ein anderer gibt Feedback) und Intervisionssequenzen (wir geben uns gegenseitig Feedback) das Thema Coaching ebenfalls erleb- und erlernbar und somit als Teil der Abteilungskultur etabliert.

Die Teamentwicklung wurde methodisch über die Teamcharta gesteuert. Sie wurde in folgenden Schritten bearbeitet:

- unser Auftrag (warum gibt es uns?)
- unsere Ziele (was wollen wir erreichen?)
- unsere Erfolgsfaktoren (ohne sie ist der Teamerfolg unwahrscheinlich)
- Welche Schritte müssen wir tun, um unsere Ziele zu erreichen?
- unsere Vereinbarung (wie wir künftig unsere Zusammenarbeit gestalten wollen)

Abschied

Nach etwa 15 Monaten (einschließlich der Teamentwicklungsmaßnahmen und der internen Rückmeldungen für die Geschäftsleitung) wurde der Coaching-Prozess in gegenseitigem Einvernehmen abgeschlossen.

Coaching ist eine zeitlich begrenzte Intervention oder Unterstützung. Mit zunehmender Dauer treten Gewöhnungseffekte und Wiederholungen auf, und der Coach kann nur mit Mühe die notwendige professionelle Distanz halten. Es wird schwer, dem Auftrag zu genügen und die Autonomie des Coachees zu fördern.
Es ist außerdem extrem wichtig, keine Abhängigkeiten entstehen zu lassen (auf beiden Seiten!). Wer als Coachee auf Dauer einen Coach braucht, ist nicht unabhängig! Wer als Coach auf Dauer einen Coachee braucht, ebenfalls nicht! Teil des professionellen Tuns ist somit für einen Coach immer, die Zeit seiner Tätigkeit zu beschränken. Gute Arbeit leistet der, der sich entbehrlich gemacht hat.

6.6.4 Nutzen und Erfolg

Der dargestellte Coaching-Prozess zeigt – wenn auch in stark abgekürzter und grob strukturierter Form –, wie die Begleitung von Mitarbeitern und Führungskräften einen deutlich intensiveren und nachhaltigeren Einfluss auf die Qualität von Führung und Zusammenarbeit nimmt (also die gesamte Betriebskultur beeinflusst), als dies die klassischen Qualifizierungsmaßnahmen leisten können.

Die nachhaltige Auftragsklärung, die individuellen, stets am Prozessfortschritt orientierten Interventionen, die möglichen Korrekturen und die durchgängige Förderung der Eigenverantwortung erlauben eine intensive Lernerfahrung, welche mit den klassischen Crashkursen im Sprachunterricht oder der Individualförderung im schulischen Bereich vergleichbar sind.

Coaching definiert wenig (über den Auftrag natürlich die Eckpfeiler des Prozesses), ermöglicht aber viel und bedarf hoher Sorgfalt bei der Auswahl eines geeigneten Coachs und einer professionellen Gestaltung. Das schließt ein, dass mit dem Beginn schon das Ende definiert wird, denn jede Abhängigkeit darf nur befristet sein.

Nüchtern betrachtet war dieser Coaching-Prozess die teuerste Personalentwicklungsmaßnahme des Unternehmens – gemessen am Aufwand pro Mitarbeiter –, vom Ergebnis her jedoch eine der wirkungsvollsten. Der junge Abteilungsleiter mit seinem wertvollen Fachwissen hat es geschafft, die Rolle des netten Kollegen abzulegen und seine eigentliche Führungsrolle zu übernehmen. Er wird bei seinen Mitarbeitern und den anderen Abteilungsleitern nicht nur fachlich geschätzt und akzeptiert, sondern auch als Führungskraft. Das anfängliche hohe Konfliktpotenzial und die Akzeptanzprobleme wurden auf ein Minimum reduziert. Das Team hat durch den nachgeschalteten Teamentwicklungsprozess eine klare und verbindliche Arbeitsgrundlage gefunden.

6.7 Teamentwicklung

Dass in funktionierender Teamarbeit enorme Chancen stecken und dass gute Teamarbeit auch erhebliche Leistungspotenziale realisiert, ist unbestritten. Genau hier liegt der Umkehrschluss auf der Hand: alles, was konstruktive Teamarbeit erschwert oder behindert, geht drastisch zu Lasten der eigentlichen Möglichkeiten der Teamarbeit.

Genau hier setzt Teamentwicklung an: gemeinsam mit den Beteiligten auf Basis einer Situations- und Problemanalyse konkrete Verbesserungsmöglichkeiten zu definieren und eine verbindliche Umsetzungsstrategie für Verbesserungsmöglichkeiten zu entwickeln. Die Problemfelder können sehr unterschiedlich sein: ebenso komplex wie die Mechanismen innerhalb eines Teams sind oft auch die Problemfelder miteinander vernetzt.

So ist die Situation zu Beginn einer Teamentwicklung häufig eine Mischung aus harten Faktoren – beispielsweise geschäftlichen Zielen, materiellen und personellen Ressourcen oder Markt- und Wettbewerbssituation – und weichen Faktoren – beispielsweise die Unterschiedlichkeit der Einstellungen und Verhaltensweisen der handelnden Personen, persönliche Ziele und Präferenzen, Werte und Normen, Spielregeln oder Umgang mit Konflikten. Deshalb muss die Vorgehensweise im Teamtraining flexibel auf die jeweiligen Gegebenheiten abgestimmt sein und unverzichtbare Elemente aus dem erprobten Repertoire der Teamentwicklung einsetzen.

6.7.1 Ausgangssituation und Zielsetzung

Ein inhabergeführtes mittelständisches Industrieunternehmen war als Marktführer in einem engen Marktsegment so erfolgreich, dass es mit einigen Produktlinien sogar als Weltmarktführer galt. Nichtsdestoweniger war klar, dass es zunehmend schwieriger werden würde, Innovationen zu finanzieren, um die Marktstellung zu halten. Die Fusion mit einem Mitbewerber war eine gute Lösung, zumal beide Unternehmen unterschiedliche, aber sich ergänzende Produkte herstellten.

Während im übernehmenden Unternehmen das Produktmanagement mit klaren Zielen und Aufgabenstellungen erfolgreich agierte, waren die neu installierten Produktmanager im übernommenen Unternehmen unzufrieden und ratlos: unzufrieden, weil sie sich als Mülleimer sahen – eine Abteilung, die für alles zuständig war, was kein anderer tun wollte –, und ratlos, weil sie aufgrund der daraus resultierenden hohen Arbeitsbelastung keine Möglichkeiten sahen, etwas an ihrer Situation zu ändern.

Ein Erfahrungsaustausch mit den Kollegen aus dem anderen Unternehmen verstärkte nur noch das Bewusstsein, schlechter gestellt zu sein, kombiniert mit der Enttäuschung über die ungünstigen Rahmenbedingungen. In Präsentationen und verschiedenen Auftritten der Produktmanager vertiefte sich auch bei Dritten der Eindruck der Ziel- und Hilflosigkeit. Alle Hinweise des Vorgesetzten und der Personalentwicklung, aktiv zu werden und die eigene Position selbst zu gestalten, gingen ins Leere. Der Vorgesetzte zeigte sich bald ebenfalls ratlos, weil seine Bemühungen und Appelle keine Veränderungen bewirkten.

Der Vorgesetzte des Teams Produktmanagement, das sich fachlich nochmals in zwei Gruppen unterteilte, und die Personalentwicklung waren sich einig, dass etwas passieren musste – und zwar möglichst schnell. Konkrete Erwartung: Die Produktmanager sollten sich grundlegend anders positionieren. Dabei setzten sie ihre Hoffnung in eine Maßnahme zur Teamentwicklung, die das Team an klaren Zielen ausrichten, seine Arbeitsbereiche strukturieren und die Zusammenarbeit im gesamten Team, aber auch in den beiden Fachteams und zu den Schnittstellen deutlich verbessern sollte.

6.7.2 Problemdefinition und Durchführung

Bei einer derart komplexen Situation stand fest, dass eine sorgfältige Situationsanalyse unverzichtbar für die Detailkonzeption sein würde. In halb strukturierten Interviews mit allen Produktmanagern und dem Vorgesetzten konnte jeder seine Sichtweise der Situation und der damit verbundenen Probleme schildern.

Hier wurde deutlich, dass der Vorgesetzte sich sehr stark durch die Geschäftsleitung unter Druck gesetzt sah und aus seiner Sicht viel zu wenig Zeit für Führung hatte. Nichtsdestoweniger beklagte er sich über die passive Haltung seiner Mitarbeiter. Die Produktmanager wiederum beschrieben ihre Situation einerseits als absolut unklar bezüglich der Anforderungen, andererseits als kaum veränderbar. Sie vermissten massiv die notwendige Rückendeckung ihres Vorgesetzten und sahen sich selbst als diejenigen im Unternehmen, die dann angesprochen würden, wenn kein anderer zuständig sei – auf jeden Fall nicht annähernd das, was ihren eher vagen Vorstellungen von der Funktion eines Produktmanagers entsprach.

Der Vorgesetzte zeigte Verständnis für die Situation, weil auch ihm die hohe Arbeitsbelastung deutlich war. Dringendster Ansatzpunkt aus seiner Sicht war ein klares und positives Selbstverständnis von der Rolle Produktmanager und ein entsprechendes Auftreten innerhalb des Unternehmens.

Konzeption

Die sorgfältige Analyse war Voraussetzung für eine sinnvolle Konzeption. Zentrale Zielsetzung war, dass die Produktmanager im Wesentlichen aus eigenen Ideen heraus eine Strategie entwickelten, die zügig zu der gewünschten aktiven Haltung und zu einer wirkungsvollen Positionierung des Produktmanagements im Unternehmen führen würde.

Zu berücksichtigen war dabei auch die Tatsache, dass neben oder besser unterhalb der rein sachlichen Gegebenheiten auch erhebliche emotionale Anteile die Problemsituation kennzeichneten. Frust, Ärger und Hilflosigkeit – eine überaus spannende Voraussetzung. Unter diesen Rahmenbedingungen entstand die Konzeption eines Teamworkshops, in der die Produktmanager mit einer klaren Struktur gefordert waren, eine eigene und konkret nachprüfbare Veränderungsstrategie zu entwickeln.

Workshop-Phase 1: Basisworkshop

Ein zweitägiger Teamworkshop mit ambitionierten Zielen wurde von allen Beteiligten mit größter Spannung erwartet. Die Teilnahme des Vorgesetzten war bewusst lediglich am Beginn und am Ende des Workshops eingeplant. Ausgehend von einem gemeinsamen Verständnis der aktuellen Situation entwickelten die Produktmanager schließlich emotional herausfordernde Leitideen für die Positionierung des Produktmanagements.

Darauf aufbauend wurde eine Strategie entwickelt, um sich Schritt für Schritt der vorher entwickelten Leitidee anzunähern. Eine Aktivitätenplanung mit klar definierten Aufgaben und Verantwortlichkeiten und einem genauen Terminraster als Ergebnis zeigte, dass die ambitionierten Ziele erreichbar waren.

In den Stolz über das Workshop-Ergebnis mischte sich allerdings auch eine Portion Skepsis, ob die Aktivitäten auch wirklich umsetzbar sein würden. Nicht zuletzt aus diesem Grund wurde eine Fortsetzung des Workshops in einem halben Jahr vereinbart, um das bis dahin Erreichte zu reflektieren und die gefundene Strategie weiter zu entwickeln.

Evaluierung der Umsetzungsphase 1

Bei einer solchen Aufgabenstellung war es wichtig, keine Maßnahme ohne Evaluierung durchzuführen. Und gerade dieser Workshop war besonders sorgfältig zu evaluieren, da er den Beginn eines wichtigen Veränderungsprozesses darstellte. Ergebnis war eine hohe Zufriedenheit mit Inhalten, Ablauf, Ergebnis und Atmosphäre.

Zusätzlich waren bereits im Workshop 1 fünf konkrete Kriterien vereinbart worden, um künftige Veränderungen zu messen. Sie wurden aus den definierten Problemfeldern abgeleitet – beispielsweise die Klarheit der Ziele, Rückendeckung durch den Vorgesetzten, Standing und Akzeptanz des Produktmanagements im Unternehmen. Mit einem auf die spezielle Situation zugeschnittenen Teambarometer wurde erstmals von allen Teilnehmern eine Einschätzung vorgenommen und vereinbart, diese nach einem halben Jahr zu wiederholen, um eingetretene Erfolge, aber auch Misserfolge nachvollziehen und gegebenenfalls Maßnahmen einleiten zu können.

Praxisphase

Die Umsetzung der vereinbarten Strategien lag nun in der Verantwortung des Teams. Der Trainer beziehungsweise Teamentwickler richtete eine Hotline ein und stand auf Wunsch für Rückfragen zur Verfügung. Allerdings übernahm er bewusst keine aktive Rolle, beispielsweise im Sinne eines Controllings. Gerade nachdem die Eigenverantwortung des Teams gestärkt und gefördert werden sollte, hätte eine stärkere Einschaltung des Trainers eindeutig kontraproduktiv gewirkt.

Workshop-Phase 2: Follow-up-Workshop

Der zweite Workshop stellte zunächst die »Stunde der Wahrheit« in Bezug auf die vereinbarte Veränderungsstrategie dar. Die Berichte der Teilnehmer über realisierte Veränderungen bildeten den Auftakt. Überaus erfreulich war, dass alle Aktivitäten – von tolerierbaren Verzögerungen abgesehen – planmäßig und erfolgreich umgesetzt wurden. Die neuerliche Auswertung des Teambarometers aufgrund der aktuellen Einschätzungen zeigte einen eindeutigen Aufwärtstrend.

Damit war nachgewiesen, dass nicht nur die Vereinbarungen eingehalten und die entsprechenden Aktivitäten durchgeführt worden waren, sondern auch, dass die Strategie offensichtlich die richtigen Ansatzpunkte verfolgt hatte.

Nachdem im ersten Workshop recht deutliche Kritik am Vorgesetzten zum Ausdruck kam, war bereits hier vereinbart worden, auch das Führungsverhalten des Abteilungsleiters mit einer Vorgesetztenbeurteilung zu analysieren. Der dazu entwickelte Fragebogen zeigte ein klares Stärken- und Schwächenprofil. Grundsätzlich war eine recht hohe und tragfähige Akzeptanz gegeben – die Optimierungspotenziale waren so klar erkennbar, dass die Produktmanager auch hierzu konkrete Vorschläge entwickelten.

Ein weiteres wichtiges Ziel des zweiten Workshops stellten die vom Vorgesetzten eingebrachten weiter gehenden Erwartungen an die Produktmanager dar: Sie sollten nicht nur ihre aktive Rolle im Unternehmen weiter ausbauen, sondern sich darüber hinaus im Markt besser positionieren und dazu einen nicht geringen Teil ihrer Arbeitszeit investieren. Noch zügiger und konstruktiver als im ersten Workshop nahmen die Produktmanager diese Aufgabe in Angriff und entwickelten auch hierzu wieder eine klare und zielführende Strategie, die sie am Ende des Workshops den Vorgesetzten präsentierten.

Evaluierung der Umsetzungsphase 2

Auch der zweite Workshop wurde von den Teilnehmern in Bezug auf Ablauf, Atmosphäre, Ergebnisse et cetera bewertet. Die Zufriedenheit erreichte noch höhere Werte als nach dem ersten. Das Teambarometer hatte bereits den positiven Trend zwischen Workshop 1 und Workshop 2 nachgewiesen.

6.7.3 Nutzen und Erfolg

Das Konzept »Teamentwicklung on the job« hat sich bewährt. Nicht nur der Teamzusammenhalt wurde verstärkt, durch aktive Zusammenarbeit innerhalb des Teams haben sich eindeutig auch positive Ergebnisse mit Nutzen für das Unternehmen und die Beteiligten ergeben:

- Durch eine gemeinsam formulierte Leitidee hat das gesamte Team eine klare und positive Ausrichtung im Rahmen der geschäftlichen Ziele entwickelt.
- Durch eine gemeinsame Situations- und Problemanalyse ist die Grundlage für eine Weiterführung der Veränderungsstrategien geschaffen worden.
- Durch eine gemeinsam entwickelte und umgesetzte Strategie verbesserte sich das Standing des Teams innerhalb des Unternehmens und bei Kunden.
- Durch besseren internen Wissenstransfer werden auftretende Probleme schneller gelöst.
- Durch die Koordination der Aktivitäten werden bisherige Mehrfacharbeiten vermieden.
- Die Motivation aller Teammitglieder hat sich nachhaltig verbessert – die Effizienz der eigenen Arbeit wurde gesteigert.
- Die hier skizzierten Ergebnisse sind durch das zu Beginn der Maßnahme gemeinsam entwickelte Teambarometer als Messinstrument nachprüfbar und bewertbar geworden (siehe Abbildung 38). Dieses Instrument zeigte auch präzise den Erfolg des Prozesses in der nächsten Zukunft.

Interessant in diesem Zusammenhang war auch eine zwar ungeplante, aber dennoch sehr positive Fremdeinschätzung des Erfolgs: Zeitgleich mit

Kriterien	Parameter	Beurteilungspunkte							Bewertung (Durchschnitt)	
	1 = unzufrieden, 5 = zufrieden	1	2	3	4	5				
	Gewichtung der Beurteilungspunkte	0	30	50	70	100	Anzahl Antworten	Punkte	**10-04 neu**	06-04 alt
1. Arbeitssituation	1.1. Klarheit gemeinsamer Ziele		II	IIII	I		7	330	**47**	33
	1.2. Klarheit der Aufgaben und Kompetenzen		III	II	II		7	330	**47**	32
	1.3. Anteil planerischer Tätigkeiten		IIII	III			7	270	**39**	27
	1.4. Zeit für eigentliche PM-Tätigkeiten	I	II	III	I		7	260	**37**	13
	1.5. Entlastung durch Assistenz	II	III	II			7	190	**27**	5
Durchschnitt zu 1.									**39**	22
2. Positionierung des Produkt-managements (PM) im Unternehmen	2.1. Vorliegen von Schnittstellendefinitionen		II	III	II		7	350	**50**	5
	2.2. Zusammenarbeit mit anderen Fachabteilungen		I	II	IIII		7	410	**59**	43
	2.3. Wahrnehmung des PM durch andere Abteilungen			IIIIII	I		7	320	**46**	10
	2.4. Unterstützung durch Marktforschung etc.		IIII	II			6	220	**37**	45
	2.5. Nutzung der Zentralbereiche		I	IIIII	I		7	350	**50**	52
	2.6. Zusammenarbeit mit Konzern		II	III	II		7	350	**50**	55
Durchschnitt zu 2.									**58**	42
3. Führung, Zusammenarbeit	3.1. Rückendeckung durch den Vorgesetzten			III	IIII		7	430	**61**	38
	3.2. akzeptierte konstruktive Spielregeln innerhalb des Teams		II	III	II		7	350	**50**	53
	3.3. Atmosphäre/Stimmung zwischen den PM		II	III	II		7	350	**50**	66
	3.4. Atmosphäre/Stimmung PM – FK			IIIIII	I		7	370	**53**	58
	3.5. Möglichkeiten zum eigenverantwortlichen Handeln		I	III	III		7	390	**56**	47
Durchschnitt zu 3.									**54**	52
Mittelwert gesamt									**47**	40

Abbildung 38: Beurteilungsbogen zur Teamentwicklung

Beginn der zweiten Umsetzungsphase trat ein neuer Geschäftsführer in das Unternehmen ein. Er bestätigte ohne Einschränkungen, dass das Team sich strategisch richtig positioniert habe und die entscheidenden Stellschrauben verändert wurden. Eindeutig war auch sein Interesse an der Fortführung des Prozesses. Das dokumentierte sich auch in Fragen: Wann geht es weiter? Was sind die nächsten Schritte?

Wir machten auch hier deutlich: Teamentwicklung ist keine unendliche Geschichte. Sie soll ein Team so schnell wie möglich in die Lage versetzen, den begonnenen Prozess in Eigenverantwortung weiterzuführen, damit externe Beratung und Moderation unnötig werden. Teamentwicklung – wie in diesem Beispiel gezeigt – übernimmt dabei maßgeblich die Funktion des Geburtshelfers.

6.8 Empowerment-Training für Frauen in Führungspositionen (PEPP)

Welche Karrierechancen haben Frauen? Ein Blick in die deutschen Vorstandsetagen gibt Aufschluss: Von über 21.000 Vorständen sind laut Wirtschaftsinformationsdienst Hoppenstedt gerade mal 3,8 Prozent Frauen. Offensichtlich stimmt der markige Spruch: Es ist wahrscheinlicher, dass eine Frau vom Blitz erschlagen wird, als dass sie in den Vorstand eines Unternehmens aufsteigt!

Woran liegt es, dass es nach wie vor so wenige Frauen in oberen Führungs- und Entscheidungspositionen von Wirtschaft und Politik gibt? Sind doch die Möglichkeiten für Frauen, beruflich vorwärts zu kommen, zumindest in den westlichen Industrieländern niemals besser gewesen als heute. Über die Hälfte der Gymnasiasten in Deutschland sind Mädchen. Fast die Hälfte aller Hochschulabsolventen ist weiblich, auch wenn Frauen zugegebenermaßen nur zu einem Viertel klassisch karrierefördernde Studiengänge wie BWL belegen.

In den Unternehmen angekommen, schaffen es je nach Branche jedoch nicht mal 20 Prozent der Frauen, Führungspositionen zu erklimmen. Erfahrungsgemäß ist die Quote weiblicher Führungskräfte in Großunternehmen am niedrigsten, leichter ist es für Frauen, im Mittelstand Führungspositionen zu bekleiden, überdurchschnittliche Chancen haben sie hingegen in Verbänden und ähnlichen Organisationen.

Eine Trendwende ist in Sicht. Denn etliche Unternehmen wollen es sich nicht länger leisten, auf das Potenzial hoch qualifizierter Mitarbeiterinnen zu verzichten. Mittel zur Zielerreichung: Mentoring-Programme, spezielle Trainingsmaßnahmen und das Schaffen frauengerechter Arbeitsbedingungen.

6.8.1 Zielsetzung

PEPP ist ein persönlichkeitsorientiertes Empowerment-Training für Frauen: »Persönlicher Erfolg mit persönlicher Power«. In einem Projekt bei einem großen deutschen Finanzdienstleister ging es darum, weibliche (Nachwuchs-) Führungskräfte auf die nächsten Karriereschritte vorzubereiten. PEPP war dabei ein Teil ineinander greifender Maßnahmen. In der Vorbereitungsphase wurden die Ziele wie folgt festgelegt: Die teilnehmenden Frauen

- bauen ihre Führungskompetenzen aus,
- optimieren ihr Selbstmanagement,
- erweitern ihre emotionale Intelligenz,
- setzen betriebliche Ziele in persönliche Zielplanung um,
- entwickeln Kraft und Ausdauer für Herausforderungen,
- werden entscheidungsstärker,
- steigern deutlich ihre Eigenmotivation, Effektivität und Produktivität,
- treten gegenüber Kunden, Geschäftspartnern und Mitarbeitern überzeugender auf,
- verhandeln und kommunizieren erfolgreicher.

6.8.2 Durchführung

Das Empowerment-Training bestand aus drei Bausteinen, die über ein Jahr lang im Unternehmen durchgeführt wurden. Dazwischen erarbeiteten die teilnehmenden Frauen Aufgaben aus ihrem Führungsumfeld und präsentierten sie während der Trainings. Lernpartnerschaften und Gespräche mit ausgewählten Führungskräften oder Mentoren sorgten für eine sinnvolle Begleitung.

Baustein 1: Lebensgestaltung und Karriereplanung

Im ersten Baustein setzten sich die Teilnehmerinnen mit ihrer Lebens- und Karriereplanung auseinander. In vielen Gesprächen wurde deutlich, dass Frauen zuweilen auf einen weiteren Aufstieg verzichteten, weil sie vielseitig interessiert waren und befürchteten, zugunsten der Karriere auf Familie, Freunde und Hobbys verzichten zu müssen, oder aber weil sie den harten Wettbewerb mit ihren männlichen Kollegen scheuten. Im ersten Baustein ging es also darum, die eigene Mission und Vision zu entwerfen.

Des Weiteren beleuchteten die Teilnehmerinnen ihre persönlichen Werte und Einstellungen, ermittelten ein Stärken- und Schwächenprofil im Führungsalltag, entdeckten den eigenen Führungsstil. Frauen stellen ihr Licht zuweilen unter den Scheffel. Hier gilt es, mit geeigneten Übungen Mut, Selbstbewusstsein und Selbstvertrauen zu entwickeln und persönliche Erfolgsförderer und -verhinderer zu finden. Anhand des eigenen Persönlichkeitsprofils wurden Stärken und Schwachpunkte in Bezug auf die genannten Themen sichtbar, aber auch in der Interaktion mit anderen im beruflichen und privaten Alltag.

Baustein 2: Fit für den Führungsalltag

Im zweiten Baustein stand die Harmonie zwischen Seele, Geist und Körper im Mittelpunkt. Nur wer einen Ausgleich findet zwischen beruflichen Anforderungen und privaten Interessen, kann auf Dauer erfolgreich sein. Die Teilnehmerinnen beschäftigten sich mit folgenden Fragen: Wie erlebe ich meine Rolle als Führungskraft im Unternehmen? In welchem Umfeld bewege ich mich? Welche Werte, Tabus, Standards und Riten beeinflussen meine Rolle im Unternehmen? Wie erreiche ich Balance im Spannungsfeld der Anforderungen meines Unternehmens, eigenen Bedürfnissen und der Arbeit? Wie bringe ich meine Lebensenergie zum Fließen, baue innere Blockaden ab und bewältige Stress positiv? Wie nutze ich meine Zeit effektiv und effizient und setze die richtigen Prioritäten?

Baustein 3: Strategien für den beruflichen und privaten Erfolg

Im dritten Baustein entwickelten die Teilnehmerinnen Strategien für den beruflichen und privaten Erfolg. Weibliche Nachwuchs- und Führungskräfte erreichen ihre Ziele leichter, wenn sie Strategien anwenden, die sie im Unternehmen voranbringen. In Praxisbeispielen aus dem Führungsalltag wurden Situationen nachgestellt und aufgezeichnet. Die Teilnehmerinnen erhielten ein intensives Feedback, das auch Auftritt und Körpersprache, Stimme und Stimmführung sowie Argumentationstechniken bewertete und Verbesserungsvorschläge umfasste.

Zu den wesentlichen Erfolgsstrategien gehört es beispielsweise, sich einen Mentor zu suchen, der wichtige Impulse und Informationen geben kann. Auch sollten Führungskräfte dezent die Werbetrommel für sich rühren und auf sich aufmerksam machen. Exzellente Kommunikations- und Präsentationsstrategien ebenso wie der Aufbau persönlicher Netzwerke, geschickte Verhandlungsführung und Durchsetzungsvermögen auch in schwierigen Führungssituationen, Kreativität und Problemlösefähigkeiten sind unverzichtbare Führungseigenschaften.

Sinn des PEPP-Empowerment-Trainings war nicht die Konfrontation von weiblicher und männlicher Führung. Vielmehr sollte es dazu führen, geschlechtsspezifische Unterschiede zu erkennen und mögliche Synergien zu nutzen. Frauen, die Verantwortung anstreben, sollten neben der geforderten fachlichen Kompetenz und einem kooperativen Führungsstil auch in der Lage sein, sich durchzusetzen. Im Wettstreit mit männlichen Kollegen um Führungspositionen existieren immer noch Widerstände und Ausgrenzungsmechanismen. Frauen, die Führungspositionen anstreben, sollten die Mechanismen erkennen und auch eigene Reaktionsmuster realistisch einschätzen können.

Wichtig ist aber auch der Erhalt ihrer weiblichen Qualitäten. Dazu zählen soziale Sensibilität, Beziehungsfähigkeit, praktische Problemlösungen, unkonventionelle Denkmuster, kommunikative Kompetenz und die Fähigkeit, sowohl emotional als auch kognitiv zu entscheiden.

Das PEPP-Empowerment-Training arbeitete im konkreten Fall mit verschiedenen Methoden der humanistischen Psychologie, mit Indoor- und Outdoor-Übungen, die Verhalten in Führungssituationen erlebbar machten, sowie mit Fallbeispielen und Filmbeiträgen. In Einzel- und Gruppenarbeiten wurden persönliche Fragestellungen bearbeitet. Kreativübungen, Collagen und Visualisierungen sprachen alle fünf Sinne an.

Eine wesentliche Rolle kam dem Erfahrungsaustausch zu. Die Kenntnis der eigenen Verhaltensmuster im Wechselspiel mit dem Verhalten anderer Menschen erweiterte das eigene Verhaltensrepertoire. Die Teilnehmerinnen ermittelten ihr Persönlichkeitsprofil und erkannten, wie sich das auf das Führungs- und Team-, aber auch auf das Stress- und Konfliktverhalten auswirkt. Alle Bausteine waren gekennzeichnet durch:

- Erlebnislernen,
- permanentes Feedback,
- Anwendung der von den Teilnehmern erlernten Tools der Methodenkompetenz durch Lösen entsprechender Aufgaben.

Die Teilnehmerinnen bereiteten vor Veranstaltungsbeginn Themen vor, präsentierten sie, diskutierten die Inhalte und vertieften das Verständnis erlebnisorientiert in entsprechenden Übungen. Sie lösten Praxisaufgaben zwischen den Trainingsblöcken und berichteten über ihre Erfahrungen. Coaching und Lernpartnerschaften unterstützten sie in ihrer Entwicklung. Durch die Vernetzung von kognitiven und emotionalen Aspekten wurde Umsetzungsenergie für die Zeit nach den Trainings freigesetzt.

6.8.3 Nutzen und Erfolg

Das PEPP-Empowerment-Training ist bislang im Dienstleistungsbereich und im öffentlichen Dienst eingesetzt worden. In der Wirtschaft finden wir es im Zusammenhang mit Diversity-Projekten, im öffentlichen Dienst wird es in Gender-Mainstreaming-Projekten genutzt. Die Idee hinter den Begriffen beruht auf der Chancengleichheit zwischen den Geschlechtern – Diversity umfasst die Chancengleichheit aller Mitarbeiter und Mitarbeiterinnen in einem Unternehmen.

Die Evaluation von PEPP hat ergeben, dass ein größtmöglicher Nutzen erzielt werden kann, wenn die Seminare eingebettet werden in ein ganzheitliches Personalentwicklungsprogramm. Kritisch ist, wenn die weiblichen Führungskräfte auf sich gestellt und/oder die betrieblichen Entwicklungsmöglichkeiten eingeschränkt sind. Dann ist der betriebliche Nutzen gegenüber dem persönlichen begrenzt.

Die teilnehmenden Frauen berichteten in einem Follow-up etwa ein Jahr nach der letzten Stufe über die Ergebnisse des Empowerment-Trainings:

- von der guten Umsetzbarkeit im Alltag,
- vom persönlichen Wachstum,
- vom Erreichen beruflicher und privater Ziele,
- von der konkreten Hilfestellung für spezielle Führungssituationen,
- vom Erfahrungsaustausch,
- vom Bilden haltbarer Netze und Kontakte.

Als sinnvoll hat sich folgende Vorgehensweise erwiesen:

- Analyse der Ausgangssituation, der erwarteten Ergebnisse und möglicher umfassender organisatorischer Maßnahmen,
- Auswahl der Teilnehmerinnen,
- Information der Teilnehmerinnen,
- Implementierung des PEPP-Empowerment-Trainings,
- persönliche Einstufung der Einzelnen mit einem Fragebogen anhand der angestrebten Ziele; sie wird mit einem identischen Fragebogen ein halbes Jahr nach dem PEPP-Empowerment-Training verglichen,
- Durchführung der drei Bausteine innerhalb eines Jahres mit Aufgaben zwischen den einzelnen Bausteinen und einem Review-Gespräch mit Führungskraft/Mentor,
- Follow-up nach etwa einem Jahr.

6.9 Qualifizierungskonzept zur Senkung des Krankenstands

Hohe Fehlzeiten sind ein beträchtlicher Kostenfaktor und verursachen zahlreiche betriebliche Störungen. Erfahrungsgemäß sind hohe Krankenstände nicht vordergründig auf schlechte ergonomische Arbeitsbedingungen zurückzuführen, sondern in aller Regel auf die so genannten weichen Faktoren wie Betriebsklima, Führung und Zusammenarbeit, gewachsene Verhaltensweisen und Einstellungen der Mitarbeiter. Durch sozial ausgewogene Maßnahmen zur Reduzierung können betriebliche Fehlzeiten nachhaltig gesenkt werden.

6.9.1 Ausgangssituation und Zielsetzung

Ein mittelständisches Unternehmen des Anlagenbaus mit zwei Produktionsstandorten in Deutschland und zirka 630 Beschäftigten vertreibt seine Produkte weltweit. Die Fehlzeitenquote lag in den Jahren 2000 bis 2002 bei durchschnittlich 6,8 Prozent, davon 9,1 Prozent gewerbliche Mitarbeiter und 3,3 Prozent Angestellte. Zielsetzung war, den Krankenstand im Angestelltenbereich auf unter 3 Prozent und bei den gewerblichen Mitarbeitern auf unter 5,5 Prozent zu senken.

Kulturell war das Unternehmen durch die zweite Inhabergeneration geprägt. Systematisierte Maßnahmen zur Senkung des Krankenstands und zur Gesundheitsförderung wurden bis dato nicht durchgeführt. Unternehmenswerte und Führungsleitlinien waren nicht vorhanden, interne Qualifizierungen der Vorgesetzten in den Themenbereichen Führung, Motivation, Kommunikation und Zusammenarbeit fanden nicht statt. Der verstärkte Wettbewerbsdruck erforderte dringend, Kosten einzusparen – auch Personalkosten.

6.9.2 Projektdefinition und -durchführung

Einen Überblick zum zeitlichen Ablauf liefert Abbildung 39. Nachfolgend werden nun die einzelnen Schritte erläutert.

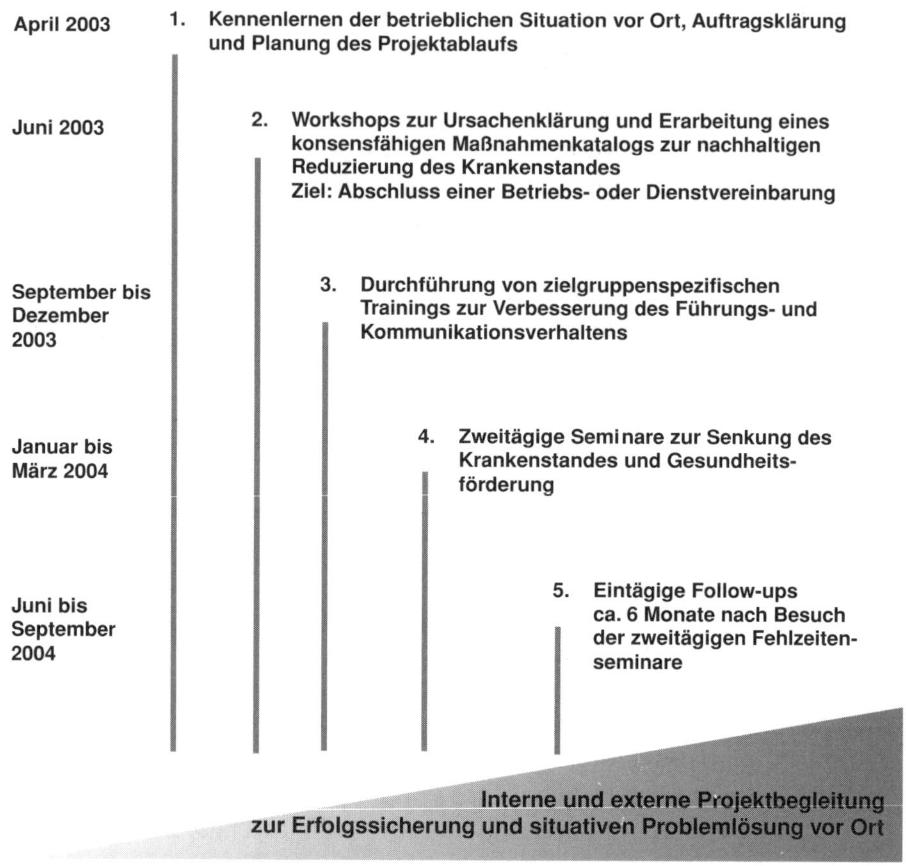

Abbildung 39: Darstellung des zeitlichen Projektablaufs zur nachhaltigen Fehlzeitensenkung

Das Auftragsklärungsgespräch: Mit Geschäftsführung und Vertretern des Betriebsrats wurden die zu erreichenden Zielgrößen und die Zeitschiene definiert. Es ergab sich ein Konsens darüber, dass die Maßnahmen zur Reduzierung des Krankenstands sozial ausgewogen sein müssen und eine interne Prozessbegleitung implementiert wird, die das gesamte Projekt begleitet und das Controlling übernimmt.

Im Gespräch wurde bei allen Beteiligten das Bewusstsein geschaffen, dass keine Fehlzeitentrainings aufgesetzt werden können, ohne vorher bei den betrieblichen Führungskräften auf den unterschiedlichen hierarchischen Ebenen ein gemeinsames Führungsverständnis zu vermitteln und die Vorgesetzten in die Lage zu versetzen, situativ und personenorientiert Führung und Zusammenarbeit zu gestalten.

Ferner einigte man sich darauf, dass die zu implementierenden Maßnahmen auf die spezifischen Fehlzeitenursachen der beiden Produktionsstandorte abzustimmen sind und der Maßnahmenkatalog in Workshops unter partnerschaftlicher Beteiligung des Betriebsrats erarbeitet wird. Der Maßnahmenkatalog war die Ausgangsbasis für eine Betriebsvereinbarung. Diese wurde für alle Unternehmensbereiche angewendet.

Workshops zur Ursachenklärung und Erarbeitung eines konsensfähigen Maßnahmenkatalogs: In drei eintägigen Workshops mit Vertretern des Personalwesens, des Betriebsrats und Vorgesetzten aus verschiedenen Betriebsbereichen wurden die spezifischen Ursachen der hohen Krankenstände, insbesondere im gewerblichen Bereich, ermittelt. Die Maßnahmen zur nachhaltigen Fehlzeitenreduzierung und Gesundheitsförderung strukturieren sich in vier Themenbereiche:

- fürsorgliche und präventive Maßnahmen: hierzu zählen die Sozialbetreuung, der präventive Unfall- und Gesundheitsschutz sowie die Aktivierung des Betriebssports;
- differenzierte und situative Gesprächsführung: Rückkehrgespräche haben einen helfenden und betreuenden Charakter; in ihrer Wirkung gestufte Fehlzeiten- und Personalgespräche unterstützen die erfolgssichernden und disziplinarischen Maßnahmen;
- erfolgssichernde und disziplinarische Maßnahmen: Maßnahmen, die das Unternehmen einleitet, wenn Mitarbeiter ihr auffälliges Fehlzeitenverhalten trotz gestufter Gesprächsführung nicht verbessern;
- Erfolgs-Controlling und Projektbegleitung: Dieser Teil enthält die Zielbeschreibung der internen und externen Projektbegleitung, die Aufbereitung und Kommunikation der Fehlzeitenstatistiken, die Dokumentation der Gespräche und die Anforderungen an die Qualifizierung der betrieblichen Führungskräfte.

Die Plattform für die zweitägigen Fehlzeitentrainings bildet ein dreitägiges Grundlagenseminar und im Abstand von etwa drei Wochen ein darauf aufbauendes Kommunikationstraining. Insgesamt wurden vier Seminargruppen gebildet, die weitgehend geschlossen alle Trainingsmaßnahmen durchlaufen haben.

Grundlagenseminar »Führung, Motivation und Zusammenarbeit«

Die Teilnehmer reflektieren ihre eigene Führungsrolle, erwerben ein gemeinsames Führungsverständnis und sind in der Lage, die Führungsinstrumente wie Information, Delegation, Arbeitskontrolle, Motivation und Mitarbeiterentwicklung erfolgswirksam einzusetzen. Sie erkennen durch gruppendynamische Übungen ihre eigene Teamfähigkeit und erfahren

Hilfestellung, wie diese noch verbessert werden kann. Sie können Konfliktursachen analysieren und fair und konstruktiv Konflikte lösen.

Der Lerntransfer wurde auch dadurch gesichert, dass man konkrete Aufgabenstellungen mit den Teilnehmern vereinbarte. Beispiel: Regelung einer ordnungsgemäßen Schichtenübergabe und Aufbau einer Regelkommunikation im eigenen Team und zum vor- oder nachgelagerten Prozess.

Den Qualifizierungsmaßnahmen begegneten die meisten Vorgesetzten mit einer gewissen Skepsis und Zurückhaltung. Es war die Angst vor zu viel Theorie und Praxisferne zu spüren und die Befürchtung, dass unter Umständen über ihre Verhaltensweisen an die Geschäftsführung oder das Personalwesen berichtet wird. Diese Ängste reduzierten sich jedoch im Laufe des ersten Tages deutlich, und die Zusammenarbeit zwischen den Teilnehmern und uns Trainern mündete sehr schnell in einen konstruktiven und vertrauensvollen Dialog.

Kommunikationstraining

Zu Beginn des zweitägigen Kommunikationstrainings war das Eis zwischen den Teilnehmern und den Trainern bereits gebrochen. Erste Lernerfolge wurden ausgetauscht und die Umsetzung des vereinbarten Lerntransfers reflektiert. Thematischer Schwerpunkt war es, schwierige Mitarbeitergespräche zu führen. Das Grundverständnis über richtiges Führungs-, Team- und Kommunikationsverhalten wurde bereits im Grundlagenseminar vermittelt. Jetzt ging es darum, die handwerklichen Fähigkeiten in unterschiedlichen und schwierigen Gesprächssituationen zu trainieren.

Es wurden ausschließlich Fallbeispiele definiert, die in der jeweiligen Führungssituation der Teilnehmer Praxisrelevanz haben. Auf diese Weise konnte der Lernerfolg fast eins zu eins in den Führungsalltag der Teilnehmer übertragen werden. Der theoretische Input wurde auf ein Mindestmaß beschränkt, da Meister und Vorarbeiter im Bereich der Produktion, Montage und Logistik eher Praktiker als Theoretiker sind. Dies muss bei solchen Trainings unbedingt beachtet werden. Die Teilnehmergruppen wollen sichtbare Erfolge ihres Tuns erzielen und diese auch weitgehend in den betrieblichen Führungsalltag übertragen.

Die Stärkung des Kommunikationsverhaltens ist eine wichtige Voraussetzung, um später kritische Fehlzeiten- oder Personalgespräche führen zu können. Wir haben die Erfahrung gemacht, dass die für ihre Führungsaufgaben nicht ausreichend qualifizierten Vorgesetzten in Rückkehr- oder Fehlzeitengesprächen gravierende Fehler machen. Entweder agieren sie zu weich oder zu hart; in den meisten Fällen aber drücken sich betriebliche

Vorgesetzte regelrecht vor diesen heiklen und nicht unproblematischen Mitarbeitergesprächen. Durch die vorgeschalteten Kommunikationstrainings erwerben die Teilnehmer Selbstsicherheit und Routine in der Führung schwieriger Mitarbeitergespräche.

Zweitägige Seminare zur nachhaltigen Reduzierung der Fehlzeiten und zur Gesundheitsförderung

In diesem zweitägigen Qualifizierungsmodul wurde den Teilnehmern Sinn und Inhalt der Betriebsvereinbarung zur nachhaltigen Fehlzeitenreduzierung und Gesundheitsförderung erläutert. Durch Gruppenarbeiten und Diskussionen wurden die Inhalte thematisiert. Wichtig war dabei, den Vorgesetzten zu vermitteln, dass es keine Jagd auf Kranke geben darf und dass sie als Führungskräfte eine hohe Verantwortung für den Unfall- und Gesundheitsschutz ihrer Mitarbeiter haben.

In diesem Unternehmen wurden vereinzelt die »Ober-Blaumacher« zum Personalgespräch gebeten, ansonsten galt die Devise: Wer krank ist, ist krank und mal sehen, wann der Mitarbeiter wiederkommt. Es wurden weder die Ursachen von Erkrankungen erfragt noch regelmäßige Rückkehrgespräche geführt. Das gezielte Kümmern und Betreuen unterblieb oftmals auch deshalb, weil es rechtliche Unsicherheiten gab, was ein Vorgesetzter im Umgang mit dem Erkrankten darf und was nicht.

Die Defizite in diesem Bereich wurden durch das zweitägige Training weitgehend beseitigt. Jeder Vorgesetzte wusste nun, was sein Auftrag ist und welche Handlungskompetenzen er im Umgang mit den erkrankten Mitarbeitern hat. Arbeitsrechtlich waren die Vorgesetzten so weit aufgeklärt, dass sie nun Klarheit hatten, welche Handlungsweisen zulässig sind und welche nicht.

Ein weiterer Trainingsschwerpunkt lag in der situativen Gesprächsführung. Die Teilnehmer wurden durch die Simulation von anonymisierten Praxisfällen befähigt, erfolgswirksam und mitarbeiterorientiert Rückkehr-, Fehlzeiten- und Personalgespräche zu führen. Hier konnten sie die kommunikativen Fähigkeiten nutzen, die sie im vorangegangenen Qualifizierungsmodul erworben hatten.

Jenen betrieblichen Vorgesetzten, die aus der Gruppe der Kollegen zum Vorgesetzten berufen worden waren, fiel das Führen von Fehlzeitengesprächen besonders schwer. Es gab natürliche Hemmschwellen, mit dem ehemaligen Kollegen ein kritisches Gespräch über seine Krankheitszeiten zu führen. Die Trainings wurden auch dazu genutzt, das eigene Rollenverständnis zu überdenken und ein neues als Führungskraft zu verinnerlichen.

Die Anwendung der Betriebsvereinbarung zur Reduzierung des Krankenstands und der Gesundheitsförderung im Unternehmen begann unmittelbar nach Besuch dieses Trainingsmoduls. Das heißt, die Teilnehmer setzten die erworbenen Kenntnisse und Fähigkeiten sofort in die Praxis um und führten gleich im Anschluss bedarfsorientierte, situative Rückkehr- und Fehlzeitengespräche.

Eintägige Follow-ups

Der letzte Baustein innerhalb der gesamten Qualifizierungsreihe wurde drei bis sechs Monate nach Abschluss der zweitägigen Seminare zur Fehlzeitenreduzierung und Gesundheitsförderung durchgeführt. Erfahrungsgemäß treten in der Praxis immer wieder Situationen auf, die in den Trainings nicht oder nicht ausreichend thematisiert/trainiert wurden.

Gibt es keine gezielten Hilfestellungen, schleichen sich falsche Handlungsweisen bei den Führungskräften ein, oder notwendige Maßnahmen werden nicht in Angriff genommen. Beides ist schädlich und schmälert den Erfolg eines solchen Projekts. Deshalb wurden mit dem Auftraggeber Follow-ups vereinbart. Sie haben einen gewissen Workshop-Charakter.

Erfolge und Misserfolge wurden bilanziert und thematisiert, und die Teilnehmer erfuhren Hilfestellung durch den Trainer, auch in rechtlichen Fragen. Andererseits boten diese Retrainings aber auch eine gute Gelegenheit, letztmalig durch externe Unterstützung schwierige Gesprächssituationen zu üben und damit die Routine und Selbstsicherheit der Vorgesetzten zu verbessern.

Interne und externe Projektbegleitung

Der interne Projektbegleiter hat auch in diesem Praxisbeispiel die Rolle des »Kümmerers« übernommen. Er übernahm diese Aufgabe für eine begrenzte Zeit von maximal zwei Jahren. In unserem Beispiel nahm der interne Qualitätsbeauftragte diese Funktion wahr. Er war ebenso zuständig für das qualitative und quantitative Controlling wie für die Aufbereitung der Statistiken.

Die originären Daten werden elektronisch vom Personalwesen zur Verfügung gestellt. Im Bedarfsfall beriet er betriebliche Führungskräfte vor schwierigen Fehlzeiten- oder Personalgesprächen. Unsere externe Projektbegleitung musste nicht aktiviert werden, weil keine größeren Störungen, Probleme oder Konfliktsituationen durch das Fehlzeitenprojekt auftraten.

6.9.3 Nutzen und Erfolg

Personalentwicklungsprojekte zur Fehlzeitenreduzierung zählen zu den wenigen Qualifizierungsmaßnahmen, deren Ergebnisse eindeutig messbar sind. Im Jahresdurchschnitt 2004 sank die Fehlzeitenquote im gewerblichen Bereich von 9,1 auf 5,7 Prozent, im Angestelltenbereich von 3,3 auf 2,9 Prozent. Es ist zu erwarten, dass die Fehlzeitenquoten insgesamt durch ein verändertes Bewusstsein der Mitarbeiter und der Vorgesetzten im Umgang mit dem Thema Fehlzeiten und Gesundheitsförderung auch in den Folgejahren noch leicht rückläufig sind.

Unabhängig von der enormen Kosteneinsparung durch die niedrigere Fehlzeitenquote konnten bei unserem Auftraggeber die innerbetrieblichen Störungen durch unerwartete Krankheitsausfälle deutlich reduziert werden. Die Anzahl der im gewerblichen Bereich eingesetzten Leiharbeiter ließ sich um ein Drittel senken. Die Termingenauigkeit des Anlagenbauers hat sich um etwa 10 Prozent verbessert. Die eingesetzten Kosten für Qualifizierungen haben sich bereits im Lauf des Jahres 2004 in einem Verhältnis 1 zu 3,5 amortisiert.

Gewollter, aber in Zahlen schwer nachweisbarer Effekt des gesamten Qualifizierungsprojekts ist zudem die verbesserte innerbetriebliche Führung und Zusammenarbeit und damit die Erhöhung der Motivation und Arbeitszufriedenheit der Mitarbeiter.

6.10 Einführung teilautonomer Gruppenarbeit

Die Einführung teilautonomer Gruppenarbeit in der Produktion und Logistik ist ein klassisches Beispiel des Zusammenwirkens von Organisations- und Personalentwicklung. Mit der Einführung von Gruppenarbeit verändern sich die bisherigen Formen der Arbeitsorganisation in erheblichem Maß.

Ebenso sind die Tätigkeiten der Mitarbeiter, Meister, Schichtführer oder Betriebsleiter durch einen solchen Veränderungsprozess einem starken Wandel ausgesetzt. Das folgende Projektbeispiel schildert einerseits die Vorgehensweise bei der Implementierung der neuen Arbeitsorganisation und beschreibt andererseits die notwendigen Maßnahmen der Mitarbeiter- und Vorgesetztenqualifizierung.

6.10.1 Ausgangssituation und Zielsetzung

Der verstärkte Preisdruck und die erhöhten Qualitätsanforderungen der Automobilindustrie Ende der neunziger Jahre waren Anlass für ein mittelständisches Unternehmen der chemischen Industrie, das Kfz-Zubehörteile fertigt, alle Unternehmensprozesse zu durchleuchten und nach Optimierungsmöglichkeiten zu suchen. Ein Benchmark-Vergleich zeigte, dass vergleichbare Werke in Europa eine höhere Produktivität in der Fertigung erzielen. Also wurde nach Möglichkeiten gesucht, die Produktivität in Produktion und Logistik zu erhöhen. Die Anzahl der gewerblichen Mitarbeiter in diesen beiden Betriebsbereichen betrug im Jahr 2000 etwa 115 Personen.

Ziel der Geschäftsführung war es, die betrieblichen Prozesse zu optimieren, teamorientierte Arbeitsformen einzuführen und den KVP (kontinuierlicher Verbesserungsprozess) in die Teams zu integrieren. Eine zusätzliche Leistungssteigerung wurde mit teilautonomen Arbeitsgruppen angestrebt, die sich weitgehend selbst organisieren. Damit sollte auch die Arbeitszufriedenheit erhöht werden, um wiederum eine Produktivitätssteigerung zu erreichen.

Zwischen Geschäftsführung und Betriebsrat bestand Konsens, das Sollkonzept durch kleine Projektgruppen unter externer Moderation erarbeiten zu lassen und damit seine Akzeptanz und Praktikabilität zu erhöhen. Der Abbau von Arbeitsplätzen wurde nicht angestrebt. In einer offenen Kommunikation sollte bereits während der konzeptionellen Vorarbeiten die Belegschaft über die wichtigsten Meilensteine des Projekts informiert werden.

6.10.2 Projektdefinition und -durchführung

Die Abbildung 40 liefert einen Überblick über den gesamten Ablauf der Implementierung teilautonomer Gruppenarbeit. Im Folgenden werden die einzelnen Schritte näher erläutert.

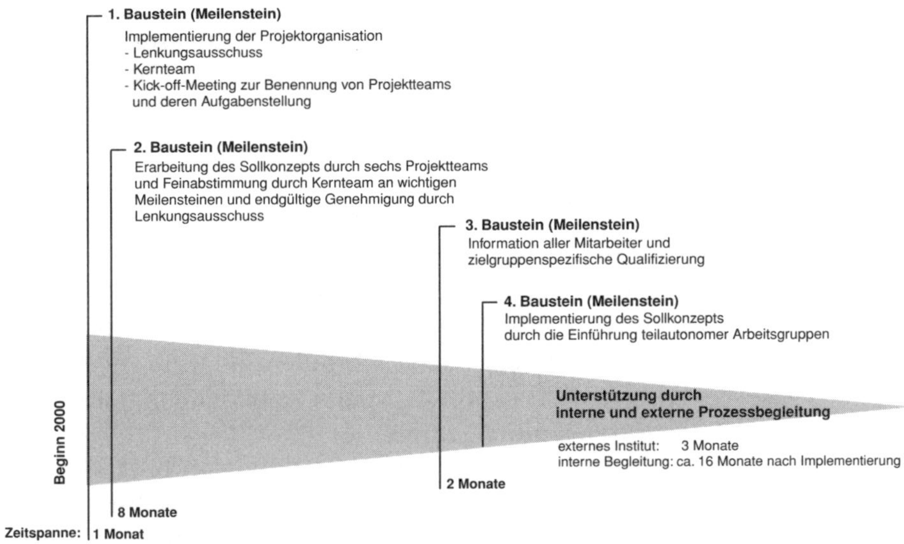

Abbildung 40: Projektablaufplan zur Implementierung teilautonomer Gruppenarbeit

Eine vorher festgelegte Projektorganisation steuerte die Implementierung. Dafür wurden drei Arten von Teams gebildet:

1. **Der Lenkungsausschuss** bestand aus Vertretern der Geschäftsführung, des Betriebsrats, dem Personalwesen und dem Inhaber des begleitenden externen Instituts. Dieser Ausschuss entscheidet in letzter Instanz über Grundsatzfragen bezüglich der Steuerung und Implementierung des gesamten Projekts.
2. **Das Kernteam** bildet sich aus den betrieblichen Führungskräften, die hierarchisch unterhalb der Geschäftsführung im Bereich Produktion und Logistik angesiedelt sind, einem Vertreter des Betriebsrats und dem externen Beratungsinstitut. Jedes Mitglied – außer dem Betriebsratsvertreter und dem externen Berater – arbeitet wechselseitig in den noch zu bildenden Projektteams mit. Das Kernteam übernimmt während der gesamten Projektphase eine koordinierende und steuernde Funktion.

Ein Kick-off-Meeting fand mit den Mitgliedern des Lenkungsausschusses und des Kernteams statt. In diesem eintägigen Workshop wurde die Zeitschiene des Projekts mit markanten Meilensteinen definiert sowie Grundsatzfragen und die Aufgabenstellungen für die zu bildenden Projektteams geklärt.

3. **Die Projektteams** setzen sich aus mindestens einem Mitglied des Kernteams, einem Vertreter des Betriebsrats, Schichtführern und Mitarbeitern aus Produktion und Logistik zusammen. Sie werden jeweils durch das externe Beratungsinstitut moderiert und fachlich unterstützt. Die Zusammensetzung garantiert einen hohen Praxisbezug. Das fördert die spätere Akzeptanz der Mitarbeiter für das Sollkonzept. Es ist die idealtypische Organisationsentwicklung. Die Projektteams wurden für nachstehende Aufgabenstellungen gebildet. Sie vervollständigen kontinuierlich das Sollkonzept.
   - *Projektteam 1:* Die bestehenden Prozesse in Produktion und Logistik wurden analysiert, Schwachstellen identifiziert und ein Prozess-Redesign als Basis für die später zu bildenden teilautonomen Arbeitsgruppen durchgeführt.
   - *Projektteam 2:* Bildung teilautonomer Arbeitsgruppen, Zuordnung der Mitarbeiter zu den jeweiligen Teams, Definition von Zielen und Aufgaben der zu implementierenden teilautonomen Arbeitsgruppen.
   - *Projektteam 3:* Definition des Kompetenzrahmens für die teilautonomen Arbeitsgruppen, dazu zählen die Möglichkeiten zur Selbstorganisation und der gruppeninternen Weiterqualifizierungen anhand von Qualifizierungsmatrixen.
   - *Projektteam 4:* Gestaltung der Aufbauorganisation, Kompetenzen der Vorgesetzten, die teilautonome Teams führen, Aufgabenveränderungen des früheren Schichtführers, der jetzt als Teamkoordinator in die teilautonomen Arbeitsgruppen integriert ist.
   - *Projektteam 5:* Steuerung und Entwicklung der Gruppen durch Zielvereinbarungen und Kennzahlen sowie Integration des kontinuierlichen Verbesserungsprozesses.
   - *Projektteam 6:* Implementierung teilautonomer Arbeitsgruppen, Qualifizierung der Mitarbeiter, Teamkoordinatoren und des Leitungsteams sowie Aktivierung einer internen Prozessbegleitung nach Abschluss der durchgeführten Qualifizierungsmaßnahmen.

In unserem Praxisbeispiel wurde das Sollkonzept in etwa acht Monaten erarbeitet und vom Lenkungsausschuss genehmigt. Nach Abschluss jedes der sechs Teilprojekte fand eine Abstimmung mit dem Kernteam statt. In diesem Gremium wurde die Entscheidungsvorlage für den Lenkungsausschuss erarbeitet. Etwa zwei Monate vor der Implementierung teilautonomer Arbeitsgruppen waren alle notwendigen Mitarbeiterinformationen und zielgruppenspezifischen Qualifizierungen durchgeführt.

Information aller Mitarbeiter im Unternehmensbereich Produktion und Logistik

Vor Beginn der eigentlichen Qualifizierungsmaßnahmen wurden alle von der neuen Teamorganisation betroffenen Mitarbeiter und Vorgesetzten in zirka zweistündigen Infobörsen über die Ziele, Änderungen und die wichtigsten Inhalte des Sollkonzepts zur Einführung teilautonomer Arbeitsgruppen informiert. Die Geschäftsführung legte Wert darauf, dass in den Infoveranstaltungen bereits über die geplanten Veränderungen in Produktion und Logistik diskutiert wird. Aus diesem Grund beschränkte man die Teilnehmerzahl pro Veranstaltung auf maximal 15 Personen. Mitglieder des Kernteams und der externe Berater moderierten die Infoveranstaltungen. Auch über diese Schiene konnte nochmals verdeutlicht werden, dass das Sollkonzept das Ergebnis gemeinsamer Arbeit ist und nicht einfach zugekauft wurde.

Obwohl in jedem Projektteam gewerbliche Mitarbeiter aus Produktion und Logistik vertreten waren und diese durch ihre Ideen aktiv mitgestalten konnten, gab es vereinzelt Skepsis und Bedenken gegenüber dieser neuen Form der Arbeitsorganisation. Bereits in den Infoveranstaltungen nahmen sich die Moderatoren deshalb Zeit, alle Fragen und Zweifel aufzugreifen und ehrlich zu beantworten.

Zweitägige Basisqualifikation für die Mitarbeiter in den neu gebildeten Arbeitsteams

Eine vorausschauende Schichtenplanung ermöglichte, dass die zukünftig in den teilautonomen Arbeitsgruppen zusammenarbeitenden Mitarbeiter weitgehend vollständig an den Qualifizierungen teilnehmen konnten. Dadurch wurde der Teambildungsprozess unter realen Bedingungen noch wirkungsvoller gestaltet.

In den Trainings setzte man sich nochmals intensiv mit dem Sollkonzept auseinander. Die Veränderungen für die Mitarbeiter und den ehemaligen Schichtführer wurden herausgearbeitet, Schnittstellenbereiche definiert und Lösungsansätze erarbeitet. Anhand der vorgegebenen Rahmenbedingungen des Sollkonzepts klärte man mit den Teilnehmern, wie die künftige Selbstorganisation in ihrer Gruppe und wie das Zusammenspiel zwischen den Teammitgliedern, ihrem Koordinator und dem Leitungsteam gestaltet werden kann.

Auf Theorieinput wurde in diesem Qualifizierungsbaustein weitgehend verzichtet, die praktische Auseinandersetzung mit den neuen Aufgaben stand im Vordergrund. Der Umgang mit Ängsten, Befürchtungen und

Konflikten war ausführlicher Gesprächsstoff zwischen Teilnehmern und Trainer. Praxissimulationen unterstützten Teamgespräche und Problemlösungen im Sinne von KVP. Damit konnte der Praxistransfer fast zu 100 Prozent sichergestellt werden.

Qualifizierung der Teamkoordinatoren und ihrer Stellvertreter

In Abweichung von der klassischen Gruppenarbeit wählten die Teams keine Team- oder Gruppensprecher, die die teilautonomen Gruppen nach innen und nach außen vertreten sollten. Für Geschäftsführung und das Leitungsteam war das Risiko zu groß, dass Mitarbeiter mit unzureichender Qualifikation diese Aufgabe erhalten. Im Übrigen sollte eine schlanke und effiziente Prozessorganisation geschaffen werden und keine zusätzlichen Funktionen und damit zusätzliche Schnittstellenprobleme.

In Anbetracht dieser Besonderheit war es bei diesem Qualifizierungsmodul besonders wichtig, mit dem Teilnehmerkreis eine Rollenklärung und -identifikation herbeizuführen. Die Geschäftsleitung wünschte Teamkoordinatoren, die »zwei Hüte« tragen sollten. Der erste steht symbolisch für alle Aktivitäten, um das Geschehen im Team zu koordinieren, den Informationsfluss zu sichern und die Selbstorganisation der Teams und den KVP-Ansatz weiterzuentwickeln. Der zweite Hut wird vom Teamkoordinator nur dann aufgesetzt, wenn das Prinzip Selbstorganisation oder Freiwilligkeit versagt und Anordnungen getroffen oder disziplinarische Maßnahmen eingeleitet werden müssen. Dieser Rollenspagat mit all seinen Konfliktmöglichkeiten war zu thematisieren und den Teilnehmern Selbstsicherheit in ihren zukünftigen Handlungsweisen zu geben.

Der zweite Trainingsschwerpunkt lag im klassischen Moderatorentraining. Teamgespräche vorbereiten, durchführen, nachbereiten, Probleme im Team aufgreifen und mit einer effizienten Methode Lösungen erarbeiten: dies alles wurde durch Praxissimulationen trainiert. Das bereits erworbene methodische Wissen konnte damit erweitert werden. Die Teilnehmer lernten, wie sie den Teamentwicklungsprozess steuern können.

Qualifizierung des Leitungsteams

Wer sich mit Organisationsentwicklung beschäftigt hat, weiß, wie wichtig bei Veränderungen die Unterstützung, Begleitung und Vorbildfunktion von oben ist. In einem ebenfalls zweitägigen Training wurde deshalb das Leitungsteam, bestehend aus drei Personen und dem künftigen internen Prozessbegleiter, auf seine neuen Aufgaben und sein neues Rollenverständnis vorbereitet.

Diese Qualifizierung hatte mehr den Charakter eines Workshops als eines klassischen Trainings. Orientiert an den Rahmenbedingungen des Sollkonzepts wurden die eigenen Kompetenzen geklärt und ein gemeinsames Führungsverständnis erarbeitet.

Thematisiert und in Aktionsplänen konkretisiert wurde die Gestaltung des Zielvereinbarungsprozesses auf der Basis erarbeiteter Kennzahlentabellen. Rolle und Aufgaben des Prozessbegleiters wurden besprochen und das Zusammenspiel zwischen Leitungsteam, teilautonomen Arbeitsgruppen und dem Prozessbegleiter abgestimmt. Dazu zählt das Management bei aufgetretenen Konfliktsituationen.

Nach Abschluss aller Qualifizierungsmaßnahmen konnte zu einem einheitlichen Stichtag das Sollkonzept implementiert werden.

Interne und externe Prozessbegleitung

Obwohl alle Zielgruppen eine Basisqualifikation durchlaufen haben, wird ein solches Organisationsentwicklungsprojekt ohne zusätzliche Unterstützung nicht zu einem Selbstläufer. Deshalb wurde bereits im Sollkonzept vereinbart, dass die Arbeitsgruppen für einen Zeitraum von maximal drei Monaten von einer externen und internen Prozessbegleitung unterstützt werden. Das sollte den Teamentwicklungsprozess fördern, die teilautonomen Arbeitsgruppen schneller arbeitsfähig machen, die KVP-Aktivitäten beschleunigen und schnell sichtbare Erfolge erzielen – sehr wichtig für die Motivation.

Mit zunehmendem Reifegrad der Teams konnte sich die externe Prozessbegleitung in ihrem Engagement zurücknehmen. Die interne wurde nur noch bedarfsorientiert aktiv. Der interne Prozessbegleiter nimmt jedoch weiterhin an der Regelkommunikation teil, die zweimal im Monat zwischen den Teamkoordinatoren und dem Leitungsteam stattfindet. Probleme und Schwierigkeiten wurden auf diese Weise rechtzeitig erkannt und gelöst.

Eineinhalb Jahre nach Implementierung des Sollkonzepts haben sich die teilautonomen Arbeitsgruppen so weit entwickelt, dass sie ohne fremde Unterstützung auskommen. Die Teamentwicklung ist weit vorangeschritten und die KVP-Aktivitäten haben sich auf einem hohen Niveau eingependelt.

6.10.3 Nutzen und Erfolg

Im Gegensatz zu anderen Projekten der Personal- und Organisationsentwicklung sind die Ergebnisse aufgrund von Kennzahlen hier eindeutig messbar. Zwei Jahre nach der Implementierung teilautonomer Arbeitsgruppen konnten nachstehende Erfolge erzielt werden:

- Erhöhung der Anlagennutzung um 8 Prozent. Dies resultiert u.a. daraus, dass Arbeiten der vorbeugenden Instandhaltung verstärkt von den Produktions- und Logistikteams selbst ausgeführt werden.
- Die Ausschussquote konnte von 5,3 auf 2,6 Prozent gesenkt werden.
- Die Produktivität pro Mitarbeiter stieg um 17 Prozent. Gemeinsam mit den Teams wurde ein neues Modell zur Arbeitszeitflexibilisierung erarbeitet und umgesetzt. Diese Maßnahme hatte sicher einen positiven Einfluss auf die Produktivitätssteigerung.
- Die Reklamationsrate konnte um 36 Prozent gesenkt werden.
- Durch Optimierungen der innerbetrieblichen Transportwege wurden die Transportwege mit Flurförderfahrzeugen um 11 Prozent gesenkt.
- Der Einsatz von Verpackungsmaterial wurde um 7 Prozent gesenkt.
- Die jährliche Überstundenquote von 13 Prozent (gemessen an der Sollarbeitszeit) reduzierte sich auf einen Jahresdurchschnittswert von 6 Prozent.
- Die Krankheitsquote wurde im gewerblichen Bereich von 8,2 auf 5,6 Prozent im Jahresdurchschnitt reduziert. Das lässt darauf schließen, dass durch den Organisationsentwicklungsprozess die Mitarbeiterzufriedenheit und die Eigenverantwortung verbessert wurden.

6.11 Auswahlinterview

6.11.1 Ausgangssituation

Der nachfolgend beschriebene Interviewleitfaden zielt auf die interne Stellenbesetzung des Gruppensprechers einer teilautonomen Arbeitsgruppe in der Produktion ab. Zuerst wurden aus den Tätigkeiten des Gruppensprechers, die entweder Teil der Stellenbeschreibung sind oder vom jeweiligen Vorgesetzten definiert werden, die Anforderungskriterien entwickelt. Dabei bezog man sich auf die Anforderungen an einen Gruppensprecher aus einem Unternehmen, das in letzter Zeit reorganisiert wurde und in dem Gruppenarbeit erst seit dieser Umstrukturierung eingeführt worden ist.

Das Unternehmen produziert Drahtverflechtungen und wurde im Jahr 2002 komplett reorganisiert. Dabei führte man auch die Gruppenarbeit ein. Das bedeutete: jede Gruppe ist für eine abgegrenzte Produktionsaufgabe verantwortlich. Gesucht wurde nun ein Sprecher für eine der

Produktlinie Maschendrahtzaun zugeordneten Gruppe. Er hat die Aufgabe, diese zu koordinieren und nach außen zu vertreten. Außerdem soll der Gruppensprecher dafür sorgen, dass Kooperation und ein gutes Miteinander herrschen.

Konzept des Auswahlinterviews im Überblick:

- Anforderungskriterien aus den Aufgaben des Gruppensprechers ableiten,
- Antwortskala und Bewertungsskala für die Antworten erstellen,
- Tätigkeitsinformation für den Bewerber vorbereiten,
- situative Fragen erarbeiten,
- Aufbau des Interviews festlegen: Gesprächsbeginn (Warm-up-Phase), biografiebezogene Fragen, realistische Tätigkeitsinformation, situative Fragen, Fragemöglichkeit des Bewerbers.

6.11.2 Durchführung

Aus den Aufgaben eines Gruppensprechers werden zunächst Anforderungskriterien abgeleitet, die dann im Auswahlgespräch angewendet werden. Jeder Bewerber ist nach diesen Kriterien einzuschätzen und zu bewerten. Für die Stelle des Gruppensprechers sieht das wie folgt aus:

Aufgabe des Gruppensprechers	Anforderungskriterien
Repräsentation der Gruppe und Überzeugungsfähigkeit gegenüber der Geschäftsleitung für eigene Ideen und Ideen der Gruppe	**Kommunikationsfähigkeit:** gutes verbales Ausdrucksvermögen und Überzeugungsfähigkeit sowie Repräsentation der Gruppe
Zusammenhalt fördern, Ausgleich von Spannungen, Teamfähigkeit	**Kooperation:** Zusammenhalt in der Gruppe und Konfliktbewältigung
Gruppengespräche leiten und vorbereiten, Problembesprechung, Informationen weitergeben und Informationsaustausch fördern, Verbesserungsvorschläge ausarbeiten und in die Praxis umsetzen	**Moderationsfähigkeit:** optimale Vernetzung von einzelnen Gesprächsbeiträgen, zusammenfassende Wiedergabe der einzelnen Inhalte
Gruppenarbeitstafel und Leistungsdaten der Gruppe führen, Festsetzen von Zielen für gemeinsamen Verantwortungsbereich, Personaleinsatz koordinieren in Absprache mit Gruppenmitgliedern anhand von Anwesenheits- und Qualifikationsmatrix, systematischen Arbeitsplatzwechsel koordinieren	**Koordinationsfähigkeit:** Vereinbaren von Interessen, Aufgaben, Terminen, Zielen, Personen und voneinander abhängigen/unabhängigen Gegebenheiten; in möglichst kurzer Zeit eine für alle Beteiligten befriedigende Lösung erarbeiten

Aufgabe des Gruppensprechers	Anforderungskriterien
neue Mitarbeiter integrieren, persönliche Belange anderer in eigene Entscheidungen integrieren	**Einfühlungsvermögen:** Der Bewerber soll sich für Probleme seiner Gruppe oder Einzelner einsetzen können
sicherstellen, dass Gruppenmitglieder verantwortungsbewusst handeln, »überzeugen statt anweisen«, Motivation zur Anwesenheit, Sicherstellung, dass Qualitätsziele erreicht werden	**Begeisterungsfähigkeit:** positive Einstellung (vorbildhaft), persönliche Ausstrahlung und Überzeugungskraft, Fähigkeit, Anerkennung zu zeigen

Von diesen Anforderungskriterien ausgehend wurden dann die Fragen erarbeitet, die bestimmte Erfordernisse der Stelle widerspiegeln (situative Fragen). Diese sind in einem späteren Teil des Auswahlinterviews integriert worden. Jetzt konnte der Aufbau des Interviews festgelegt werden. In unserem Fallbeispiel ließ man folgende Inhalte weg: Selbstvorstellung des Bewerbers, Berufsinteressen und Berufswahl, freier Gesprächsteil. Der Bewerber war ja im Unternehmen bereits bekannt.

Der Gesprächsaufbau setzt sich aus folgenden Punkten zusammen:

- Gesprächsbeginn (Warm-up-Phase: Fragen 1 bis 2),
- biografiebezogene Fragen (Fragen 3 bis 6),
- realistische Tätigkeitsinformation,
- situative Fragen (Fragen 7 bis13),
- Fragemöglichkeit des Bewerbers.

Pro Frage wurde eine Antwortskala festgelegt und es galt, mögliche Bewerberantworten zu finden, die dann, je nach Qualität, in eine Bewertungsskala eingeordnet werden sollten. Im Folgenden sind die möglichen Antworten mit den Bewertungsskalen versehen.

Ablauf des Auswahlgesprächs für den Gruppensprecher

Eröffnungsphase:

- »Guten Tag, Herr/Frau ..., nehmen Sie doch Platz.«
- »Haben Sie mein Büro gleich gefunden?«
- »Kommen Sie jetzt gerade von Ihrem Arbeitsplatz?«

Biografiebezogene Fragen:

- »Wie sind Sie mit Ihrer Arbeit momentan zufrieden?«
- »Haben Sie bereits Erfahrungen mit Teamarbeit gesammelt, beruflich oder privat?«

–	neutral	+
noch nie	beruflich oder privat	beruflich und privat

- »Haben Sie Hobbys?«

–	neutral	+
keine	ein paar, vielleicht nur Einzelsportart	Mannschaftssportart oder verschiedene Hobbys

- »Sie bewerben sich jetzt als Gruppensprecher. Welches berufliche Ziel wollen Sie in der Position als Gruppensprecher verwirklichen?«

–	neutral	+
Geld, Macht, Autoritätsrolle	berufliches Fortkommen, finanzieller Aspekt	mehr Verantwortung, anspruchsvollere Tätigkeit, Umgang mit Menschen, abwechslungsreiche Tätigkeit, berufliches Fortkommen

Tätigkeitsinformation:

- »Im Rahmen der Umstrukturierung unseres Unternehmens werden Neuerungen eingeführt, die für Sie als Gruppensprecher von Bedeutung sind, zum Beispiel Gruppenarbeit. Der Gruppe mit sechs bis acht Mitarbeitern wird nun größere Verantwortung für folgende Bereiche übertragen: Arbeitsorganisation, Qualitätssicherung, Materialdisposition, Anlagenverfügbarkeit, Produktivität und Personaleinsatz.«
- »Die Gruppen sind für eine abgegrenzte Produktionsaufgabe verantwortlich. Als Gruppensprecher innerhalb der Produktionslinie Maschendrahtzäune haben Sie in erster Linie die Aufgabe, Ihre Gruppe zu koordinieren und nach außen zu vertreten und dafür zu sorgen, dass innerhalb Ihrer Gruppe Selbstorganisation herrscht. Nur in Personalengpässen werden Sie produktiv mitarbeiten.«

Beispiele für situative Fragen:

- Anforderungskriterium Kooperation: »Nach der Umstrukturierung ist Kooperation beziehungsweise Teamfähigkeit in Ihrer Gruppe ein wichtiger Faktor. Wie würden Sie die Kooperation in Ihrer Gruppe fördern?«

–	neutral	+
interne Gruppengespräche fördern	interne Gruppengespräche fördern und jeden auffordern, sich zu äußern, gegenseitigen Problemaustausch fördern	interne Gruppengespräche fördern und jeden auffordern, sich zu äußern, gegenseitigen Problemaustausch fördern und Unterstützung von Schwächeren durch Stärkere, Weiterbildung für Gruppe als Ganzes anregen

- Anforderungskriterium Moderation: »Als Gruppensprecher sind Sie dafür zuständig, Gruppengespräche zu leiten, unter anderem um Verbesserungsvorschläge herauszuarbeiten. Sie stellen fest, dass keiner Ihrer Mitarbeiter etwas äußert. Wie fördern Sie den Informationsaustausch?«

–	neutral	+
fordert die Gruppe insgesamt auf, sich darüber zu äußern	eine Person gezielt nach ihrem Standpunkt fragen	fordert die Gruppe auf, dass sich jeder der Reihenfolge nach äußern soll

- Anforderungskriterium Koordinationsfähigkeit: »Innerhalb Ihrer Gruppe wechseln die Mitarbeiter ihre Arbeitsplätze in regelmäßigen Abständen, um den flexiblen Personaleinsatz in der Gruppe sicherzustellen. Sie sind als Gruppensprecher für diesen wechselnden Personaleinsatz zuständig. Wie gehen Sie dabei vor?«

–	neutral	+
fragt nach ihren Arbeitsplatzwünschen	Einteilung nach deren Fähigkeit aus eigenem Ermessen oder Verteilung nach Zufall	Qualifizierungsmatrix erstellen und in bestimmten Zeitabständen aktivieren

- Anforderungskriterium Begeisterungsfähigkeit: »Die Firmenleitung hat zusammen mit dem Betriebsrat beschlossen, Samstagsarbeit einzuführen. Wie motivieren Sie Ihre Mitarbeiter dazu?«

–	neutral	+
bloße Tatsachendarlegung mit der Begründung, es sei gut für das Werk	positive Einstellung (Vorbild) und fundierte Begründung	positive Einstellung (Vorbild) und fundierte Begründung, Bezug zu bisher Geleistetem (Anerkennung) herstellen und Gemeinschaftssinn anregen

- Anforderungskriterium Einfühlungsvermögen: »Ein neuer Mitarbeiter soll in Ihre Gruppe integriert werden. Wie führen Sie ihn in seinen neuen Arbeitsplatz ein?«

–	neutral	+
führt ihn lediglich an den Arbeitsplatz	führt ihn an den Arbeitsplatz, nennt ihm Ansprechpartner, stellt ihn den Kollegen vor	führt ihn an den Arbeitsplatz, stellt ihn den Kollegen vor, weist ihm einen Kollegen zu, der ihn in die Tätigkeit einführt, nennt ihm Ansprechpartner, bietet eigene Hilfe an

- Anforderungskriterium Kommunikationsfähigkeit: »Ihre Gruppe hat Ihnen vorgeschlagen, eine ergonomisch bessere zusätzliche neue Maschine einzusetzen. Wie überzeugen Sie Ihren Vorgesetzten von der Wichtigkeit der Anschaffung dieser neuen Maschine?«

–	neutral	+
schwache Argumente, wirkt unsicher, nicht von eigenen Argumenten überzeugt, keine Begeisterung, stockend, schlechte Wortwahl	mittelmäßige Argumentation, relative Sicherheit (Wechsel Sicherheit/ Unsicherheit), neutrale sachliche Darstellung, normaler Redefluss, mittelmäßige Wortwahl	stichhaltige Argumente, Begeisterung über seine eigenen Argumente, selbstsichere Darstellung (aufrechte Körperhaltung), gewählte, fließende Sprache

- Anforderungskriterium Moderation: »Während des Gruppengesprächs äußern sich mehrere Mitarbeiter gleichzeitig, wodurch das Gespräch außer Kontrolle gerät. Wie reagieren Sie?«

–	neutral	+
versucht sich lautstark durchzusetzen und mahnt zur Ruhe	spricht eine bestimmte Person an und fordert diese auf, zu sprechen	sorgt zum Beispiel durch Gestik für Ruhe und legt Reihenfolge fest für Gespräche, fordert zur Mitarbeit auf

Raum für Fragen des Bewerbers:

- »Haben Sie jetzt noch irgendwelche Fragen zu der Tätigkeit des Gruppensprechers?«

Gesprächsabschluss:

- »Wenn Sie jetzt keine weiteren Fragen mehr haben, bedanke ich mich für das Gespräch, Sie bekommen von uns Bescheid. Auf Wiedersehen.«

Ein solches Gespräch wird mit allen Bewerbern in gleicher Weise geführt. Somit ist die Auswahl standardisiert und an bestimmte notwendige Kriterien im Feld der Sozialkompetenzen gebunden. Die fachliche Qualifikation wird in aller Regel vor dem Auswahlgespräch aus den Bewerbungsunterlagen entnommen. Falls trotzdem einige zu klärende Punkte offen geblieben sind, sollten sie in die biografiebezogenen Fragen integriert werden.

Es hat durchaus Sinn, ein solches Interview mindestens zu zweit zu führen. Eine gemeinsame Bewertung sollte erst nach Abschluss des gesamten Verfahrens erfolgen und nicht direkt nach jedem Gespräch mit einem Kandidaten. Das würde die Objektivität verfälschen. In unserem Praxisbeispiel wurde die endgültige Personalentscheidung getroffen, nachdem alle Kandidaten das Auswahlgespräch durchlaufen hatten.

6.11.3 Nutzen

Ein Auswahlgespräch mit so hoher Standardisierung hat immer den Vorteil, dass Sympathieeffekte nahezu ausgeschlossen werden. Auch der Fehler des ersten Eindrucks und die Tendenz, anfängliche Gesprächsbeiträge stärker zu bewerten als die in der Mitte oder am Ende des Gesprächs, relativieren sich sehr stark.

Führt jemand Auswahlgespräche ohnehin eher selten, so besteht die Gefahr, dass er dem Kandidaten zu viel Raum lässt zu fragen und zu erzählen – dass also die eigenen Fragen zu kurz kommen. Auf der anderen Seite ist es aber auch dann gefährlich, wenn er einen Monolog führt. Beiden Extremen steuert ein standardisierter Leitfaden für ein Auswahlinterview entgegen.

6.12 Identifikation von Kompetenzen für Funktionen und Positionen

Kompetenzen haben ein großes Potenzial, den Erfolg eines Unternehmens signifikant zu beeinflussen. Klar definierte Kompetenzen bringen größere Klarheit in alle Personalprozesse und machen es Linienvorgesetzten einfacher, sich qualifiziert in der Personalauswahl, Personalförderung und Personalentwicklung zu engagieren. Wie in einem Unternehmen ein geeignetes Kompetenzmodell erarbeitet werden kann, stellen wir im Folgenden beispielhaft dar.

6.12.1 Ausgangssituation und Zielsetzung

Das hier skizzierte Projekt gehört zu einem größeren Unternehmen der Grundstoffindustrie. Hintergrund war einerseits der Anspruch, die Mitarbeiter stärker zu professionalisieren, besonders da der Arbeitsmarkt die benötigten Qualifikationen nur begrenzt bereitstellen konnte. Andererseits war erklärtes Ziel, Entscheidungen über Personalfragen, Einstellung, Entwicklung, Förderung stärker an Vorgesetzte in Linienfunktionen zu übertragen. Dafür mussten ihnen entsprechende Werkzeuge, Informationen und Entscheidungshilfen an die Hand gegeben werden.

Die Bearbeitungsdauer eines solchen Projekts hängt sehr von der Anzahl beteiligter Funktionen wie auch der Verfügbarkeit unternehmensinterner Know-how-Träger ab.

6.12.2 Durchführung

Zunächst war zu klären, für welche Funktionen (Produktion, Marketing, Finanzen, Forschung & Entwicklung) eine Kompetenzbasis erarbeitet werden soll. Danach wurde der Prozess der Kompetenzentwicklung mit einem Zukunftsforum gestartet. Es bietet kreative Möglichkeiten – hierarchie- und funktionsübergreifend –, qualitative Aspekte des Personalbedarfs im Unternehmen zu diskutieren. Ergebnisse waren zum Beispiel:

- besseres Verständnis der strategischen Ausrichtung des Unternehmens;
- Schaffen von Klarheit über den mittelfristig zu deckenden Personalbedarf unter Berücksichtigung der Unternehmensstrategie und
- Identifikation von Schlüsselpositionen, die für die zukünftige Entwicklung des Unternehmens besonders wichtig sind.

Teilnehmer des eintägigen und von einem externen Moderator gestalteten Zukunftsforums waren Mitarbeiter und Führungskräfte aus verschiedenen Unternehmensbereichen. Nachdem die generelle Entwicklungsrichtung des Unternehmens und die Auswirkungen auf die Qualifikation der Mitarbeiter diskutiert waren, ging es im folgenden Schritt darum, die Kompetenzbasis für die jeweilige Fachfunktion zu bestimmen.

Hier wurden Kompetenzentwicklungsteams – bestehend aus jeweils vier bis sechs Personen – aus erfahrenen Vorgesetzten und Mitarbeitern der jeweiligen Funktionsbereiche gebildet. Dabei wurde darauf geachtet, dass Personen vertreten sind, die hohes Ansehen in ihrer Profession genießen und dafür bekannt sind, dass sie sich für die berufliche Förderung der Mitarbeiter einsetzen sowie Veränderungen und Innovationen offen und fördernd gegenüberstehen.

Aufgabe dieser Kompetenzentwicklungsteams ist es, dazu beizutragen, dass Mitarbeiter der jeweiligen Funktion über die Kompetenzen verfügen, die den Erfolg des Unternehmens auch in Zukunft sicherstellen. Um die Kompetenzbasis einer Funktion festzulegen, sind meist mehrere Workshops mit den Kompetenzentwicklungsteams nötig. In unserem Beispiel waren es durchschnittlich sechs über einen Zeitraum von sechs Monaten.

Im Vordergrund stand die Identifizierung heutiger, aber vor allem künftig wichtiger Kompetenzen. Die Ergebnisse des Zukunftsforums bildeten eine wichtige Arbeitsgrundlage für die Kompetenzentwicklungsteams. Darauf aufbauend wurden Trends und die sich daraus ergebenden Anforderungen an die Branche (zum Beispiel Globalisierung, Substituierung von Produkten, Private Public Partnerships) und deren Auswirkung auf die Funktion beziehungsweise die künftigen Trends der Funktion (zum Beispiel Geschäftsprozess-Outsourcing, Standardisierung, Kostenreduzierung) ermittelt.

Nächster Schritt ist das Erarbeiten eines Kompetenzrahmens. Dafür werden Tätigkeitsgruppen gebildet, die aufgrund ihrer Anforderungen vergleichbar sind (Produktion, Marketing, Finanzen, Vertrieb). Für jede werden anschließend die wichtigsten Arbeitsaufgaben identifiziert. Eine Anzahl von fünf bis maximal acht Kernaufgaben waren nötig, um den Kompetenzrahmen entwickeln zu können. Beispiele sind:

- Produktionsplanung,
- präventive Instandhaltung,
- Kostensteuerung,
- Branchenmanagement,
- Lagerhaltung,
- strategische Planung.

Für jede dieser Arbeitsaufgaben werden dann – in klar unterschiedenen Schritten – technische (Fach-)Kompetenzen, Sozial- und Methodenkompetenzen sowie Lern- und Entwicklungsmöglichkeiten festgelegt.

Kernaufgabe	Entwicklungsaktivität	Fachkompetenzen	Soziale Kompetenz und Methodenkompetenz
• Produktionsplanung und Vorhersage	• Produktionsplanung durchführen • Aufgaben als Betriebsingenieur wahrnehmen • Im Rahmen eines Projekts in Marketing und Vertrieb mitarbeiten	• Analyse von Finanz- und Geschäftsdaten • Lagerhaltungsmanagement • Planung und Budgetierung • SAP-Kenntnisse • PC- und Software-Kenntnisse	• Anpassungsfähigkeit • Problemanalyse und -lösung • Entscheidungsfähigkeit • Kommunikationsfähigkeit und -bereitschaft

Technische Kompetenzen sind spezifisch für eine Funktion oder eine bestimmte Position innerhalb des Unternehmens notwendig. Sie stellen eine Sammlung von speziellem Wissen, Fertigkeiten und Fähigkeiten dar, die unabdingbar sind, um in dem jeweiligen Berufsfeld Erfolg zu haben. In unserem Praxisbericht sind dies bei einem Produktmanager beispielsweise:

- Kundenwissen,
- Wettbewerbsanalyse,
- Branchenanalyse.

Bei einem Produktionsleiter sind es:

- Prozesskenntnisse,
- Produktionssteuerung,
- Qualitätssicherung et cetera.

Für jede der vorher festgelegten wichtigsten Arbeitsaufgaben legt das jeweilige Kompetenzentwicklungsteam nun die notwendigen technischen Kompetenzen fest. In aller Regel werden vier bis acht Kompetenzen identifiziert und ihre Bedeutung für die jeweilige Funktionsgruppe beschrieben. Anschließend werden für dieselbe Arbeitsaufgabe die notwendige Sozial- und Methodenkompetenz identifiziert.

Hier hat es sich bewährt, auf einen bereits existierenden Fundus von rund 30 eindeutig definierten Kompetenzbeschreibungen zurückzugreifen. (Bei den technischen Kompetenzen ist diese Vorgehensweise nicht möglich, da diese eher unternehmens-, prozess- und produktbezogen beschrieben sind.) Zu den sozialen und methodischen Kompetenzen zählen beispielsweise:

- Problemanalyse und -lösung,
- Anpassungsfähigkeit,
- Ausdauer und
- Kooperationsfähigkeit,

also eine Mischung aus erlernbaren Fähigkeiten und solchen, die ihre Grundlage mehr in der Persönlichkeitsstruktur haben (wie Anpassungsfähigkeit, Hartnäckigkeit oder Flexibilität).

Nachdem die Arbeitsaufgaben mit den sie begleitenden technischen, sozialen und methodischen Kompetenzen definiert sind, werden entsprechende On-the-job-Lernprojekte im Betrieb identifiziert. Diese in die Arbeit integrierten Lern- und Entwicklungsprojekte ermöglichen kontinuierliche Arbeit an der Erweiterung der eigenen Kompetenzen, ohne den Arbeitsplatz verlassen oder an einem mehrtägigen Seminar teilnehmen zu müssen.

Die jeweiligen den Fachfunktionen zugeordneten Kompetenzentwicklungsteams haben die Aufgabe, nach Erarbeitung ihres zuständigen Kompetenzrahmens Arbeits- und Lernaktivitäten beziehungsweise -projekte zu identifizieren, die die Entwicklung einer bestimmten Kompetenz oder eines Kompetenzbündels ermöglichen. Beispiele für adäquate Lern- und Entwicklungsaktivitäten sind:

- die Mitarbeit beim Anfahren einer Produktionsanlage,
- die Teilnahme an einem Finanz- oder Lieferanten-Audit,
- die Entwicklung einer Marktstudie, Begleitung des Vertriebs bei Kundenbesuchen et cetera.

Die meisten Entwicklungsaktivitäten in unserem Projektbeispiel sind unternehmensspezifisch ausgerichtet und garantieren daher auch die Umsetzung der erlernten Fähigkeiten.

6.12.3 Nutzen und Erfolg

Ist die Identifikation funktionsspezifisch notwendiger Kompetenzen abgeschlossen, eröffnet sich eine Vielzahl von Möglichkeiten, diese in der täglichen Personalarbeit einzusetzen – von der Personalbeschaffung über die Personalentwicklung bis zur Nachfolgeplanung. In unserem Projektbeispiel konnten für das Unternehmen, das in bestimmten zentralen Geschäftsbereichen und für wichtige Funktionen eine Kompetenzbasis geschaffen hat, nachstehende Erfolge erzielt werden. Sie dürften auch beispielgebend für andere Projekte dieser Art sein:

- Mitarbeiter werden durch die bereitgestellte Information in die Lage versetzt, sich einen klaren Überblick über die qualifikatorischen Voraussetzungen für ihre derzeitige Tätigkeit zu verschaffen und die Voraussetzungen für einen nächsten Karriereschritt zu klären.
- Linienvorgesetzte sind durch die vorliegenden Informationen in der Lage, weite Teile der Personalarbeit wie zum Beispiel Verfassen einer Stellenanzeige, Personalauswahl, Personalentwicklung und -förderung sowie Nachfolgeplanung selbstständig voranzutreiben, was ihre Abhängigkeit von der Personalabteilung verringert.

Insgesamt wird die Entscheidungsqualität in den beschriebenen Personalprozessen verbessert, was sich in höherer Produktivität und gesteigerter Mitarbeiterzufriedenheit ausdrückt.

6.13 Vorgesetztenbeurteilung

Durch die folgende Beschreibung der Vorgesetztenbeurteilung in einer Abteilung eines Automobilunternehmens entsteht ein Leitfaden für spätere Anwendungen – insbesondere für Führungskräfte, die eine erste Anwendung dieser Art erwägen. Wir haben das Konzept im Rahmen einer von uns betreuten Diplomarbeit durchgeführt. Die Diplomandin übernahm in allen Phasen der Vorgesetztenbeurteilung die Rolle eines externen Beraters. Damit wurden die notwendige Neutralität und Anonymität sichergestellt. Parallel dazu erfragte man anonym die Akzeptanz der Vorgesetzten und der Mitarbeiter. Sie war sowohl auf Seiten der Mitarbeiter als auch der Führungskräfte sehr hoch.

6.13.1 Ausgangssituation

In der Abteilung Qualitätssicherung des Automobilunternehmens wurde eine neue Form der Vorgesetztenbeurteilung durchgeführt. Bisher bestand das Verfahren darin, dass der Mitarbeiter in einer Art Brief an den Vorgesetzten dessen positive wie negative Verhaltensweisen niederschrieb und sie dann in einem persönlichen Gespräch an ihn berichtete.

Da sich die Vorgesetzten im gesamten Bereich jedoch mehr Offenheit wünschten, wählten sie ein zunächst anonymisiertes Verfahren aus, um den tatsächlichen Meinungen der Mitarbeiter auf den Grund zu gehen. Dieses neue Verfahren beinhaltete bisher bekannte und neue Arbeitssituationen, in denen das Verhalten des Vorgesetzten von den Mitarbeitern eingeschätzt werden sollte. Damit konnte schließlich auch eine allgemeingültige Aussage über die Einschätzung des Führungsstils aus Sicht der Mitarbeiter gemacht werden.

Die Vorgesetztenbeurteilung betraf in unserem Beispiel einen Bereich, der aus zwei Abteilungsleitern (dritte Führungsebene), elf Teamleitern (vierte Führungsebene) und 49 Meistern (fünfte Führungsebene) bestand. Die Teamleiter sind direkt dem Abteilungsleiter unterstellt und haben jeweils Mitarbeiter im Angestelltenbereich und mehrere Meister unter sich. Den Meistern sind wiederum Mitarbeiter aus dem direkten Bereich (der Produktion) zugeordnet.

Vor Beginn der Maßnahme wurde beschlossen, dass eine Auswertung nur dann erfolgt, wenn mindestens fünf Mitarbeiter einer Führungskraft ihre Einschätzung abgegeben haben. Dies war aus Gründen der Anonymität notwendig. Zusätzlich zu der Fremdeinschätzung erfolgte eine Selbsteinschätzung der Führungskraft. Der externe Berater wertete die Bögen aus; die Rückmeldung der Ergebnisse erfolgte im persönlichen Gespräch mit der jeweiligen Führungskraft.

Es wurde darüber hinaus vereinbart, dass der externe Berater auch in einem ersten Gespräch zwischen Vorgesetztem und Mitarbeiter die Moderatorenrolle übernimmt, um sicherzustellen, dass man sich nicht nur mit der Ursachenanalyse kritischer Rückmeldungen beschäftigt, sondern auch mit der Lösungsfindung.

6.13.2 Durchführung

Der Fragebogen wurde für eine Selbsteinschätzung und eine Fremdbeurteilung gestaltet. Das hat den Vorteil, dass sich nicht nur der Mitarbeiter, sondern auch der Vorgesetzte frühzeitig Gedanken zu seinem Führungsverhalten anhand der in den Bögen geschilderten Arbeitssituationen macht. Danach wurde das geplante Vorgehen mit den Beteiligten besprochen, und man vereinbarte Termine für die Rückgabe der Fragebögen.

Anmerkung: Aus Datenschutzgründen können die hier verwendeten Fragebögen nicht abgebildet werden. Wir verweisen auf die Möglichkeit, Fragebögen entweder über Buchhandlungen oder im Internet zu beschaffen. Vorteilhaft ist, sie an die betriebsspezifischen Situationen anzupassen.

Beispiel

Hier ein verändertes Beispiel aus dem verwendeten Fragebogen. Die aufgeführten Lösungsalternativen wurden im Vorfeld bewertet und wie hier direkt einer Kategorie zugeordnet:

Ein Ihrer Meinung nach kompetenter und sehr engagierter Kollege ist in Ihre Abteilung gewechselt. Nach zwei Wochen stellen Sie fest, dass er gegenüber anderen Kollegen und dem Vorgesetzten zunehmend gereizt reagiert, wenn er nach dem Inhalt seiner Tätigkeit gefragt wird. Durch Kollegen erfährt der Vorgesetzte, dass der Mitarbeiter familiäre Schwierigkeiten hat. Seine Frau kritisiere immer wieder, dass er des Öfteren verspätet nach Hause kommt. Aktuell steht eine dringende Arbeit an, die wahrscheinlich wieder Überstunden mit sich bringt. Eigentlich ist Ihr neuer Kollege aus Sicht des Vorgesetzten dafür am besten geeignet und auch dafür vorgesehen. Ihr Vorgesetzter führt ein Gespräch mit ihm. Hier spricht er die anstehende Aufgabe an und gibt dem Mitarbeiter, der neu zu Ihnen in die Abteilung gekommen ist, zu verstehen, dass es dabei zu Überstunden kommen kann.

- Beispiel 1: Dann soll der Mitarbeiter selbst entscheiden, ob er die Aufgabe übernehmen kann.
- Beispiel 2: Dann lässt er dem Mitarbeiter die Freiheit zu entscheiden, ob er diese Aufgabe übernehmen möchte. Er gibt ihm Bedenkzeit und unterbricht das Gespräch bis zu einer Entscheidungsfindung.
- Beispiel 3: Dann diskutiert er bereits mit ihm Möglichkeiten und Wege, die Aufgabe zu einem erfolgreichen Abschluss zu bringen.
- Beispiel 4: Dann teilt er ihm mit, dass er die Aufgabe übernehmen soll, und sagt dem Mitarbeiter, dass er jederzeit – wenn sich Schwierigkeiten einstellen – mit ihm sprechen kann

Einschätzung der Lösungsalternativen:

- Beispiel 1: Selbststeuerung (+), zu direkte Kontrolle (–), fehlende Aufgabenorientierung (–).

- Beispiel 2: zu starke Selbststeuerung (–), fehlende Kontrolle (–), fehlende Aufgabenorientierung (–).
- Beispiel 3: Aufgabenorientierung (+), Kontrolle (+), fehlende Selbststeuerung (–).
- Beispiel 4: Aufgabenorientierung (+), fehlende Kontrolle (–), zu starke Selbststeuerung (–).

Kategorien für die Zuordnung der Beispiele:

–	+	–
fehlende Kontrolle	Kontrolle	zu direkte Kontrolle
keine Selbststeuerung	Selbststeuerung	zu starke Selbststeuerung
fehlende Aufgabenorientierung	Aufgabenorientierung	zu starke Aufgabenorientierung

Durch die Beantwortung der Lösungsalternativen im Fragebogen wird über die Summe aller Fragebeispiele deutlich, ob der Vorgesetzte eher Kontrolle, Selbststeuerung oder Aufgabenorientierung in seiner Führungstätigkeit bevorzugt. Ein Unternehmen definiert, was sein bevorzugtes Führungsinstrument ist. Es wird jedoch auch deutlich, dass nur bei zu geringer Ausprägung oder bei zu starker Ausprägung negative Tendenzen erkennbar sind und die Führungsaufgabe nicht erfolgswirksam wahrgenommen wird.

Eine Zuordnung ist immer subjektiv und abhängig von der im Unternehmen herrschenden Unternehmenskultur beziehungsweise vom jeweils erwünschten Verhalten eines Vorgesetzten. Jedes Unternehmen definiert beispielsweise das Thema Kontrolle anders. Vielfach fühlen sich die Mitarbeiter zu stark kontrolliert, aber genauso häufig kommt es vor, dass ihnen die Orientierung (Kontrolle) fehlt. Welche Handlungsalternative eines Vorgesetzten soll dann mit dem + versehen werden?

Mit der Gestaltung des Fragebogens ist gleichzeitig eine große Verantwortung verbunden, die nur mit dem entsprechenden Know-how und einer guten sozialen und emotionalen Kompetenz der an der Gestaltung beteiligten internen Mitarbeiter zu erreichen ist. Falls in einem Unternehmen noch keine Fragebögen vorhanden sind, wird eine Projektgruppe gebildet, die sich gemeinsam mit dem externen Berater um die Ausgestaltung kümmert. Wichtig ist: Je standardisierter der Fragebogen ist und je mehr Antwortkategorien er enthält, desto einfacher ist nachher die Auswertung und desto besser auch die Vergleichsmöglichkeit innerhalb des Bereichs.

Informationsveranstaltung und Ablaufplan

Im Beispiel wurde vor Beginn der Vorgesetztenbeurteilung eine Informationsveranstaltung für die Mitarbeiter des Bereichs durchgeführt. Sie diente als zusätzliche Motivation zur Teilnahme, führte zu höheren Rücklaufquoten und somit zu einem repräsentativeren Ergebnis für die zu beurteilenden Vorgesetzten und den gesamten Bereich. Es wurden Ziele der Vorgesetztenbeurteilung und der Ablauf vorgestellt, in einem zweiten Teil auch die Fragebögen kurz erläutert. Die Veranstaltung diente dazu, das Konzept vorzustellen und die Bereitschaft der Belegschaft abzuklären, an der Vorgesetztenbeurteilung teilzunehmen. Ziel war es, Unklarheiten zu beseitigen und den Nutzen aufzuzeigen.

Vorgehensweise in der Informationsveranstaltung (Abbildung 41):

- Vorstellung des externen Beraters (Name, Alter, momentane Tätigkeit, wichtige Lebensabschnitte, die vielleicht etwas mit dem Thema Vorgesetztenbeurteilung zu tun haben). Dies war wichtig, da Vertrauen in die Anonymität und den sachgerechten Umgang mit den Ergebnissen bei den Mitarbeitern erweckt werden sollte.
- bisheriger Prozess: Wie kam es zu der Überlegung? Was ist vorher gelaufen?
- Vorstellung der Vorgehensweise und einzusetzende Instrumente.
- Besonderheit dieser Befragung.
- Thema Anonymität.
- Beispiel Fragebögen: Welche werden verwendet? Wie sind sie zu handhaben?
- Vorgehensweise anhand eines Ablaufplans.
- Klärung des weiteren Vorgehens.

Ausgabe, Rücksendung und Auswertung der Fragebögen

Nach der Informationsveranstaltung wurden die Selbsteinschätzungsfragebögen zusammen mit einem Anschreiben und einem zeitlichen Ablaufplan sowie die Fragebögen für die Mitarbeiter mit je einem Anschreiben und einem Rückumschlag an den jeweiligen Vorgesetzten ausgegeben. Zuvor war die Durchführung der Vorgesetztenbeurteilung bereits vom Betriebsrat genehmigt worden. Der externe Berater wertete die Fragebögen aus. Das Ergebnis aus den Beurteilungen der ihm zugehörigen Mitarbeiter wurde dem jeweiligen Vorgesetzten im persönlichen Einzelgespräch vom externen Berater mitgeteilt.

Der Berater darf nicht auf Ausprägungen und Aussagen einzelner Mitarbeiter eingehen, er darf lediglich solche Beispiele nennen, die keinen

Ablaufplan

- Gespräch zur Konzeption zwischen externem Berater und Abteilungsleitern
- Information der Führungskräfte im Abteilungsgespräch und danach Information an alle Mitarbeiter über Sinn und Inhalt der Vorgesetztenbeurteilung
- Austeilen der Unterlagen an die Führungskräfte durch den externen Berater:
  - Fragebogen zur Selbsteinschätzung
  - Anschreiben an die Mitarbeiter
  - Fragebogen zur Vorgesetztenbeurteilung, den die Mitarbeiter ausfüllen (Fremdeinschätzung)
  - Rücksendeumschlag für die Fremdeinschätzung

Vorgesetzter:	Mitarbeiter:
• Weiterleiten der Fragebögen an seine Mitarbeiter • Fragebogen für VG ausfüllen (Selbsteinschätzung) • Abgabe des Fragebogens an den externen Berater	• Fragebogen für MA ausfüllen (Fremdeinschätzung) • Fragebogen in einem verschlossenen Umschlag an den externen Berater abgeben (ggf. in die Hauspost zu einer Sammelstelle oder direkt im Sekretariat des Abteilungsleiters abgeben) **Wichtig:** auf dem Fragebogen ist der Name des Vorgesetzten vermerkt, für den der Fragebogen ausgefüllt wurde

Auswertung aller Fragebögen durch den externen Berater

Vorgesetzter:

- Terminabsprache mit dem Berater bzgl. Rückmeldung der Ergebnisse aus der Auswertung
- Rückmeldung der Ergebnisse durch den Vorgesetzen an seine Mitarbeiter im Rahmen einer Teambesprechung
- Rückmeldung eines Gesamtergebnisses in der Abteilung

Abbildung 41: Plan zur Vorgehensweise mit Aufgabenverteilung in seiner zeitlichen Abfolge

Rückschluss auf bestimmte Personen zulassen (Anonymität). Vielmehr kann beispielsweise mit einer Interpretation der Ergebnisse aus einem wie in diesem Beispiel selbst gestalteten Fragebogen dem Vorgesetzten anhand der beschriebenen Arbeitssituationen die Ursache der Sichtweise seiner Mitarbeiter gezeigt werden. Gemeinsam mit dessen Selbstbeurteilung lassen sich die Ergebnisse gut interpretieren.

Um ein Bild zu erhalten, wie die Vorgesetztenbeurteilung für den gesamten Bereich aussieht, kann eine Gesamtrückmeldung an die beteiligten Vorgesetzten gegeben werden. Sie würde ein grobes Bild der Führungskultur innerhalb des Bereichs wiedergeben, sofern (fast) alle Vorgesetzten des Bereichs teilgenommen haben. Diese Auswertung liefert zusätzliche Informationen, sie ist jedoch nicht im eigentlichen Sinne Element der Vorgesetztenbeurteilung. Das Gesamtbild hat den Vorteil, dass sich jeder Vorgesetzte mit seiner persönlichen Rückmeldung in ein Führungsprofil einordnen kann, das sich aus Mittelwerten aller zusammensetzt. Es kann außerdem ein Soll-Führungsstil ermittelt werden, der als Richtlinie innerhalb eines Bereichs dient und dessen Führungsverständnis verdeutlicht.

Zeitrahmen:

- Anfang September: Gespräch mit den Abteilungsleitern, um die grundsätzliche Bereitschaft für die Vorgesetztenbeurteilung zu klären.
- Mitte September: Informationsveranstaltung; Vorstellen des Konzepts, grundsätzliche Bereitschaft der Mitarbeiter abklären.
- Mitte September: Zustimmung des Betriebsrats zur Vorgesetztenbeurteilung.
- Ende September: Ausgabe der Fragebögen mit der Bitte, diese bis Ende Oktober zurückzusenden.
- Anfang bis Ende Dezember: Rückmeldegespräche mit den Vorgesetzten, danach Rückmeldung der Ergebnisse durch den Vorgesetzten an seine Mitarbeiter.
- Anfang Februar: Abschlusskonferenz.

Rückmeldeverfahren

Im Rückmeldegespräch zwischen externem Berater und dem Vorgesetzten über die Auswertungsergebnisse zu seinem Führungsverhalten wurde außerdem geklärt, ob weitere Hilfestellungen für die Rückmeldung der Ergebnisse an sein Team durch den Berater notwendig wären, zum Beispiel Vorbereitung und Ablauf des Teamgesprächs zu Vorgesetztenbeurteilung et cetera.

Anmerkung: Es gibt verschiedene Möglichkeiten, die Ergebnisse einer Vorgesetztenbeurteilung an die Mitarbeiter zurückzumelden. Hier drei Beispiele:

- schriftlich oder mündlich,
- individuelle/kollektive Rückmeldung,
- Rückmeldung gekoppelt an ein Teamgespräch oder getrennt davon.

Das Ziel der Vorgesetztenbeurteilung ist es, den Vorgesetzten durch die beschriebene Vorgehensweise bis zur persönlichen Rückmeldung an seine Mitarbeiter zu unterstützen. Wichtig ist somit eine angemessene Beratung. Eine persönliche Rückmeldung der Ergebnisse durch den Berater an den Vorgesetzten und die persönliche Rückmeldung des Vorgesetzten an sein Team ist trotz erhöhten Zeitbedarfs in jedem Fall angebracht. Die Vor- und Nachteile abzuwägen bleibt dem Vorgesetzten in Abstimmung mit dem externen Berater überlassen, da verschiedene bereichsspezifische Aspekte, wie zum Beispiel der Grad der Offenheit seiner Mitarbeiter oder auch die Anzahl der Mitarbeiter, berücksichtigt werden sollten.

In unserem Projektbeispiel haben die Vorgesetzten nach der Analyse ihrer bisherigen Verhaltensweisen eine Reihe von Änderungsabsichten formuliert, die sie in einer Rückmeldung an ihr Team präsentierten. Einige waren:

- Anerkennung für gute Leistung (mehr Lob),
- den Mitarbeitern Gelegenheit geben, ihre Meinung zu äußern,
- Mitarbeiter auf persönliche Bedürfnisse ansprechen und diese möglichst berücksichtigen,
- mehr Unterstützung bei der Suche nach Lösungsmöglichkeiten für Probleme,
- alle Mitarbeiter gleichermaßen an der Entscheidungsfindung und deren Umsetzung beteiligen,
- (neue) Aufgaben vorher gemeinsam besprechen und konkrete Schritte der Vorgehensweise mit gegebenenfalls Zwischenkontrollen vereinbaren
- Umsetzung einer Lösungsmöglichkeit nicht selbst vornehmen, sondern in kleinen Schritten mit den Mitarbeitern planen, damit diese selbst die Umsetzung durchführen können; gegebenenfalls Hilfestellung dazu anbieten
- bei Problemen eines Mitarbeiters, die relativ einfach auszuführende Aufgaben oder Routineaufgaben betreffen, ihn auch auf dessen private Situation ansprechen und dann bei der Umsetzung seiner Verbesserungsvorschläge unterstützen
- auch bei schlechten Leistungen von ohnehin schlechteren Mitarbeitern erste Erfolge zu einer besseren Leistung anerkennend beachten und dies gegenüber dem Mitarbeiter äußern; sich hierzu gegebenenfalls häufiger nach dem Stand der Arbeit erkundigen

Folgender Leitfaden diente als Orientierung für die Vorgesetzten:

Leitfaden zur Rückmeldung der Ergebnisse der Vorgesetztenbeurteilung an die Mitarbeiter:

1. Setzen Sie für die Rückmeldung rechtzeitig einen Teamtermin an und sorgen Sie für eine Atmosphäre, in der ein offenes Gespräch möglich ist.
2. Stellen Sie die Ergebnisse so sachlich wie möglich vor, ohne sich zu rechtfertigen.
3. Beachten Sie, dass Ihre Mitarbeiter anonym geantwortet haben; drängen Sie nicht auf nachträgliche Erläuterungen bezüglich der Befragung.
4. Überlegen Sie sich vor dem Gespräch, ob und was Sie an Ihrem Verhalten verändern möchten, und präsentieren Sie Ihre Absichten.
5. Legen Sie im Gespräch den Schwerpunkt auf die angestrebten Veränderungen, weniger auf vergangenes Verhalten.

6.13.3 Nutzen

Mit der Vorgesetztenbeurteilung konnte die Führungskultur nachhaltig verändert werden. Für die Führungskräfte hatte sie den entscheidenden Vorteil, dass sie ihr bisheriges Verhalten reflektieren konnten. Sie zeigten nun Bereitschaft, ihr künftiges Verhalten gegenüber ihren Mitarbeitern in bestimmten Bereichen zu verändern. Dadurch wurde eine Vertrauensbasis für die weitere Zusammenarbeit geschaffen.

Die Mitarbeiter dieses Bereichs bekamen die Chance, selbst aktiv die Führungskultur mitzugestalten. In der Abschlusskonferenz bestand nochmals die Möglichkeit, über im Bereich gewünschte Verhaltensweisen zu reden und Veränderungen gemeinsam aktiv anzugehen.

Die neue Führungskultur führte zu einer erhöhten Mitarbeiterzufriedenheit und damit auch indirekt zu einer verbesserten produktiven Leistung der einbezogenen Betriebsbereiche.

7

Kompetenzen

Kompetenzen – derzeit eines der populärsten Schlagwörter im Vokabular der Personalentwicklung – bieten ein enormes Potenzial, um den Erfolg eines Unternehmens positiv zu beeinflussen. Erfahrungen bei der Nutzung von Kompetenzen als Werkzeug in der Personalarbeit haben gezeigt, dass ein geeignetes Kompetenzmodell einem Unternehmen den Vorteil größerer Klarheit und Einheitlichkeit bringt und ihm außerdem hilft, eine gemeinsame Sprache in der internen Kommunikation zu finden.

Was sind Kompetenzen?

Im Allgemeinen werden Menschen aufgrund ihres fachlichen Wissens und Könnens eingestellt, weiterentwickelt und befördert. Derartige Kenntnisse und Fertigkeiten können in einer beruflichen oder akademischen Ausbildung erworben und durch Berufserfahrung erweitert werden. Gemeinhin versetzen sie Menschen in die Lage, eine erste Arbeitsstelle zu finden und später im Berufsleben voranzukommen.

Zwar wird dieses Wissen und Können neben der Schulbildung bei den meisten Berufen vorausgesetzt, es bietet aber durchaus keine Garantie für ausgezeichnete berufliche Leistungen. Oft scheint ein Bewerber auf dem Papier gut geeignet, kann diese Erwartungen dann aber nicht erfüllen. Wichtig ist nämlich nicht nur, *was* jemand weiß und kann, sondern auch, *wie* er sein Wissen und Können bei der praktischen Arbeit einzusetzen versteht.

Einige Kompetenzmodelle konzentrieren sich auf die persönlichen Fähigkeiten. Der Slogan »Es kommt nicht darauf an, was jemand macht, sondern wie und mit welchem Erfolg er es macht« beschreibt, auf welche Kompetenzen dabei das Hauptaugenmerk gerichtet ist. Es geht um persönliche Fähigkeiten, zum Beispiel ein guter Teamplayer zu sein, Verantwortung zu übernehmen oder strategisch zu denken.

Diese Kompetenzmodelle beschreiben also nicht, *was getan werden muss* bei einer Aufgabe – ein Aspekt, der sich lehren und lernen lässt –, sondern *wie es getan werden muss* – ein Aspekt, der sehr viel schwerer zu vermitteln ist. Die klare Definition und Kommunikation von persönlichen, verhaltensbezogenen Kompetenzen ermöglicht es den Mitarbeitern, besser zu verstehen, was gefordert ist. Dem Management erleichtert es, Fähigkeiten zu erfassen, zu messen und durch gezieltes Training zu verbessern.

Im britischen Tochterunternehmen eines großen Chemiekonzerns wurde im Rahmen von Workshops ein erstes Kompetenzmodell entwickelt. Mitarbeiter aus verschiedenen Funktionen versuchten, persönliche Eigenschaften und Fähigkeiten zu beschreiben, die von entscheidender Bedeutung für ihren beruflichen Erfolg sind. Dabei wurden zunächst fünf Gruppen von allgemeinen persönlichen Kompetenzfeldern festgelegt. Anschließend differenzierte man jede Gruppe in 18 konkrete Einzelkompetenzen.

Nehmen wir zum Beispiel die generelle Fähigkeit eines Mitarbeiters, unternehmerisch zu denken. Sie lässt sich festmachen an den Einzelkompetenzen wie Veränderungswilligkeit, Flexibilität, Kundenorientierung oder Handlungsinitiative. Ein anderes Beispiel sind Führungsqualitäten, die sich in der Fähigkeit zeigen, Einfluss auszuüben, überzeugend zu argumentieren oder andere in ihrer Entwicklung zu fördern.

Wer sich zu stark auf persönliche Kompetenzen fokussiert, läuft jedoch Gefahr, den wichtigen Aspekt der fachlichen Kompetenz aus den Augen zu verlieren. Um eine Produktion zu betreiben, genügt es natürlich nicht, wenn die Mitarbeiter gute Teamplayer sind. Sie benötigen zuerst ein gründliches Verständnis der technologischen Prozesse, um die Fabrik sicher und produktiv zu betreiben. Kurz gesagt: Fachliches Wissen und Können müssen in einem Kompetenzmodell ebenso Berücksichtigung finden wie persönliche Fähigkeiten!

Bei einem Chemie- und Pharmaunternehmen in den USA ist man darum einen anderen Weg gegangen. Ziel war, ein möglichst breites Spektrum von Kompetenzen zu erfassen. Dafür wurden Kompetenzentwicklungs-Teams geschaffen, die sich aus Mitarbeitern verschiedener Hierarchieebenen einer Funktion zusammensetzten. Sie hatten die Aufgabe, die persönlichen und fachlichen Kompetenzen festzulegen, die für eine erfolgreiche Arbeit in ihren jeweiligen Bereichen (Produktion/Konstruktion, Finanzen, Logistik etc.) erforderlich waren. Im Ergebnis entstand ein komplexes Modell, das sehr spezifisch auf die täglich benötigten persönlichen und fachlichen Kompetenzen abzielte.

Ein gutes Kompetenzmodell ist im Wesentlichen von zwei Aspekten gekennzeichnet: zunächst durch eine Beschreibung der fachlichen Kenntnisse, Fähigkeiten und Fertigkeiten, die erforderlich sind, um eine Aufgabe auszuführen, also die Fachkompetenzen, und des Weiteren durch die Beschreibung der persönlichen Fähigkeiten, die einen direkten Einfluss auf Leistung und Erfolg bei der Arbeit haben, also die persönlichen Kompetenzen. Diese können einen bedeutenden Einfluss haben, bleiben aber ohne die entsprechende Fachkompetenz wirkungslos. Beide Aspekte müssen berücksichtigt werden, wenn ein Unternehmen zu einer auf Kompetenzen basierenden Organisation umgestaltet werden soll.

7.1 Kompetenzmodell

Viele Organisationen behaupten in ihren Visionen und Wertesystemen, kundenorientiert oder unternehmerisch ausgerichtet zu sein. Fordert man aber Mitarbeiter und Management auf, zu beschreiben, was diese Visionen konkret beinhalten, erhält man meist sehr unterschiedliche Darstellungen.

In den wenigsten Fällen existiert zwischen der Unternehmensführung, welche die Vision entwickelt hat, und den Mitarbeitern, die ihre eigene Interpretation davon haben, ein übereinstimmendes Verständnis. Den Mitarbeitern fehlt ein Werkzeug, mit dem sie Vision und Wertesystem in den konkreten Bezug ihrer täglichen Arbeit übertragen können. Das heißt, die Rhetorik muss umgesetzt werden in Aussagen mit praktischer Bedeutung.

Die technische Kompetenz oder Kernkompetenz, über die ein Unternehmen verfügt, hilft, die Umsetzung seiner Vision voranzutreiben. Ebenso hilft die Vision ihrerseits, sowohl die technischen als auch die persönlichen Kompetenzen weiterzuentwickeln, die für den unternehmerischen Erfolg notwendig sind.

Die auf der Vision aufbauende Unternehmensstrategie ist die Grundlage für die am besten geeignete Organisationsstruktur (siehe Abbildung 42). Das Wertesystem, das sich aus der Vision ableitet, formt die Unternehmenskultur. Ein ganzheitliches Kompetenzmodell wird also alle Aussagen aus Vision, Strategie, Organisationsstruktur, Wertesystem und Unternehmenskultur erfassen und dann beschreiben, was im Einzelnen erforderlich ist, um innerhalb der Organisation erfolgreich zu agieren.

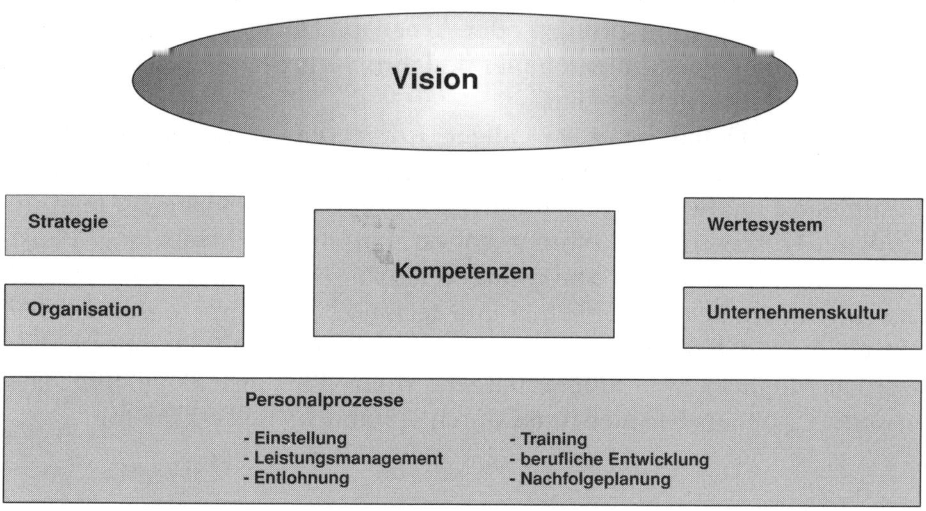

Abbildung 42: Kompetenzen als Herzstück des Unternehmens

Ein Beispiel: Die sich aus der Strategie ergebende Organisationsstruktur macht es erforderlich, autonome Arbeitsgruppen einzurichten. Die Produktionsmitarbeiter arbeiten fortan in kleinen Gruppen zusammen sowie in Kooperation mit anderen Gruppen, um zum Beispiel technische Probleme zu lösen. Im diesem Betrieb gilt der Slogan: »Jeder, der hier arbeitet, ist Teil unseres Teams, er wird gebraucht und gefördert und es wird erwartet, dass er seinen Beitrag leistet.«

Es kann nicht überraschen, dass als die wichtigsten persönlichen Kompetenzen in diesem Betrieb genannt werden: Teamfähigkeit, Problemlösung, Verantwortung für das gemeinsame Ergebnis und gute Kommunikation. Folgerichtig wurden diese Kompetenzen bei der Bewerberauswahl, beim Training und bei der Leistungsbewertung in den Vordergrund gestellt.

Bei diesen Personalaktivitäten mit fest definierten Kompetenzen zu arbeiten schafft jene Klarheit und Konsistenz, die erforderlich ist, um bestehende Organisationsstrukturen zu unterstützen, und fördert die persönlichen Verhaltensweisen, die vom Unternehmen geschätzt und gebraucht werden, um im Wettbewerb erfolgreich zu sein.

7.2 Ausrichtung der Personalprozesse

Das Beispiel zeigt, dass das Kompetenzmodell einer Organisation ein breites Spektrum von Nutzungsmöglichkeiten in allen Bereichen der Personalarbeit bietet. Ein guter Ausgangspunkt ist, jede Stelle in Bezug auf die wichtigsten Aufgaben und die zu ihrer Bewältigung notwendigen technischen und persönlichen Kompetenzen zu beschreiben. Das kann im Rahmen von Funktionsprofilen oder Arbeitsplatzbeschreibungen geschehen. Die derzeitigen Stelleninhaber und ihre Vorgesetzten sollten dabei in die Arbeit einbezogen werden.

Über die Definition notwendiger Kompetenzen hinaus haben die bereits erwähnten Kompetenzentwicklungs-Teams in den USA sich auf bestimmte Funktionen konzentriert, etwa Produktion/Technik, Finanzen, Einkauf, Unternehmenskommunikation, Forschung/Entwicklung, Personalwesen, IT, Logistik, Marketing/Vertrieb. Hier wurde der Versuch unternommen, alle persönlichen und technischen Kompetenzen zu definieren, die zur Erfüllung einer Position notwendig sind. Darüber hinaus wurden Möglichkeiten aufgezeigt, wie Mitarbeiter ihre Kompetenzbasis erweitern können, beispielsweise durch Training on and off the job.

Beispiel ***Betriebsingenieur***

Funktion:	Produktion
Fachdisziplin:	Betriebsleitung
Position:	Betriebsingenieur
Aufgabenbeschreibung:	unterstützt als Mitglied des Produktionsteams alle produktionsrelevanten Anforderungen:
persönliche Kompetenzen:	– Problemanalyse – Teamfähigkeit – Planung und Organisation – Anpassungsfähigkeit – Sicherheitsbewusstsein – PC-Kenntnisse – . . .
technische Kompetenzen:	– Kenntnis des DCS-Steuerungssystems – Kenntnis der Produktionskapazitäten – Prozesskenntnis – Fähigkeit zu einfachen Reparaturen – . . .

Abbildung 43: Definition der Kompetenzen

Nachdem das Kompetenzmodell einmal eingeführt war, hatten die Teams die Aufgabe, das Modell wie auch den jeweiligen Talentpool jährlich zu überprüfen und zu bewerten.

7.3 Kompetenzen und Personalprozesse

Sind erst einmal alle Positionen in Bezug auf die geforderten Qualifikationen und Kompetenzen beschrieben, können diese Beschreibungen genutzt werden, um Konsistenz und Fairness in Einstellungs- und Auswahlverfahren zu sichern (siehe Abbildung 44).

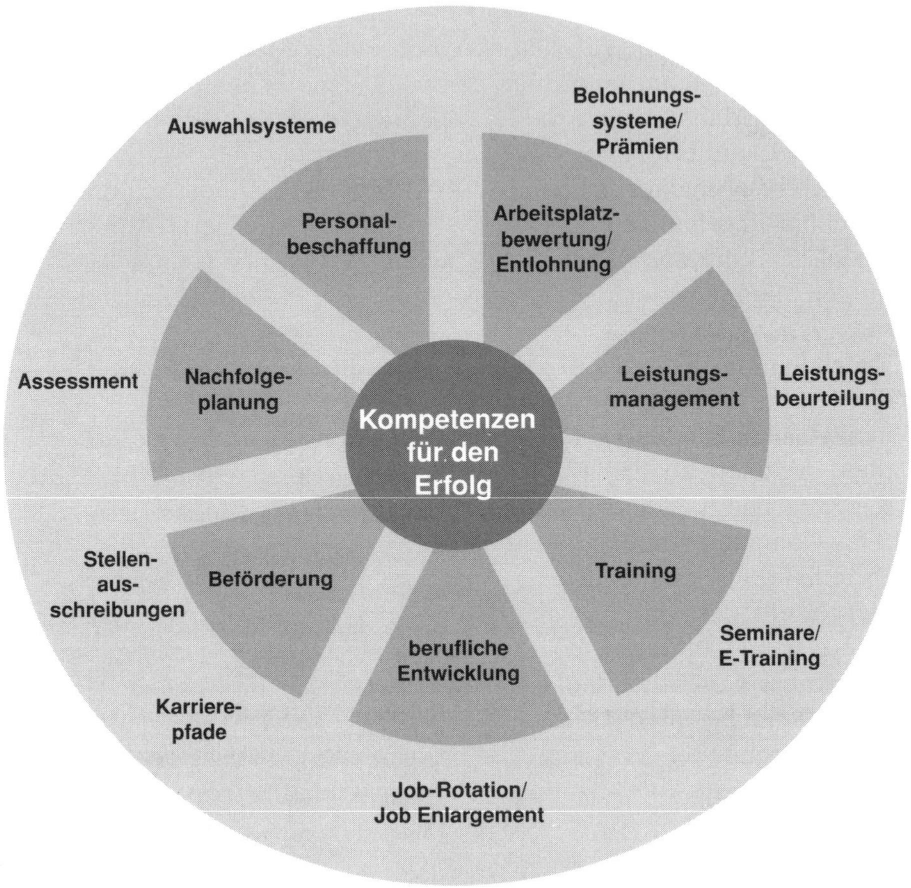

Abbildung 44: Kompetenzen im Zentrum der Personalarbeit

So konzentrieren sich Bewerbungsgespräche, die auf Kompetenzmodellen basieren, beispielsweise darauf, welche Leistung ein Bewerber tatsächlich erbracht hat und wie er an die Dinge herangegangen ist. Die so gewonnenen Beispiele von erreichten Ergebnissen und gezeigtem Verhalten sind ausgezeichnete Indikatoren für künftige Leistungen. Mit anderen Bewertungsverfahren wie Fallstudien oder Postkorbübungen können die technischen und persönlichen Kompetenzen der Bewerber getestet werden.

Solche Verfahren werden in Großbritannien und den USA auch in der Produktion, wo Teamarbeit weit verbreitet ist, sehr erfolgreich angewendet. Bei der Auswahl von Produktions- und Instandhaltungspersonal bezieht man dort Mitglieder des bereits existierenden Produktionsteams in den Prozess der Personalauswahl mit ein. Das reicht von der Erstellung geeigneter Aufgaben, um die technische Kompetenz zu testen, über Interviews bis zur Mitsprache bei der Einstellungsentscheidung.

Das hat den zusätzlichen Vorteil, dass nicht nur der jeweils qualifizierteste Bewerber die neue Stelle bekommt, sondern jemand, der sich gut in das bestehende Team einordnen kann und eine echte Verstärkung darstellt. Wichtig dabei ist, dass die Entscheidung nicht aus dem Bauch heraus gefällt wird, sondern anhand nachweisbarer, im Verlauf des Einstellungsprozesses gesammelter Fakten. Dieser Prozess ist systematisch und nachvollziehbar und hat sich beim Einstellen hoch qualifizierter Mitarbeiter, die sich in kürzester Zeit in die neuen Arbeitsteams und Aufgaben einfügen können, als erfolgreich erwiesen (siehe Praxisbeispiel im Kapitel 6.11).

Nachdem das Kompetenzmodell entwickelt und erfolgreich für Personalbeschaffungsprozesse genutzt wurde, können die klar definierten Kompetenzen auch für die Leistungsbeurteilung herangezogen werden. In den Fällen, in denen wir das getan haben, waren wir erheblich besser in der Lage, Mitarbeiter zu beurteilen und zu bewerten.

Das Kompetenzmodell bietet spezifische Verhaltensbeispiele als Maßstab, anhand dessen die jeweilige Leistung gemessen werden kann. So ist sichergestellt, dass das Was und das Wie der geleisteten Arbeit bewertet werden (siehe Abbildung 45). Darüber hinaus ermöglicht es, den Beurteilungsprozess wesentlich einheitlicher zu gestalten, da nun alle Manager dieselbe Sprache sprechen. Das ist besonders dann von Bedeutung, wenn die Bewertung der Leistung und der persönlichen Kompetenz eines Mitarbeiters mit Anerkennungssystemen (Gehalt, Prämien) verknüpft wird.

Bestandteile des Leistungsmanagements	
Was? **= Ergebnisse**	**Wie?** **= Kompetenzen**
durch die Position definierte Ziele	**Wissen, Fertigkeiten und Verhaltensweisen der Mitarbeiter, die zum Erreichen ihrer Ziele eingesetzt werden**

Abbildung 45: Bestandteile des Leistungsmanagements

In anderen Fällen ist das Kompetenzmodell ausschließlich zur Diskussion der persönlichen Weiterentwicklung genutzt worden, wobei sich Führungskraft und Mitarbeiter auf die Fertigkeiten, Kenntnisse und Verhaltensweisen konzentrieren konnten, die am effektivsten sind.

Welcher Ansatz auch gewählt wird, Ziel ist es immer, die Kompetenzbereiche herauszufinden, in denen Verbesserungen nötig und möglich sind. Das Kompetenzmodell definiert einheitlich und mit Hilfe konkreter Beispiele, was zum Beispiel unter verstärkter Kundenorientierung oder guter Teamarbeit zu verstehen ist. Dadurch kann den Mitarbeitern konkret aufgezeigt werden, was sie tun müssen, um sich beruflich weiterzuentwickeln.

Die berufliche Fort- und Weiterbildung kann durch Training on the job, Selbstlernen oder den Besuch von Seminaren und Workshops unterstützt werden. Auf jeden Fall ist das Hauptaugenmerk auf den einzelnen Mitarbeiter gerichtet, der die Verantwortung für seine berufliche Entwicklung selbst in die Hand nehmen soll.

Schulungs- und Entwicklungsmaßnahmen müssen sich natürlich an den Unternehmenszielen und -strategien und damit an erforderlichen Kompetenzen orientieren. Das garantiert, dass die hierfür aufgewendeten Mittel effizient und effektiv eingesetzt werden.

Wenn die Frage der Mitarbeiterkompetenz zu einem integralen Bestandteil der Arbeitsweise in einem Unternehmen wird, ist es von entscheidender Bedeutung, dass bei der Planung auf allen Ebenen ein und derselbe Ansatz verwendet wird. Ein Kompetenzmodell kann die erforderlichen Fertigkeiten, Kenntnisse und Persönlichkeitsmerkmale für eine hohe Führungsposition ebenso präzisieren wie die für jede andere Position. Unbestritten ist, dass Verhalten und damit die persönliche Kompetenz an der Spitze der Unternehmenshierarchie von größter Bedeutung ist, nicht zuletzt, weil Führungskräfte Vorbildcharakter für die Mitarbeiter haben.

Auch bei Nachfolgeplänen können sich die Entscheider auf die im Kompetenzmodell beschriebenen Eigenschaften und Fertigkeiten konzentrieren. Das Modell hilft zu beurteilen, ob ein Bewerber für eine Führungsposition reif und erfahren genug ist, es kann aber auch einen wertvollen Ansatzpunkt liefern, um Schulungsaktivitäten zu planen und fehlende Kompetenzen zu entwickeln. Ein solches Verfahren ist sinnvoll bei der Auswahl von Führungskräften.

Eine auf Kompetenzen basierende Nachfolgeplanung kann mit Maßnahmen zur Potenzialerkennung (zum Beispiel PREGO-Methode, siehe Kapitel 3) unterstützt werden. Dabei simulieren Fallstudien jene Tätigkeiten, die üblicherweise von einem leitenden Angestellten bewältigt werden. In Beurteilungstechniken erfahrene Führungskräfte oder externe Spezialisten beobachten die Teilnehmer und geben auf Grundlage unseres

Kompetenzmodells wertvolles Feedback. Davon ausgehend werden die Teilnehmer angeleitet, eigene Pläne zum Verbessern und Stärken ihrer Leistung in Bezug auf Schlüsselkompetenzen zu erarbeiten.

Dieser Prozess hilft, die Reife eines Kandidaten für den nächsten Karriereschritt einzuschätzen, und versorgt gleichzeitig die Kandidaten mit wichtigen faktischen Informationen, um die Entwicklung der eigenen Persönlichkeit voranzutreiben.

Alle Aspekte der Personalarbeit können von Kompetenzmodellen profitieren. Sie sind leistungsfähige Werkzeuge. Ein Modell, das unter Einbeziehung von Mitarbeitern aus allen Ebenen und Funktionen speziell für ein Unternehmen entwickelt wurde, kann das Verständnis von Vision, Strategie und Wertesystem fördern und den Mitarbeitern helfen, die eigene Arbeit besser in den Unternehmenskontext einzuordnen. Das Unternehmen wird dabei gleichsam mit einer gemeinsamen Sprache ausgestattet, die es für Mitarbeiter einfach macht zu erkennen, welche Fertigkeiten, Kenntnisse und Eigenschaften sie für eine effiziente Erledigung ihrer Aufgaben benötigen.

Die Nutzung von Kompetenzen als Grundlage von Personalprozessen verbessert die Erfolgsquote bei Einstellungen, verringert die Personalfluktuation, erhöht Zufriedenheit und Motivation der Mitarbeiter und fördert die Erreichung der strategischen Ziele des Unternehmens.

8

Ausblick und Zukunftstrends

Es ist uns ein wichtiges Anliegen, immer wieder auf die Auswirkungen der demografischen Entwicklung aufmerksam zu machen und Sie zu ermutigen, rechtzeitig Ihre Strategie darauf auszurichten. Diese Entwicklung wird Unternehmen, Behörden und Verwaltungen dazu zwingen, ihre Personalentwicklung neu auszurichten. Wir möchten bewusst machen, dass diese Schritte nicht erst getan werden dürfen, wenn die Probleme akut spürbar geworden sind. Die Devise lautet auch hier: agieren statt reagieren. Die Zeit bis 2010 bietet einen ausreichenden Planungshorizont, um die Personalentwicklung strategisch neu auszurichten.

Mit unserem Kompetenzmodell in Kapitel 7 haben wir eine Tür in die Zukunft bereits aufgestoßen und Wege aufgezeigt, wie ein lebenslanger Lernprozess gestaltet werden kann. Die Gewinnung ausreichend qualifizierter Mitarbeiter nach 2010 zwingt zu einer stärkeren Verzahnung zwischen dem Personalmarketing und der Personalentwicklung. Mit drei Thesen möchten wir unseren Lesern eine Orientierung geben, wie die Schwerpunkte der Personalentwicklung zukünftig zu setzen sind.

Drei Thesen zur zukunftsorientierten Personalentwicklung:

1. Das Prinzip des lebenslangen Lernens muss aktiv und erfolgswirksam umgesetzt werden. Älter werdende Mitarbeiter dürfen nicht von Personalentwicklungsmaßnahmen ausgenommen werden. Ihr Wissen, Können und ihre Erfahrungen müssen systematisch ausgebaut, für den Arbeitgeber gesichert und an die jungen Mitarbeiter transferiert werden.
2. Das externe Personalmarketing wird sich in verstärktem Maße um die Gewinnung qualifizierter Fach- und Führungskräfte kümmern müssen. Der Wettbewerb um die wirklich Guten wird sich ab 2010 zunehmend verschärfen. Deshalb sind kreative und rechtzeitig beginnende Personalmarketingaktivitäten ein wichtiger Wettbewerbsvorteil.
3. Das interne Personalmarketing ist auszubauen und die Bindung qualifizierter Fach- und Führungskräfte zu forcieren, weil bestimmte Qualifikationen im bisherigen Maße nicht mehr zu bezahlbaren Preisen vom externen Arbeitsmarkt zur Verfügung gestellt werden. Instrumente zur Potenzialerkennung und -entwicklung sowie zur Mitarbeiterbindung müssen verstärkt eingesetzt werden.

Durch bereits jetzt erkennbare Tendenzen möchten wir begründen, warum eine Änderung der Personalentwicklungsstrategie notwendig wird. Im Zuge weiter fortschreitender Globalisierung und der vorhersehbaren demografischen Entwicklung ist davon auszugehen, dass die Berufslandschaft sich in den nächsten Jahrzehnten drastisch verändern wird und deshalb Prioritäten anders gesetzt werden müssen.

Jeder sechste Arbeitsplatz wird sich strukturell verändern. Die Beschäftigung in der Industrie nimmt ab, im Bereich Gesundheitswesen oder bei Finanzdienstleistungen wird sie dagegen zunehmen.

Älter werdende Belegschaften müssen erhöhte Anforderungen an Flexibilität und Wissensintensivierung bewältigen.

In der Informations- und Dienstleistungsgesellschaft nehmen wissensintensive Tätigkeiten und Mobilitätsanforderungen zu (Abbildung 46).

	1970		2000
Anteil der Beschäftigten, die Produktions- und Montagetätigkeiten ausüben	40 %	> ↓	22 %
Anteil der Beschäftigten, die Dienstleistungstätigkeiten ausüben	52 %	< ↑	75%
Anteil der Beschäftigten, die wissensintensive Dienstleistungstätigkeiten ausüben	29 %	< ↑	55 %

Abbildung 46: Veränderung der Tätigkeitsstrukturen
Quelle: Rock, Witt u.a., 2000

Fazit

Verstärkte Anstrengungen in der Personalentwicklung und Weiterbildung der alternden Mitarbeiter werden notwendig. Eine Wissensbeschaffung der Unternehmen über die Rekrutierung Junger wird nicht ausreichen. Die Entwicklung des Tätigkeitsniveaus zeigt eindeutig, dass auch in Zukunft mit einer Abnahme einfacher Tätigkeiten bei gleichzeitiger Zunahme höherwertiger Tätigkeiten zu rechnen ist (Abbildung 47).

Durch den weiterhin abnehmenden Anteil einfacher Tätigkeiten und die voraussichtlich verstärkte Zuwanderung von ausländischen Mitarbeitern mit einer geringeren Qualifikation werden verstärkt Anstrengungen zur Erhöhung des Qualifikationsniveaus notwendig werden. Den erhöhten Anforderungen an die berufliche Qualifizierung stehen jedoch gegenwärtig reduzierte Teilnehmerzahlen an beruflichen Weiterbildungsveranstaltungen gegenüber. Gegenwärtig verläuft also der Trend noch gegensätzlich (Abbildung 48). Die Entwicklungen in den nächsten zwei Jahrzehnten erfordern somit eine eindeutige Trendumkehr.

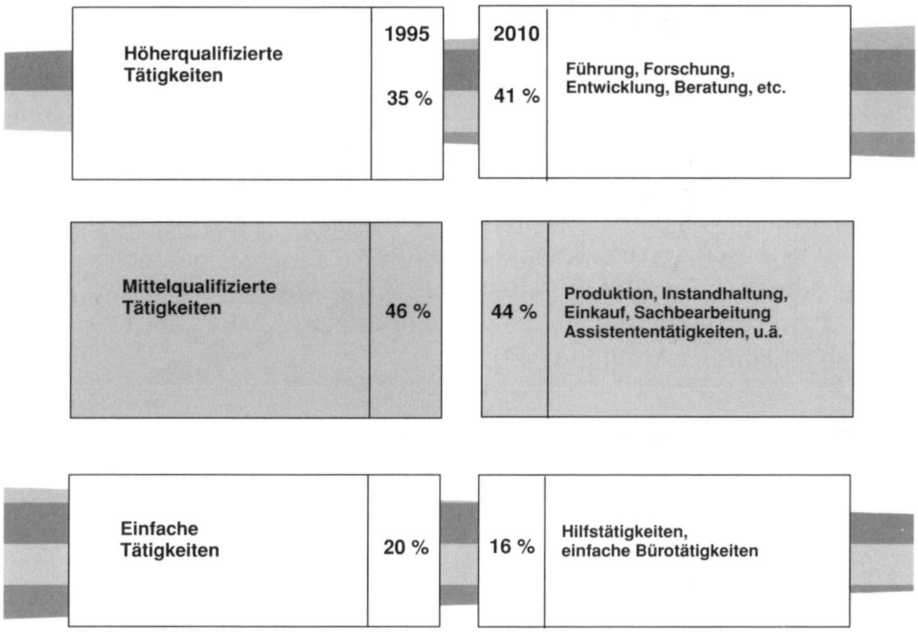

Abbildung 47: Entwicklung des Tätigkeitsniveaus
Quelle: IAB/Prognos-Projektion 1999, nach Dostal

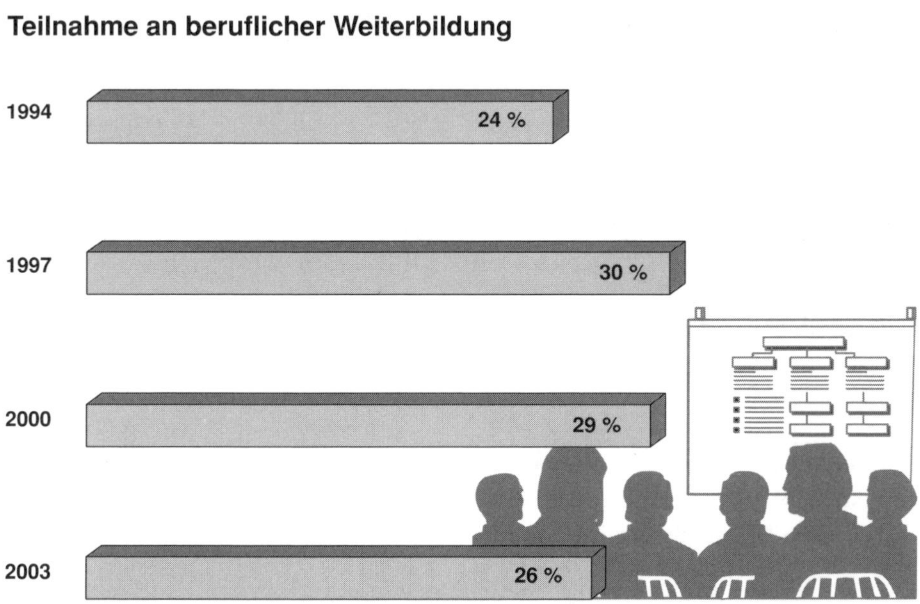

Abbildung 48: Entwicklung der Teilnehmerzahlen an Weiterbildungsmaßnahmen
Quelle: Bundesbildungsministerium

8.1 Qualifizierung älterer Mitarbeiter

Wir haben mit unserer Toolbox und durch unsere Anwendungsbeispiele die Instrumente und Möglichkeiten der Personalentwicklung dargestellt. Die Notwendigkeit der Qualifizierung älterer Mitarbeiter haben wir bereits zu Beginn angesprochen, allerdings ohne konkrete Handlungsfelder dazu aufzuzeigen. Das möchten wir mit dem besonderen Fokus auf die Zukunft in diesem letzten Kapitel nachholen.

Die Altersschere öffnet sich bereits 2010. Danach sinkt der Anteil junger Erwerbstätiger bei gleichzeitigem stetigem Anstieg der Erwerbstätigen ab 50 Jahren (Abbildung 49).

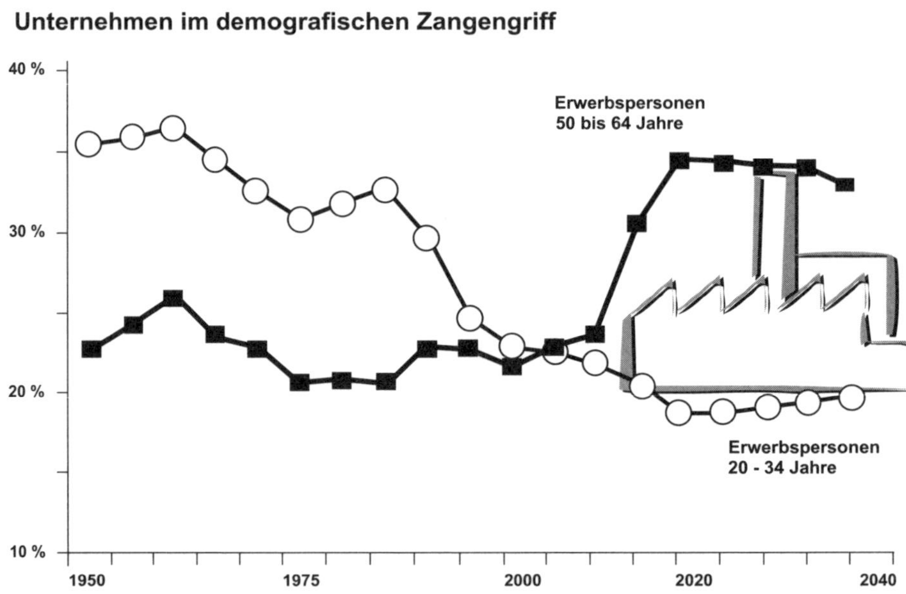

Abbildung 49: Altersschere
Quelle: Fraunhofer Institut IAO

Fazit

Personalentwicklung muss als lebenslanger Qualifizierungs- und Veränderungsprozess verstanden werden und in verstärktem Maße die älter werdenden Mitarbeiter einbeziehen.

Abschied von einem Vorurteil

Ältere Mitarbeiter sind in jeder Phase ihres beruflichen Lebens lernfähig. Sie lernen nur anders und haben aufgrund ihrer langjährigen beruflichen Tätigkeit andere Kompetenzen erworben. Ältere weisen im Vergleich zu jüngeren Mitarbeitern ein anderes Leistungsprofil auf. Sie sind bei körperlich schweren Arbeiten oder in Stresssituationen nicht so belastbar wie ihre jüngeren Kollegen, doch dafür punkten sie gegenüber den Jüngeren bei Tätigkeiten, die in hohem Maße Erfahrung, Weitsicht, Routine, Genauigkeit, Präzision und soziale Kompetenz erfordern.

Spätestens nach dem Niedergang des »Neuen Marktes«, der von einem ungezügelten Jugendwahn gekennzeichnet war, wissen wir, dass unternehmerischer Erfolg auch Tugenden und Eigenschaften erfordert, die wir idealerweise bei Älteren vorfinden. Entscheidend ist die richtige Mischung!

Die Arbeitsorganisation muss einen Rahmen schaffen, der Synergien zwischen Jung und Alt schafft. Vielen älteren Mitarbeitern wird vorgeworfen, dass sie nicht veränderungsbereit und auch -fähig seien. Dies stimmt nur zum Teil. Wenn Mitarbeiter über Jahrzehnte hinweg ein und dieselbe Tätigkeit ausüben und in Veränderungsprozesse nicht eingebunden werden, sind Blockaden und Widerstände typische Verhaltensweisen. Sie haben ihre Wurzeln in Ängsten und Befürchtungen, neuen Aufgaben nicht gewachsen zu sein. Hier werden Fehler der Vergangenheit sichtbar, und diese müssen in der Zukunft korrigiert werden.

Typische Qualifizierungsdefizite älterer Mitarbeiter

Wenn Mitarbeiter bereits ab 40 von Laufbahnentwicklungen oder fachlichen und Kompetenzen fördernden Weiterbildungsmaßnahmen abgekoppelt werden, muss man sich über Defizite nicht wundern. Die Bereiche EDV beziehungsweise moderne IT-Technik bieten besondere Handlungsfelder für ältere Mitarbeiter oder Frauen und Männer, die nach der Elternzeit wieder ins Erwerbsleben zurückkehren.

Fazit

Nicht das Alter entscheidet über die Teilnahme an einer Qualifizierung, sondern der tatsächliche Bedarf, der durch die demografische Veränderung neu definiert werden muss.

Altersgemischte Tandems vereinen die Leistungs- und Fähigkeitsprofile von jungen und älteren Erwerbstätigen. Dies kann durch die Personalpolitik gezielt gesteuert werden. Projektarbeit ist ein weiterer Ansatzpunkt, um Synergien zwischen Alt und Jung zu schaffen. Die Effekte altersgemischter Teams lassen sich jedoch nicht kurzfristig realisieren, sondern erfordern einen eher langfristig angelegten Prozess. Bereits bei Enddreißigern sollte gezielt begonnen werden, diesen lebenslangen Lernprozess zu fördern.

Der systematisch gesteuerte Wechsel zwischen Aufgaben und Positionen muss integraler Bestandteil der Personalpolitik werden und dadurch die Zielrichtung für die Personalentwicklung vorgeben. So wird die oft postulierte Forderung der Lern-, Innovations- und Veränderungsbereitschaft wirkungsvoll in die Tat umgesetzt.

Durch diese Form des Wissensmanagements wird unentbehrliches Erfahrungswissen und Know-how gesichert und gezielt und systematisch zwischen den unterschiedlichen Altersgruppen ausgetauscht. Dies schafft eine Vertrauenskultur innerhalb einer Organisation. Die älteren Mitarbeiter werden aufgewertet und stehen Veränderungsprozessen insgesamt offener gegenüber.

Die fachliche Qualifizierung oder kompetenzerweiternde Trainings sollten für alle Altersjahrgänge offen stehen. Eine zielgruppenspezifische Differenzierung nach Altersjahrgängen dagegen reißt alte Gräben wieder auf oder verstärkt Vorurteile. Aufgabe der Personalentwicklung ist es, das Angebot für alle Altersgruppen zu definieren und für eine ausgewogene Teilnehmerzusammensetzung bei Qualifizierungsmaßnahmen zu sorgen. Die betrieblichen Führungskräfte müssen aktiv für die Teilnahme ihrer älteren Mitarbeiter werben und überzeugend die Notwendigkeit eines lebenslangen Lernprozesses darstellen.

Methodisch müssen diese Qualifizierungen so gestaltet werden, dass ein altersgerechtes Lernen ermöglicht wird. Dies ist insbesondere bei den modernen IT-Technologien notwendig. Sonst wandeln sich Offenheit und Begeisterung zu Widerstand und Skepsis, wenn die Älteren von den Jüngeren in diesen Disziplinen regelrecht vorgeführt werden.

Schaffung neuer beruflicher Perspektiven für ältere Mitarbeiter

Karriere und sozialer Status werden in Betrieben, Behörden oder Verwaltungen oftmals an der hierarchischen Stellung festgemacht. Auch hier gilt es, neues Denken in den Köpfen zu verankern. Mit der Aufwertung von Fachlaufbahnen gegenüber Führungshierarchien können älteren Mitarbeitern neue berufliche Chancen eröffnet und Motivationspotenziale erschlossen werden.

Die Wertigkeit eines Menschen hängt in entscheidendem Maße auch vom Erfolg seiner Tätigkeit, also der betrieblichen Wertschöpfung ab. Entwicklungs-, Laufbahn- und Karriereplanungen dürfen nicht vorzeitig enden, sondern müssen die Mitarbeiter lebenslang begleiten. Das mag gegenwärtig noch revolutionär oder futuristisch klingen, wird aber durch die demografische Entwicklung und das Gebrauchtwerden der Älteren unabdingbar. Durch solche Entwicklungen werden die Aufgaben der Personalentwicklung neu fokussiert.

8.2 Herausforderungen im Personalmarketing

Wir haben bereits an verschiedenen Stellen dieses Buches darauf aufmerksam gemacht, dass in den nächsten Jahren auf dem Arbeitsmarkt eine Knappheitssituation für qualifizierte Fach- und Führungskräfte entstehen wird. Dies möchten wir mit einigen Fakten zusätzlich untermauern:

- Jährlich gehen zirka 200.000 Erwerbstätige mehr in Rente, als junge Menschen auf dem Arbeitsmarkt nachrücken. Im Jahr 2020 gibt es gut 4 Millionen Arbeitskräfte weniger als 2005. Bei konstanter Nettozuwanderungsrate von 200.000 Menschen (voraussichtlich wird diese Zahl jedoch deutlich unterschritten werden) reduziert sich die Zahl der potenziellen Arbeitskräfte von jetzt 44,4 Millionen auf 40,4 Millionen Menschen in 2020.
- Der VDI (Verein Deutscher Ingenieure) hat in einer Umfrage *(FAZ* vom 12. April 2005) ermittelt, dass jedes vierte Technikunternehmen Probleme hat, seine offenen Stellen mit geeigneten Ingenieuren zu besetzen. Laut VDI-Studie wird in den nächsten Jahren noch mit einem steigenden Bedarf an Ingenieuren oder naturwissenschaftlich ausgebildeten Hoch- oder Fachhochschulabsolventen gerechnet.
- 1993 gab es noch rund 21.000 Absolventen eines Maschinenbau-Studiums. In der letzten Erhebung waren es nur noch 13.000. Den jährlichen Bedarf deckt das bei weitem nicht. Der VDI schätzt, dass gegenwärtig bereits jährlich 15.000 Ingenieure fehlen. Das bremst volkswirtschaftlich die Innovation neuer Produkte und notwendige Produktivitätssteigerungen.

Um diesen Trends des Arbeitsmarktes entgegenwirken zu können, sind verstärkte Aktivitäten des Personalmarketings erforderlich. Nachfolgend möchten wir Ihnen aufzeigen, wie Sie durch geeignete Maßnahmen in Zukunft dennoch qualifiziertes Personal gewinnen können.

Analyse der Altersstruktur

Analysieren Sie die Alterstruktur Ihres Betriebes oder Ihrer Behörde/ Organisation. Achten Sie bei Einstellungen in den nächsten Jahren auch auf die Ausgewogenheit der Altersstruktur. Ist die Altersstruktur so beschaffen, dass in den nächsten 15 Jahren über 50 Prozent der Belegschaft pensioniert werden, ist dies gefährlich. Sie stoßen mit einem erheblichen Personalbedarf bereits in die nach 2010 eintretende Fachkräftelücke.

Einstellung von Auszubildenden

Auch wenn die Botschaft altbekannt ist – sie ist dringender denn je. Wer jetzt nicht ausbildet, wo noch genügend ausbildungssuchende junge Menschen vor den Toren stehen, wird ab 2010 auf ein immer spärlicheres Bewerberpotenzial treffen. Der Lehrstellenmarkt mutiert dann langsam von einem Angebots- zu einem Nachfragemarkt. In zunehmendem Maße können die Ausbildungsplatzbewerber nach 2010 ihren Ausbildungsberuf und ihren Ausbildungsbetrieb frei wählen. Kleine und mittelständische Betriebe können regionale Ausbildungskooperationen eingehen, wenn sie wegen ihrer Betriebsgröße nicht in der Lage sind, in ausreichendem Maße selbst auszubilden.

Imagepflege

Es gibt viele Möglichkeiten, sich als Arbeitgeber in der Öffentlichkeit positiv darzustellen. Dies kann zum Beispiel durch Berichte in Zeitungen, durch die Fachpresse oder im Internet geschehen. Es ist auch wichtig, die definierten Unternehmenswerte bekannt zu machen. Kommunizieren Sie Ihre Unternehmenswerte und Ihre Unternehmensphilosophie nach außen. Stellen Sie dar, was Ihnen wichtig ist und für was Ihr Unternehmen steht. Zeigen Sie glaubwürdig die Vorteile auf, die Sie Ihren Beschäftigten bieten können, zum Beispiel eigenständiges Arbeiten, hohe Entscheidungskompetenz trotz flacher Hierarchie, gutes Betriebs- und Arbeitsklima (diese Werte können als Indikator gemessen werden), gute Möglichkeiten zur Weiterqualifizierung. Betreiben Sie lokales Sponsoring für kulturelle, soziale oder sportliche Zwecke.

Kontaktpflege zu regionalen Bildungseinrichtungen

Diese beziehen sich sowohl auf den Bereich der Hoch- und Fachhochschulen als auch auf Technikerschulen, IHKs und Fachschulen, die Meister und Industriefachmeister ausbilden. In diesen Bildungseinrichtungen können über Aushänge das Unternehmen oder der kommunale/staatliche Arbeitgeber und seine Stellenangebote bekannt gemacht werden. Über persönliche Kontakte, Fachvorträge, Einladungen zu Betriebsbesichtigungen und Präsentationen auf Messen können gezielte PR-Arbeit geleistet und potenzielle Absolventen geworben werden.

Exkursionen

Exkursionen schaffen erste Kontakte zwischen Studierenden und potenziellen Arbeitgebern. Bieten Sie attraktive Exkursionen gerade denjenigen Bildungseinrichtungen an, von denen Sie sich Bewerbungen erhoffen. Warten Sie nicht, bis Sie gefragt werden, sondern stellen Sie ein innovatives und interessantes Programm zusammen. Sprechen Sie dazu direkt Professoren oder Akademieleiter an. KMU können solche Exkursionen im Verbund planen und gestalten.

Kooperationen mit Berufsakademien

In den meisten Bundesländern gibt es die Möglichkeit, in Kooperation zwischen Betrieb und Berufsakademie Ingenieure oder Betriebswirte auszubilden. Der Abschluss an einer Berufsakademie ist in etwa mit dem an einer Fachhochschule gleichzusetzen. Die Vorteile liegen auf der Hand: Die Attraktivität für Abiturienten oder Fachoberschüler wird gesteigert, bei diesen Unternehmen oder Institutionen einen Ausbildungsvertrag abzuschließen, der optional das Studium an einer Berufsakademie beinhaltet. Insbesondere ergeben sich in Zukunft gute Chancen, der Mangelsituation bei Ingenieuren entgegenzuwirken.

Einstellung und Betreuung von Praktikanten und Diplomanden

Das gezielte Angebot von Praktikantenplätzen und die Vergabe von Diplom- oder sonstigen Studienarbeiten ist eine der besten Möglichkeiten, mit potenziellen Bewerbern in Verbindung zu treten. Die Praktikanten oder Diplomanden lernen Ihr Unternehmen, Ihre Behörde oder Institution besser kennen. Vorurteile gegenüber der Arbeitswelt, bestimmten Berufstätigkeiten oder Ihrer Branche können abgebaut werden. Persönliche Kontakte entstehen, die bis zum Ende der schulischen oder akademischen Ausbildung gepflegt werden können. Entscheidend für diese Art des Bewerber-Recruitings sind attraktive und herausfordernde Aufgabenstellungen und die persönliche Betreuung der Praktikanten und Diplomanden.

Dazu ein Positivbeispiel von Porsche *(Capital,* Ausgabe 24/2004): Dort werden jährlich zirka 100 Ingenieure eingestellt. 80 Prozent der eingestellten Hochschulabsolventen sind ehemalige Praktikanten und Diplomanden. Der Kontakt mit den späteren potenziellen Bewerbern wird schon an den Gymnasien aufgenommen, und Porsche vergibt jährlich einen attraktiven Preis für den jeweils besten Abiturienten in den Fächern Mathematik und Physik. Porsche legt Wert auf eine hochwertige und intensive Praktikantenbetreuung. Die Jahresbesten werden in das Pole-Position-Programm aufgenommen und bis zum Ende ihres Studiums intensiv betreut.

Vergabe von Projektarbeiten

An Hoch- und Fachhochschulen können geeignete, finanziell geförderte Projektarbeiten vergeben werden, die einerseits den Wissenstransfer zwischen Wissenschaft und Praxis fördern, anderseits aber auch den Kontakt zu Studenten und wissenschaftlichen Mitarbeitern ermöglichen. Die Projekte können unter Umständen so organisiert sein, dass auch ein Einsatz im Unternehmen notwendig wird. Auf diese Weise kann der Kontakt zu potenziellen Bewerbern sogar noch intensiviert werden. Eignungsprofile werden in ihren Konturen deutlich sichtbar.

Studentenförderprogramme

Im Rahmen einer kooperativen Zusammenarbeit zwischen Hoch- und Fachhochschulen, Technikerschulen oder anderen Einrichtungen des tertiären Bildungssektors können Studierende gezielt finanziell gefördert werden. Dazu zählen auch Ferienbeschäftigungen, Möglichkeiten zum Praktikum oder die Vergabe von Diplomarbeiten oder Master Thesises. Während des Studiums oder einer anderen qualifizierten fachlichen Ausbildung besteht ein enger Kontakt zu den späteren Potenzialkandidaten. Mit Studienförderprogrammen kann eine relativ hohe Bindung der Absolventen an ihren späteren Arbeitgeber erreicht werden.

Präsenz bei Messen von Hochschulen und studentischen Organisationen

Solche Veranstaltungen bieten eine gute Gelegenheit, Ihr Unternehmen mit seinen Möglichkeiten zu präsentieren und mit Potenzialkandidaten in Verbindung zu treten. Die Teilnahme an Diskussionsforen bietet zusätzlich Möglichkeiten zur eigenen Öffentlichkeitsarbeit und Darstellung der Kompetenz Ihres Unternehmens.

Seminare für Studenten

Seminare mit interessanten Themen wie beispielsweise Leadership- oder Bewerbertraining, Projektmanagement und Assessment-Center sind attraktive Angebote für Studenten in ihrer semesterfreien Zeit. Sie erhalten Managementwissen oder Hilfen zur Entwicklung ihrer eigenen Persönlichkeit oder für ein souveränes Auftreten bei Präsentationen und Bewerbungsgesprächen. Es entstehen viele Möglichkeiten zur Kontaktaufnahme und weiteren Vertiefung.

Die Veranstalter lernen die besonderen Stärken und Fähigkeiten der Teilnehmer kennen und können auf dieser Basis gezielte Angebote hinsichtlich Praktikum, Diplomarbeit, zu besetzender offener Stellen oder interner Traineeprogramme machen.

Mitarbeiter werben Mitarbeiter

Zufriedene Mitarbeiter sind die besten Werbeträger. Ihre Aussagen über ihren Arbeitgeber, ihre Tätigkeiten und Entwicklungsmöglichkeiten wirken authentisch und glaubhaft auf interessierte Bewerber. Im Rahmen eines solchen Recruiting-Programmes werden die Mitarbeiter über diese Personalmarketingmaßnahme informiert. Imagebroschüren ergänzen die Kontaktaufnahme zwischen dem werbenden Mitarbeiter und dem Interessenten. Mit Prämienzahlungen im Erfolgsfalle kann das Bemühen der Mitarbeiter noch zusätzlich belohnt werden.

8.3 Mitarbeiterbindung durch Personalentwicklung

Ein weiterer wichtiger Schwerpunkt zukünftiger Personalentwicklungsarbeit dürfte die Potenzialerkennung, -förderung und -bindung werden.

Es ist zu erwarten, dass viele Arbeitgeber ihre Fachkräfte nicht mehr in ausreichendem Maße über den Arbeitsmarkt gewinnen können. Die Intensivierung des externen Personalmarketings wird notwendig, um den quantitativen und qualitativen Personalbedarf zu decken. Darüber hinaus müssen in zunehmendem Maße die Potenziale der eigenen Mitarbeiter – auch die der älteren – erkannt und ihre Fähigkeiten gezielt gefördert werden. Dies stellt eine Kombination zwischen Personalentwicklung und internem Personalmarketing dar. Die Grenzen sind fließend.

Mit gut strukturierten, mehrtägigen, auf die jeweiligen Zielgruppen zugeschnittenen Assessment-Centern können fundierte Informationen über die Teilnehmer, ihre Stärken, besonderen Fähigkeiten, Persönlichkeitsstrukturen, aber auch Schwächen und Qualifizierungsdefizite gewonnen werden. Diese Form der Potenzialerkennung wird gegenwärtig noch durch einen hohen Angebotsüberhang von externen Bewerbern akzeptiert. Wenn die Verhältnisse sich ab 2010 kontinuierlich umkehren und aus einem Angebots- ein Nachfrageüberhang wird, wird das Assessment-Center zunehmend auf Ablehnung stoßen.

Gegenwärtig ist bereits erkennbar, dass das Assessment-Center bei der internen Potenzialerkennung oder Personalauswahl immer mehr an Akzeptanz verliert. Für die Zukunft ist es wichtig, Instrumente einzusetzen, die noch schlummernde Potenziale, besondere Fähigkeiten und Kompetenzen erkennen, gezielt weiterentwickeln und fördern. Diese Instrumente und Methoden müssen die Vorteile von Assessment-Centern sowie Förder- und Führungskräfteentwicklungsprogrammen vereinen und gleichzeitig deren Nachteile vermeiden. So werden Nutzen und Synergieeffekte für die betroffenen Mitarbeiter und deren Arbeitgeber geschaffen.

Mit der Darstellung der PREGO-Methode haben wir im Kapitel 3 beispielhaft aufgezeigt, welche Anforderungen an Programme zur Potenzialerkennung und -förderung zu stellen sind. In Summe wird es sich für jeden Arbeitgeber lohnen, seine eigenen Mitarbeiterpotenziale zu erkennen, zu fördern und die Mitarbeiter damit an sich zu binden.

8.4 Zukunftstrends

Insbesondere unter dem Aspekt der Zukunftstauglichkeit möchten wir am Schluss unseres Buches eine Zusammenfassung der wichtigsten erkennbaren Trends bieten.

- Die Instrumente der Personalentwicklung werden in zunehmendem Maße zur Gewinnung qualifizierter Mitarbeiter, Fachspezialisten und Führungskräfte eingesetzt. Demzufolge wird sich die Arbeit der Personalentwicklung noch stärker mit den Aktivitäten des **Personalmarketings** verzahnen. Ohne aktive Werbemaßnahmen wird es Betrieben, Behörden und Organisationen immer schwerer fallen, ab 2010 ausreichend qualifiziertes Personal am Arbeitsmarkt zu gewinnen. Hierin liegen für die kleinen und mittelständischen Betriebe Chancen und Risiken zugleich.

- Es ist klar erkennbar: der Wettbewerb um die Besten wird härter werden. Die Arbeitgeber, die eine systematische und ganzheitlich ausgerichtete Personalentwicklung betreiben, verschaffen sich hier ein eindeutiges Plus. In dem Maße, wie sich die verfügbare Zahl der qualifizierten Fach- und Führungskräfte durch die demografische Entwicklung reduziert, wird die frühzeitige und damit **rechtzeitige Potenzialerkennung und -förderung** immer wichtiger. Sie benötigt, um wirksam zu werden, einen mittelfristigen Planungsverlauf.
- Obwohl es eine Selbstverständlichkeit sein sollte, möchten wir nochmals den Finger in die Wunde legen und an die **Einbeziehung der älteren Mitarbeiter** in den lebenslangen Lernprozess erinnern. Bereits in zehn bis fünfzehn Jahren werden die dann 50-Jährigen zu einer am Arbeitsmarkt gefragten Zielgruppe zählen.
- Bei weiterhin steigenden Anforderungen an die Tätigkeiten der Mitarbeiter und gleichzeitiger Reduzierung der einfachen Tätigkeiten ist eine hohe **Flexibilität im Mitarbeitereinsatz** unverzichtbar. Um auch die älteren Mitarbeiter bis zu ihrem Renteneintritt flexibel einsetzen zu können, muss bereits in jungen Jahren damit angefangen werden.
- Unabhängig von den Herausforderungen der demografischen Entwicklung wird Personalentwicklung sich noch stärker auf **Individualmaßnahmen** fokussieren. Dies schließt auch die Ermittlung des Personalentwicklungsbedarfes ein. Coaching wird verstärkt als Personalentwicklungsinstrument eingesetzt werden. Dies geht zu Lasten bisher durchgeführter zielgruppenspezifischer Trainings.
- Personalentwicklung wird gerade bei den **kleinen und mittelständischen Unternehmen** systematischer gesteuert und professioneller gestaltet werden müssen. Die Verfügbarkeit ausreichend qualifizierter Fach- und Führungskräfte wird zu einer Existenzfrage. Wettbewerb wird in der Hochtechnologiegesellschaft zukünftig auch über das Vorhandensein ausreichender Qualifikationen entschieden.
- Die **Berufsausbildung** von Haupt- und Realschülern sowie Abiturienten ist eine Investition in die Zukunft. Versäumnisse der Vergangenheit und der Gegenwart werden in der Zukunft nicht mehr auszugleichen sein.
- Das Bewusstsein in unserer Bevölkerung schärft sich, dass die Lebensarbeitszeit verlängert werden muss. Deshalb wird dem **Gesundheits- und Arbeitsschutz** eine zunehmend stärkere Bedeutung beizumessen sein, insbesondere in den Betrieben, wo nach wie vor belastende körperliche Arbeit und/oder Schichtarbeit zu leisten ist. Es liegt nicht

nur im ethischen, sondern auch im betriebswirtschaftlichen Interesse der Arbeitgeber, die »Ressource Mensch« zu schonen. Eine aktive Unfall- und Gesundheitsfürsorge, eine durchgängige ergonomische Arbeitsplatzgestaltung, der Einsatz Kraft sparender Technik sowie eine flexible Arbeitsorganisation, die Stress und Monotonie abbauen, sind Voraussetzungen für eine Verlängerung der Lebensarbeitszeit. Seminare und Workshops zu den Themen Gesundheitsmanagement, Unfallschutz und Work-Life-Balance gehören in die Angebotspalette der Personalentwicklung. Diese Themen sind durch ein überzeugendes Marketing für die Mitarbeiter attraktiv zu machen. In Führungstrainings und Führungskräfteentwicklungsprogrammen ist der Unfall- und Gesundheitsschutz thematisch zu verankern. Jede Führungskraft muss sich bewusst werden, welche Verantwortung sie für die Gesunderhaltung ihrer Mitarbeiter trägt. Die persönliche Eigenverantwortung der Mitarbeiter ist zu steigern. Hier eröffnet sich für die Personalentwicklung ein neues Tätigkeitsfeld.

- Ziel der Personalpolitik muss es sein, **Beruf und Familie in Einklang zu bringen**, um erziehenden Müttern neben der Familienarbeit auch eine herausfordernde und motivierende Berufstätigkeit zu ermöglichen. Durch Integrationsmodelle, flexiblere Arbeitszeiten für erziehende Mütter und den vollen Einbezug von teilzeitbeschäftigten Frauen in die betrieblichen Personalentwicklungsmaßnahmen kann ein Teil des qualitativen und quantitativen Personalbedarfs gedeckt werden.
- Durch vermehrte Zuwanderung von ausländischen Arbeitskräften aus nichteuropäischen Regionen ist die **interkulturelle Kompetenz** in den Unternehmen, Behörden und Organisationen zu stärken. Seitens der Personalentwicklung sind intensivere Anstrengungen zu unternehmen, die Qualifikation dieser Mitarbeiter auszubauen und ihre Integration in eine anders geprägte Kultur zu erleichtern. Diese Aufgabe obliegt gleichermaßen auch dem Staat und den öffentlichen Bildungseinrichtungen.
- Mit einer ganzheitlichen Personalentwicklung, die an den Interessen des Unternehmens und der Mitarbeiter ausgerichtet ist, wird letztendlich auch ein Beitrag zu einer **guten Unternehmenskultur** geleistet.

Die Trends sind vorgezeichnet. Es wird Gewinner und Verlierer geben. Wer es schafft, mit seiner Personalpolitik ausreichend qualifiziertes Personal an sich zu binden, wird zu den Gewinnern zählen. Wir haben Ihnen mit diesem Buch gangbare Wege in die Zukunft aufgezeigt. Öffnen Sie dieses Tor und haben Sie den Mut, die ersten Schritte zu tun.

Literaturverzeichnis

Arnold, R.; Bloh, E.: *Personalentwicklung im lernenden Unternehmen,* Baltmannsweiler: Schneider-Verlag, Hohengehren 2001.

Austin, N.; Peters, T.: *A Passion for Excellence,* HarperCollins 1986.

Becker, M.: *Personalentwicklung: Bildung, Förderung und Organisationsentwicklung in Theorie und Praxis,* 3. überarb. u. erw. Aufl., Schäffer-Poeschel, Stuttgart 2002.

Berthel, J.: *Personal-Management – Grundzüge für Konzeptionen betrieblicher Personalarbeit,* 6. überarb. Aufl., Schaeffer-Poeschel, Stuttgart 2000.

Brinkmann, R.: *Techniken der Personalentwicklung: Trainings- und Seminarmethoden,* Sauer, Heidelberg 1999.

Cornelius, I.: *Zur Bevölkerungsentwicklung in Baden-Württemberg bis zum Jahr 2050,* Statistisches Monatsheft Baden-Württemberg 12/2003.

Friederichs, P.; Althauser, U. (Hrsg.): *Personalentwicklung in der Globalisierung: Strategien der Insider,* Luchterhand Verlag, Neuwied, Kriftel 2001.

Ganz, W.: *Personal- und Organisationsentwicklung heute: Ergebnisse einer Befragung deutscher Unternehmen,* Fraunhofer IRB-Verlag, Stuttgart 2002.

Kador, F.J., Pornschlegel, H.: *Personalplanung – Grundlage eines systematischen Personalmanagements,* RKW-Verlag, Eschborn 2004.

Malik, F.: *Führen – Leisten – Leben,* Heyne-Verlag 2000.

Mentzel, W.: *Personalentwicklung. Erfolgreich motivieren, fördern und weiterentwickeln,* Deutscher Taschenbuchverlag, München 2001.

Miegel, M.: *Die deformierte Gesellschaft,* 3. Auflage, Econ Ullstein Verlag, Berlin, München 2002.

Olfert, Prof. K.: *Kompakt-Training Personalwirtschaft,* 2. Auflage 2001, Friedrich Kiehl Verlag, Ludwigshafen (Rhein) 1999.

Riekhof, H.: *Strategien der Personalentwicklung: mit Praxisberichten von Bosch, Gore, Hamburg-Mannheimer, Opel, Philips, Siemens, Volkswagen, Weidmüller und Weka,* 5. Aufl., Gabler, Wiesbaden 2002.

Rother, G.: *Personalentwicklung und strategisches Management – eine systemtheoretische Analyse* (NbF 197), Gabler, Wiesbaden 1996.

Schirrmacher, F.: *Das Methusalem-Komplott,* 10. Auflage, Karl Blessing Verlag, München 2004.

Schöni, W.: *Praxishandbuch Personalentwicklung: Strategien, Konzepte und Instrumente,* Rüegger, Chur 2001.

Sonntag, K.: *Personalentwicklung in Organisationen: psychologische Grundlagen, Methoden und Strategien,* Hogrefe, Göttingen 1992.

Thom, N.; Zaugg, R.: »Nachhaltige Personalentwicklung durch ein umfassendes Controlling der Aus- und Weiterbildung«. In: Horvath, F.; Weber, K. (Hrsg.): *Mit Weiterbildung zu neuen Ufern,* Haupt Verlag, Bern 2000.

VDI nachrichten: »Demografie bedroht Wirtschaftsdynamik« (29.08.03).

Weidemann, A.; Paschen, M.: *Personalentwicklung: Potenziale ausbauen, Erfolge steigern, Ergebnisse messen,* Haufe, Freiburg (Breisgau), Berlin, München 2001.

Register

Q

R

S

T

U

V

W

Z

Autoreninformation

Silke Reinbold-Scheible arbeitete nach dem Studium der Psychologie in verschiedenen Tätigkeitsfeldern im Personalbereich der DaimlerChrysler AG. Ihre Arbeitsschwerpunkte liegen in der Betreuung verschiedener Fachbereiche und der Standortnachwuchsgruppe, der Personalauswahl und dem Personalmarketing. Berufsbegleitend nimmt sie einen Lehrauftrag an der Fachhochschule Karlsruhe wahr. Auf freiberuflicher Basis arbeitet sie seit 1997 als Trainerin und Coach im Bereich der Persönlichkeitsentwicklung – spezialisiert auf die Potenzialerkennung und -entwicklung.

Ehrhard Flato übernahm 1975 nach dem Studium der Betriebswirtschaftslehre verschiedene Aufgaben im Personal- und Bildungswesen der Kali und Salz AG, Kassel. Dort war er zuletzt als Abteilungsleiter für das zentrale Betriebliche Bildungswesen verantwortlich. Mit seinem implus-Team arbeitet er seit 1992 als Trainer und Organisationsberater. Ein Arbeitsschwerpunkt liegt in der Gestaltung von Veränderungsprozessen sowie in der Potenzialerkennung und Führungskräfteentwicklung. Sein gesamtes Leistungsangebot ist im Internet unter www.flato-training.de dargestellt.

Silke Reinbold-Scheible und Ehrhard Flato sind Urheber der PREGO-Methode. Sie wird inzwischen seit vielen Jahren branchenunabhängig erfolgswirksam eingesetzt.